“十四五”时期国家重点出版物出版专项规划项目
中国能源革命与先进技术丛书
储能科学与技术丛书

电力储能用液流电池技术

刘宗浩　邹　毅　高素军　张蓉蓉　刘静豪
孙　恺　王世宇　王晓丽　王德智　李晓宇　编著

机 械 工 业 出 版 社

本书从介绍储能技术发展背景和液流电池技术的发展简史入手，就液流电池技术原理、特性进行了概括和论述，针对不同液流电池体系技术进展进行了简要介绍。书中重点介绍了全钒液流电池储能系统，从其概念出发，介绍了储能系统的主要组成，包括电堆、储能模块、储能单元、电解液储供单元、交流及并网单元、电池管理系统、能量管理系统等，并面向系统运行管理和设计，重点对 SOC 监控管理、SOH、电池系统热管理、电池系统漏电特性和外特性进行了重点论述；从系统应用出发，重点介绍了全钒液流电池储能系统的运行、维护及安全管理等方面的内容，对于液流电池系统实际应用具有较强的指导作用。

本书还重点介绍了近几年全钒液流电池技术标准的制定情况及面向储能电站建设的设计规范。本书还给出了国内外全钒液流电池储能技术的应用领域和实际案例，简要评估了全钒液流电池储能技术的应用效果。

最后，根据近期各类型全钒液流电池储能技术的进展、应用效果等方面内容，归纳概括了液流电池技术存在的问题及发展方向。

本书可供从事电化学储能、新能源、电力系统相关专业的工程技术人员阅读学习，也可以供储能科学与工程专业的师生作为教学参考书。

图书在版编目（CIP）数据

电力储能用液流电池技术/刘宗浩等编著．—北京：机械工业出版社，2021.10（2024.6 重印）
（储能科学与技术丛书）
ISBN 978-7-111-69360-4

Ⅰ.①电…　Ⅱ.①刘…　Ⅲ.①化学电池-研究　Ⅳ.①O646.21

中国版本图书馆 CIP 数据核字（2021）第 207222 号

机械工业出版社（北京市百万庄大街 22 号　邮政编码 100037）
策划编辑：付承桂　　　　　　责任编辑：付承桂　赵玲丽
责任校对：郑　婕　张　薇　封面设计：鞠　杨
责任印制：邓　博
北京盛通数码印刷有限公司印刷
2024 年 6 月第 1 版第 4 次印刷
169mm×239mm · 19 印张 · 370 千字
标准书号：ISBN 978-7-111-69360-4
定价：119.00 元

电话服务	网络服务
客服电话：010-88361066	机　工　官　网：www.cmpbook.com
010-88379833	机　工　官　博：weibo.com/cmp1952
010-68326294	金　　书　　网：www.golden-book.com
封底无防伪标均为盗版	机工教育服务网：www.cmpedu.com

序

能源是支撑人类生存的基本要素，是国民经济的基础，是推动世界发展的动力之源。随着国民经济发展和人民生活水平的提高，对能源的需求也越来越多。一方面化石能源的大量消耗，不仅造成化石能源的日益短缺，同时，也造成了严重的环境污染，雾霾和恶劣气候频发。提高能源供给能力，保证能源安全，支撑人类社会可持续发展已成为全球性挑战。以化石能源为主的能源结构显然无法支撑人类社会的可持续发展。因此，开发绿色高效的可再生能源，提高其在能源供应结构中的比重，是实现人类可持续发展的必然选择。碳达峰、碳中和是中国应对全球气候问题对世界做出的庄严承诺，充分体现了大国担当。推动碳达峰、碳中和工作有利于推动我国可再生能源的普及和应用。

可再生能源发电（如风能、太阳能发电）受到昼夜更替、季节更迭等自然环境和地理条件的影响，电能输出具有不连续、不稳定、不可控的特点，给电网的安全稳定运行带来严重冲击。为缓解可再生能源发电并网对电网的冲击，提高电网对可再生能源发电的接纳能力，需要通过大容量储能装置进行调幅调频、平滑输出、计划跟踪发电，提高可再生能源发电的连续性、稳定性和可控性。因此，大规模储能技术是解决可再生能源发电普及应用的关键瓶颈技术。

液流电池，特别是全钒液流电池具有安全性好、输出功率和储能容量可独立设计、单体电堆功率高且均匀性好、储能系统设计灵活且易于扩展等特点，适合用于输出功率为数 kW 至数百 MW、储能容量为数百 kWh 至数百 MWh 的储能范围。在电力系统固定式大规模储能应用领域，从储能系统的安全性、生命周期的性价比和环境负荷方面综合考虑，全钒液流电池储能技术在未来电网的发电侧、输配电侧、可再生能源接入及分布式供电和微电网中有着重要的市场前景。

本书作者刘宗浩在全钒液流电池的关键材料及核心

部件（如碳塑复合双极板、电极、电堆）的研究开发，电池储能系统的工程开发和产业化应用等领域具有10多年的实际工作经验和工程应用积累。作者从液流电池的研究背景、原理、系统集成管理、技术应用现状和发展、专利和标准化等方面，做了较全面的论述。本书结构新颖，文笔流畅，内容全面，具有较强的实用性。本书将对从事可再生能源应用、能源管理、能源存储与转换、电池研究与开发等领域的工程技术人员以及高校相关专业的师生大有帮助。本书必将推动液流电池技术在我国大规模储能系统中的应用。

中国科学院大连化学物理研究所研究员　张华民

2021年12月

前　　言

随着能源危机和环境污染问题的凸显，可再生能源的发展受到高度关注。普及应用可再生能源，对于优化能源结构、保障能源安全、实现能源革命至关重要。2020 年 9 月，习近平主席在第 75 届联合国大会上做出“碳达峰、碳中和”的郑重承诺，为实现“零碳中国”指明了方向，也成为能源革命的强劲推动力。

以传统化石能源为基础的火电等常规能源通常按照用电需求进行发电、输电、配电、用电的调度；而以风能、太阳能为代表的可再生能源发电取决于自然资源条件，具有随机性、波动性和间歇性，其调节控制困难，大规模并网运行会给电网的安全稳定运行带来显著影响。

储能技术有助于解决可再生能源发电不连续、不稳定的问题，提升可再生能源并网率，提高电网安全可靠性。因此，储能技术是实现可再生能源普及应用的关键核心技术，是国家的重大战略需求。《能源技术革命创新行动计划（2016—2030 年）》指出：科技决定能源的未来，科技创造未来的能源。能源技术创新在能源革命中起决定性作用，必须摆在能源发展全局的核心位置。在以新能源为主体的新型电力系统中，储能是关键核心技术支撑。

液流电池技术尤其是全钒液流电池技术，由于具有安全、环保和长寿命的特点，适宜于发电和输电等电力系统用大规模储能领域，在加快构建以新能源为主体的新型电力系统过程中正起到越来越重要的作用，受到广大学术界和产业界越来越广泛的高度重视。

作者从 2006 年开始从事液流电池技术相关的研究，所从事的液流电池领域主要包括全钒液流电池，锌/溴液流电池，多硫化钠/溴液流电池等，在液流电池用双极板、电堆、电池储能系统设计开发及应用方面积累了丰富的研究经验和大量的技术资料。作者所在的团队在液流电池技术领域包括电解质溶液、电极双极板、新型离子交换膜等关键材料和电堆等核心部件的设计开发、工程化以及液流电池储能技术应用等方面做出了大量开创性和引领性工作。本书是在作者及其所在团队多年工作积累的基础上撰写和编著的。

本书共分为7章。第1章概要介绍了储能技术的发展背景和目前物理储能及化学储能技术的发展现状及趋势。第2章从原理、技术现状和发展趋势重点介绍了各种液流电池技术体系。第3章重点介绍了全钒液流电池储能系统的构成及运行管理方面的内容。第4章概要介绍了全钒液流电池储能系统的安装、调试、验收及运行维护等流程方面的材料。第5章分析汇总了国内外液流电池技术专利及标准等知识产权构建的进展及现状。第6章根据电力系统不同应用领域，汇总了液流电池储能技术的应用案例。第7章梳理液流电池技术发展现状及应用过程中出现的问题，就液流电池技术进一步发展进行了展望。

本书的撰写和编著过程中，刘宗浩对本书的总体内容及结构进行了组织和规划，并着重撰写了第1、2、3和7章的内容；高素军着重撰写了第4章的内容；邹毅着重撰写了液流电池关于SOC方面的内容；张蓉蓉基于在液流电池漏电电流模拟分析仿真方面的工作积累，撰写了液流电池系统漏电特性及建模仿真的内容；孙恺着重撰写了液流电池系统外特性建模及模拟仿真方面的内容；王晓丽、王世宇重点撰写了第5章液流电池技术专利及标准等知识产权构建方面的内容；刘静豪、李晓宇重点撰写了第6章液流电池储能技术的应用案例方面的内容；大连产品质量检验检测研究院有限公司的王德智同志对于本书在电池系统充放电状态监控及电解质溶液离子浓度检测等方面内容也做了大量工作。同时，作者对于为本书的撰写和编著做出贡献的同事和朋友们表示衷心的谢意。

由于作者知识积累和学术水平有限，且随着各类液流电池技术的快速发展，书中难免会出现不足和疏漏之处，敬请同行和读者批评指正。

作　者

2021年12月于大连

目　录

第1章 储能技术发展背景及简介

1

1.1 储能技术发展背景

1.1.1 能源形势与挑战

改革开放40多年来，我国经济持续高速增长，能源消费也随之增长。针对我国能源行业的一系列改革，也使得我国能源供应能力大幅提高。根据国家统计局发布的统计公报，2013年，中国一次能源生产总量达到34亿t标准煤，能源消费总量达到41.7亿t标准煤，中国成为世界上第一大能源生产国和消费国。到2019年，全年能源生产总量为39.7亿t标准煤，能源消费总量达到48.6亿t标准煤，能源消费总量和生产总量稳居世界第一[1]。

在我国目前的能源消费中，化石能源占据主体地位，化石能源主要是指石油、煤炭、天然气等一次能源，其中传统煤炭消费占据主体地位。受我国能源结构调整政策影响，我国传统煤炭消费比例逐年下降，从2013年的67.4%下降到2019年的57.7%，国内煤炭占一次能源消费比例首次低于60%，但在我国能源消费结构中仍然占据着重要地位。

我国能源效率偏低。2008年我国GDP占世界生产总值的7%，却消耗了世界能源消费总量的17.7%。2018年我国GDP占世界生产总值的16%，却消耗了世界能源消费总量的24%，单位GDP能耗仍然高于全球平均水平。粗放的能源开采和利用导致了严重的环境问题。随着煤炭、石油等传统能源的大量消耗，人为制造的废气、废物严重超出环境自净能力，造成生态系统的失衡，环境日趋恶化。近几年汽车排放的尾气、冬季煤炭燃烧产生的废气及工业生产排放的废气废物使得全国很多地区雾霾现象严重。另外，传统能源消耗造成的酸雨、臭氧层空洞等环境问题也日益严峻，这都成为人们不得不面对和亟待解决的问题。随着工业化、城市化进程的加快，我国将会面临更大的环境压力。

资源和环境制约、全球气候变化等因素对全球能源格局提出挑战，能源利用将进一步向节能、高效、清洁、低碳方向发展，能源结构将会发生重大变化，由传统的以化石能源为主，进入油、气、煤、可再生能源、核能五方鼎立的格局。世界各主要国家纷纷调整战略，能源新技术成为竞相争占的新的战略制高点，以争取可持续发展的主动权。发展可再生能源成为世界各国能源安全和可持续发展的重要战略，能源的清洁化和低碳化转型已成为世界能源革命的必然趋势。我国需要在世界能源发展变革的大背景下探索具有中国特色的能源发展战略和路线。

1.1.2 清洁能源的发展使电力系统目前面临的问题

我国的能源结构以煤炭为主，这是造成能源效率偏低，环境污染严重的主要原因，优化一次能源结构已成为我国能源发展的必然趋势。党的“十九大”报告中强调，“推进能源生产和消费革命，构建清洁低碳、安全高效的能源体系”，能源清洁低碳转型是全球能源发展的必然趋势。我国在“十三五”时期，通过持续完善可再生能源扶持政策，加快促进可再生能源技术进步和成本降低，扩大可再生能源应用规模，有力地推动我国能源结构优化升级。2017 年国家发展改革委和国家能源局发布的《能源生产和消费革命战略（2016—2030）》中明确提出，到 2020 年，非化石能源占一次能源消费总量的比重达到 15% 左右，到 2030 年，非化石能源占一次能源消费总量的比重达到 20% 左右，2030 年前后碳排放达到峰值，并力争尽早达到峰值的目标。

2019 年底，全国发电装机容量、年发电量分别达到 20 亿 kW、7.14 万亿 kWh。其中水电装机 3.56 亿 kW、风电装机 2.20 亿 kW、光伏发电装机 2.05 亿 kW，可再生能源发电装机约占全部电力装机的 40.8%。可再生能源发电量达 1.98 万亿 kWh，占全部发电量比重为 27.7%。其中，水电 1.15 万亿 kWh，风电 3557 亿 kWh，光伏发电 1172 亿 kWh。可再生能源的清洁能源替代作用日益突显。

不同于传统的火力发电和水力发电，以风电、光伏为代表的新能源发电出力具有随机性、间歇性和波动性的特点，当其并网功率在总发电出力中占比较小时，对电网运行影响不大，利用电网运行控制及调度技术可保证电网安全稳定运行；随着新能源发电的大规模接入，当其在总发电出力中占比较大时，发电出力的随机性、间歇性和波动性给电网安全、稳定、经济运行带来越来越多的不利影响，需要更多的火电机组配套参与系统调峰、调频等。火电机组参与调峰、调频，使得其出力频繁调节、煤耗增加、运行经济性差，对机组寿命也有不利影响。在我国“三北”地区，为保障风电、光伏等新能源的并网发电，有些区域核电站在冬季供暖期间由于火电调峰能力不足，而参与调峰，导致弃核现象发生。极端情况下，风电、光伏也需参与系统调峰，造成大量弃风、弃光，导致绿色能源的极大浪费。弃风、弃光、弃核现象的发生对于我国风电、光伏等新能源发电的健康可持续发展产生了不利影响。因此，目前我国电力系统运行面临电网运行安全、新能源消纳和电力系统能效改善等一系列问题，也给电力系统发展规划带来新的挑战。

据电力规划设计总院对全国调峰资源的测算，预计2020~2025年，全国新增调峰缺口将超过1亿kW，主要集中在“三北”地区；到2030年，在2025年调峰平衡基础上，全国新增调峰缺口将进一步扩大，除“三北”地区外，华东、华中和南方地区的调峰缺口将占一半以上。如此巨大的调峰需求，除了火电机组灵活性改造，抽水蓄能的建造投运，以及水电、燃气外，剩余的庞大缺口将需要储能和负荷侧调峰完成。

1.1.3　储能技术的发展符合能源结构大变革的需求

储能技术的应用可以在电力系统中增加电能存储环节，使得需要电力实时平衡的“刚性”电力系统变得具有一定程度的“柔性”。通过对大规模储能系统的充放电调度，可有效地平抑大规模新能源发电接入电网带来的波动性，有效促进电力系统运行中发电电源和负荷的平衡，提高电网运行的安全性、经济性和灵活性。储能技术不仅是参与系统调峰，提高可再生能源大规模消纳水平的重要技术手段，同时也是分布式能源系统、智能电网的重要技术组成，在未来电力系统建设中具有举足轻重的地位。储能技术的应用和产业化对现代能源的生产、输送、分配和利用会产生深远影响并带动相关产业发展，对社会经济的可持续发展具有重大战略意义。

1.1.4　国内外储能技术发展政策及规划

1.1.4.1　我国储能技术发展政策及规划

推进我国能源实现清洁低碳转型发展是落实国家能源安全新战略的迫切需要，同时也是我国深度参与全球能源治理的必然要求。大力发展以风、光为代表的新能源发电是推进我国能源清洁低碳转型，实现能源绿色发展的必由之路。大规模储能技术被认为是与新能源发电技术、互联网技术并驾齐驱的第三次工业革命支柱性技术。储能技术目前已经成为促进和保障清洁能源大规模发展和电网安全经济运行的关键支撑技术之一。

2017年，国家发展改革委等五部门联合发布了《关于促进储能技术与产业发展的指导意见》，以下简称《指导意见》，首次明确了储能在我国能源产业中的战略定位：储能是智能电网、可再生能源高占比能源系统、“互联网+”智慧能源的重要组成部分和关键支撑技术。储能能够为电网运行提供调峰、调频、备用、黑启动、需求响应支撑等多种服务，是提升传统电力系统灵活性、经济性和安全性的重要手段；储能能够显著提高风、光等可再生能源的消纳水平，支撑分布式电力及微网，是推动主体能源由化石能源向可再生能源更替的关键技术；储能能够促进能源生产消费开放共享和灵活交易、实现多能协同，是构建能源互联网，促进能源新业态发展的核心基础。《指导意见》指出，我国储能呈现多元发展的良好态势，技术总体上已经初步具备了产业化的基础。未来10年内分两个阶段推进相关工作，第一阶段（主要为“十三五”期间）实现储能由研发示范向商业化初期过渡；第二阶段（主要为“十四五”期间）实现商业化初期向规模化发展转变。

同年，国家发展改革委发布《关于全面深化价格机制改革的意见》（发改价格［2017］1941号），要求研究有利于储能发展的价格机制，促进新能源全产业链健康发展。意见明确将储能技术作为新能源全产业链的一部分，并通过价格机制政策配套给予鼓励发展。

国家能源局《2018年能源工作指导意见》对于储能技术及装备的开发及示范应用给予高度重视。为着力解决清洁能源消纳问题，提出加强电力系统调峰能力建设，加快储能技术示范项目建设，推动先进储能技术应用。为尽快弥补电力系统相关短板，积极推进已开工电化学储能项目建设，包括计划建成大连100MW/400MWh液流电池储能调峰电站、辽宁绥中电厂24MW/12MWh火电机组联合调频储能、大连30MW/120MWh网源友好型风电场储能、江苏金坛压缩空气储能等项目。研究推进100MW压缩空气储能电站和100MW锂离子电池储能电站等项目前期工作。

在国家层面储能相关发展政策的激励下，我国国家电网公司和南方电网公司也分别制定了促进储能技术应用及发展的相关配套措施。2019年1月，南方电网公司出台《关于促进电化学储能发展的指导意见》，着重研究深化储能投资回报机制，明确将电网侧储能项目视为电网有效资产。2019年2月，国家电网公司出台《关于促进电化学储能健康有序发展的指导意见》。该意见针对电源侧、电网侧、用户侧储能应用做出规划，并确定国家电网公司将有序开展储能投资建设业务，且集中在电网侧储能领域。

上述针对储能技术发展的政策及指导意见对于我国储能技术及产业的发展起到了极大的推动作用。

1.1.4.2 国际储能技术发展政策及规划

从国际方面看，欧盟、美国、日本等发达国家及经济体已经将大规模储能技术和产业发展上升为国家战略，储能技术被认为是推进能源结构调整，实现绿色发展的关键技术。

2016年以来，英国大幅推进储能相关政策及电力市场规则的修订工作。政府将储能定义为其工业战略的一个重要组成部分，并制定了推动储能发展的一系列行动方案，包括明确储能资产的定义、属性、所有权、减少市场进入障碍等，为储能市场的大规模发展注入强心剂。同时，英国光伏发电补贴政策的取消，客观上刺激了户用储能的发展。

德国政府高度重视能源转型，近 10 年来一直致力于推动本国能源系统的转型变革。在储能方面，德国政府部署了大量的电化学储能、储热、制氢与燃料电池研发和应用示范项目，使储能技术的发展和应用成为德国能源转型的支柱之一。推动德国储能市场发展的措施包括逐年下降的上网电价补贴、高额的零售电价、高比例的可再生能源发电以及德国复兴信贷银行提供的户用储能补贴等。另外，继 2016 年大量调频储能项目上马以及一次调频辅助服务市场逐渐饱和之后，2017 年，为了鼓励储能等新市场主体参与二次调频和分钟级备用市场，德国市场监管者简化了新市场参与者参与两个市场的申报程序，为电网级储能的应用由一次调频转向上述两个市场做准备。

为了给可再生能源渗透率日益增高的欧洲电网做支撑，继德国之后，2017 年，荷兰、奥地利和瑞士等国开始尝试推动储能系统参与辅助服务市场，为区域电力市场提供高价值的服务。

美国在金融危机之后，已将大规模储能技术定位为振兴经济、实现能源新政、保障国家能源和资源安全的重要支撑性技术，从行政立法、技术革新、政策制定、市场准入等角度全方位地保障储能产业发展，并在电力基础设施建设中大范围示范推广。2018 年 2 月，联邦能源监管委员会（FERC）发布了第 841 号法令。这项法令旨在消除储能资源参与容量、能量及辅助服务市场的障碍，促进储能资源的发展。这标志着美国能源政策发生了重大变化。FERC841 法令要求每个区域电网运行中心（RTO）和独立系统运行中心（ISO）修改条款，以充分体现出电储能资源的技术特性，促进这些资源在 RTO/ISO 市场的参与度。基于此，各个 RTO/ISO 需要实现 4 个主要目标：①打破壁垒，使储能供应商能够充分参与所有容量、能量和辅助服务市场；②电网运营商必须能够调度储能资源，且储能资源能够以买方和卖方的身份按照批发市场的节点边际电价来结算；③储能的物理属性和运行特性必须通过竞标指标或其他方式被考虑计入；④规模大于 100kW 的储能资源必须具备参与市场的法定资格。随着该法令的实施，在美国储能领域掀起一个巨大的发展浪潮。

为鼓励新能源走进住户，同时又要缓解大量涌入的分布式太阳能带来的电网管理挑战，日本政府主要采用激励措施，鼓励住宅采用储能系统，对实施零能耗房屋改造的家庭提供一定的补贴，补贴来自中央政府和地方政府两个渠道。除了财政上的大力支持，日本政府在新能源市场的政策导向也十分积极，要求：①公用事业太阳能独立发电厂装备一定比例的电池储能，以稳定电力输出；②电网公司在输电网上安装电池储能，以稳定频率，或向供应商购买辅助服务；③对配电网或者微电网使用电池进行奖励等。2016 年 4 月，日本政府发布《能源环境技术创新战略 2050》，也对储能做出部署。要研究低成本、安全可靠的快速充放电先进电池储能技术，大力推进储能技术用于可再生能源，实现更大规模的可再生能源并网。

1.1.5 小结

全球能源结构正在发生革命性的变化，我国能源结构调整也正在不断深化，在这一大的背景下，储能与新能源的结合是电力系统发展的必然趋势。作为构建高比例绿色能源系统的关键支撑技术，储能技术的发展，特别是大规模储能技术的发展越来越受到国内外高度重视。

1.2 储能技术发展简介

储能技术是伴随着新能源产业和现代电力系统的发展而逐渐发展起来的。20 世纪 70 年代以来，新能源开发利用受到世界各国高度重视，许多国家将开发利用新能源作为能源战略的重要组成部分，提出了明确的发展目标。随着电力系统用电负荷峰谷差持续增加、可再生能源接入占比扩大、调峰手段有限等诸多挑战因素的出现，储能技术尤其是大规模储能技术在电力系统发电、输电、配电、用电等环节逐渐得到应用和推广。这不仅会对传统电力生产和应用起到优化的作用，有效提高电网能源资源配置能力，而且也将给电网的规划、设计、布局及运行管理等带来革命性变化。

按照能量转换方式进行分类，储能技术总体上主要分为两大类：①物理储能，主要包括抽水蓄能、压缩空气储能、飞轮储能、超导储能和超级电容器储能，同时还包括显热储热和潜热储热技术等；②化学储能，主要包括铅酸电池、钠盐电池、锂离子电池、液流电池和钠硫电池等。

化学储能技术根据规模大小可以分为动力储能和规模储能两大类。动力储能主要是指用于充当动力电源的小功率或容量的储能形式，而规模储能则主要是指用于电力系统的，需要较大功率或容量的储能形式。

为适应不同应用领域对储能技术的需要，人们已探索和研究开发出多种电力储能技术，从目前国内外储能技术研发进展及应用情况来看，较为适合于大规模储能的技术主要包括抽水蓄能技术、压缩空气储能技术、飞轮技术、液流电池技术、钠硫电池技术、锂离子电池技术、铅酸电池技术等。采用上述储能技术的储能示范项目或商业运行项目已经在电力系统中投运。另外，各种储能技术所适宜的功率及容量配置是不相同的，有些储能可以同时满足大规模功率及容量的需求，比如抽水蓄能、压缩空气储能、液流电池、锂电池、钠硫电池、铅炭电池等，而有些储能技术属于功率型技术，放电时间较短，比如飞轮储能。根据电力系统运行对于储能系统功率及持续充放电时间的不同需求，各种储能技术在电力系统各种应用领域所发挥的作用也是不尽相同的。

上述储能技术中，抽水蓄能、传统压缩空气技术是适合于电力系统应用的较为成熟的技术，尤其是抽水蓄能技术，在全球范围内已经得到广泛应用，并在电力系统调峰、调频等应用领域发挥了重要作用。而上述各种电池储能技术的技术成熟度不尽相同。2017年，国家发展改革委等五部门发布的《关于促进储能技术与产业发展的指导意见》根据各种储能技术发展现状，布置了为推进储能技术发展及应用的重点任务，在一定程度上也反映了各种储能技术处在技术成熟度的不同阶段和未来发展的方向，如表1-1所示。

表1-1　不同储能技术发展阶段及规划

技术发展阶段	重点任务	相关技术
基础研发	集中攻关一批具有关键核心意义的储能技术和材料	变速抽水蓄能技术 大规模新型压缩空气储能技术 化学储电的各种新材料制备技术 高温超导磁储能技术 相变储热材料与高温储热技术
试验示范	试验示范一批具有产业化潜力的储能技术和装备	超临界压缩空气储能 飞轮储能技术 大规模锂电池技术 大容量新型熔盐储热技术 超级电容
应用推广	应用推广一批具有自主知识产权的储能技术和产品	全钒液流电池技术 高性能铅炭电池技术

本节将就上述适合于大规模储能领域应用的储能技术和未来具有市场潜力的化学储能技术的特点、近几年国内外发展现状、技术发展最新趋势及面临的挑战进行介绍。

1.2.1　物理储能

1.2.1.1　抽水蓄能技术

抽水蓄能（PHES），是利用电能、机械能和水的重力势能的相互转化，实现电能存储与释放的储能技术。抽水蓄能系统，主要由上水库、输水系统、发电机、水泵水轮机（可逆水轮机）、下水库等部分组成[2]，如图1-1所示。

抽水蓄能电站的工作过程：在电力过剩的时段，电机消耗电能，驱动水泵从

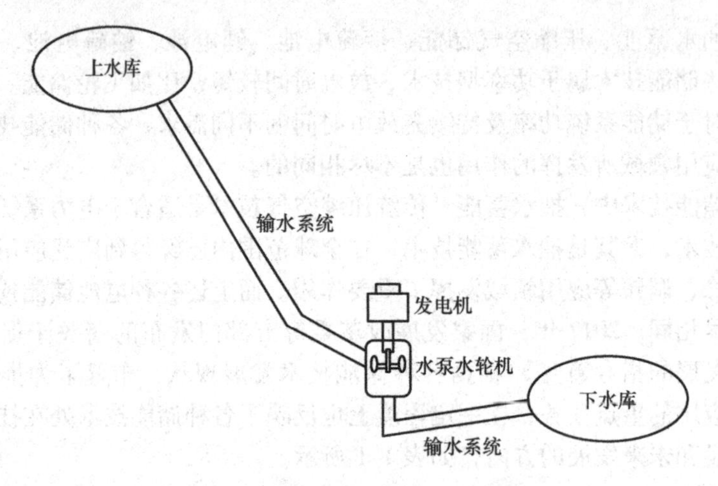

图 1-1　抽水蓄能系统组成示意图

下水库抽水，将电能转化为水的机械能，下水库的水最终流动到上水库并存储起来，从而实现电能到重力势能的转换，输送到上水库的水通过势能存储了当前过剩的电能；在用电高峰的时段，上水库中的水可释放至下水库，水在下落过程中重力势能转换为机械能并推动水轮机发电，实现势能转变为电能的过程。

抽水蓄能电站在工作过程中，因存在水流传输中的湍流与阻力损失、水泵水轮机双向做功的损耗、发电机的转换损耗及变压器和线路损耗，系统实际的平均循环效率大约为 75%，条件优越的抽水蓄能电站运行效率可接近 80%[3,4]。

抽水蓄能电站，以其抽水、发电两种工作方式和其快速的启动、调节能力，能够在电力系统中发挥调峰、调频、调相、事故备用和黑启动等功能[2,4,5]。

1. 发展历史与现状

抽水蓄能是发展最早、应用最广、技术最为成熟、应用规模最大的储能技术。早在 1882 年，瑞士苏黎世建成了世界上第一座抽水蓄能电站[2,6]。自 20 世纪 50 年代开始，抽水蓄能电站得到了快速发展。特别是进入 21 世纪后，因可再生电源规模的快速增长及其在电源结构中占比的快速攀升，电力系统的调峰、调频及备用的需求迅速扩大，抽水蓄能作为技术最为成熟的大规模储能技术得到了广泛应用。目前，全球抽水蓄能的装机规模逾 17072 万 kW，在全球各类型储能设备装机总规模中占比达到 93% 以上，单个抽水蓄能电站的规模也已达 300MW 级[7]。

我国的抽水蓄能电站的建设与应用，始于 20 世纪 60 年代后期在河北岗南水电站建设的 11MW 抽水蓄能电站[4]。21 世纪后，我国抽水蓄能装机规模迅速攀升，2008 年装机容量达到 1070 万 kW，到 2012 年装机容量迅速增长为 2035 万 kW[8]。截至 2019 年，我国抽水蓄能总装机规模逾 3000 万 kW 左右，在建规模近5000万kW[9]，在中国各类储能设备装机总规模中占比达95%以上。

另一方面，抽水蓄能技术也存在其自身的局限性，主要体现在：

1）抽水蓄能电站的建设受自然资源、地理环境等天然条件的制约，如站址的选择需要具有水平距离小，高、低水位储水池高度差大的地形条件，岩石强度高、防渗性能好的地质条件，以及充足的水源条件以保证储能用水的要求。这些条件，限制了抽水蓄能电站的选址和开发建设。

2）抽水蓄能电站的开发建设，对电站所在地的环境会造成很大影响，随着环境保护法规越发严格，抽水蓄能电站的建设也受到很大限制。

3）抽水蓄能电站项目开发建设周期漫长，从选址储备，经开发建设，至最终投用，其周期甚至可达十余年。

上述特点也使得仅依靠抽水蓄能电站的布局和建设无法完全适应电力系统和智能电网发展的需要。

2. 未来发展趋势

未来一段时期内，抽水蓄能仍将作为最经济、成熟的储能技术，为电力系统提供调节能力，为可再生能源的快速发展进行配套。预计到2030年，仅中国大陆抽水蓄能电站装机规模将突破1.3亿kW。

目前，抽水蓄能电站技术及应用的主要发展方向为大容量、高效率、智能化。在科研与工程实践方面，主要致力于推进高水头大功率水泵水轮机、高转速大功率发电机、变速调节控制、无人化智能控制等方面的技术研究、装备开发和工程应用[10,11]。新的技术形式，如海水抽水蓄能、地下抽水蓄能技术等，也在得到更加深入的研究。

在抽水蓄能的项目开发方面，近年来，已有一些项目将水利、水电、蓄能等功能融于一身，通过更加灵活、兼容的模式实现电站的新建和扩建。抽水蓄能电站的开发建设，面临的最大挑战，依然是来自于自然资源的限制、环境保护和占地的约束。科学选址，合理开发，协调好资源、环境与项目开发建设之间的关系，对抽水蓄能的发展至关重要。

1.2.1.2　压缩空气储能技术

压缩空气储能（CAES）技术，是目前用于大容量和长时间电能存储的技术手段之一。压缩空气储能技术，主要通过空气的压缩和膨胀，来进行电力的存储与释放。

早在20世纪40年代，研究者就提出利用压缩空气作为储能介质的思路。压缩空气储能，最初是基于燃气轮机技术原理而提出的。燃气轮机系统原理如图1-2所示。

压缩空气储能技术原理主要是将原燃气轮机系统中的压缩机和涡轮机部分的同步工作改为错时工作，如图1-3所示。用电低谷时，电动机驱动压缩机将空气

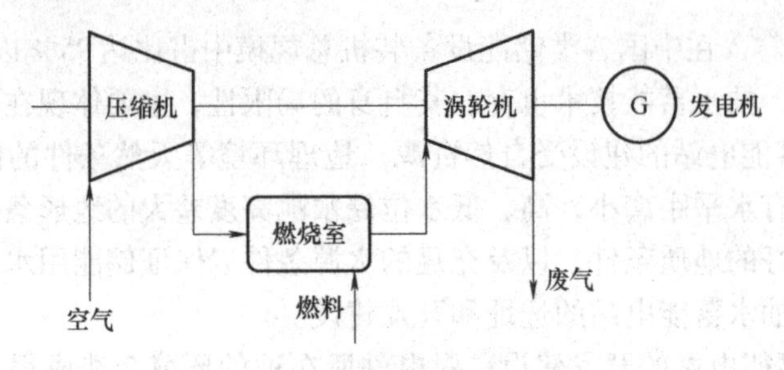

图 1-2 燃气轮机系统原理

压缩至高压并储存至储气室中，完成电能到空气内能的转换，实现电能的储存；在用电高峰时，压缩空气从储气室释放，进入燃烧室利用燃烧加热升温后，驱动涡轮机发电做功，从而完成能量的释放。在能量释放的环节，也常常通过天然气等气体进行补充燃烧，以提高电能的产出与总体能量利用率。

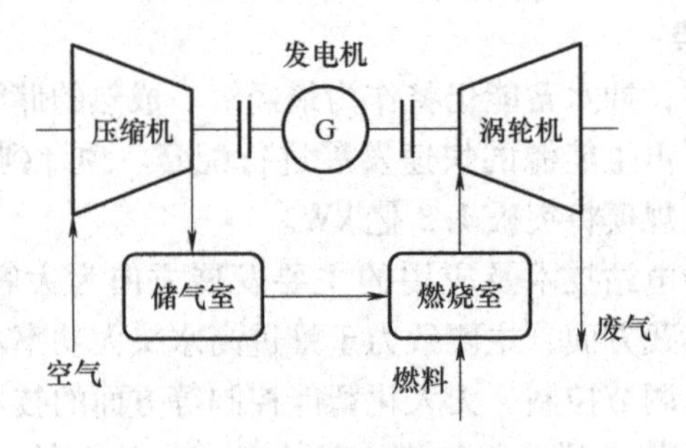

图 1-3 传统压缩空气储能系统

以上带有补燃工艺的系统，通常被称作是传统的压缩空气储能系统或非绝热压缩空气储能系统。实际运行的传统压缩空气储能系统的典型实例，有德国 Huntorf 电站和美国 Mc Intosh 电站，其效率分别约为 42% 和 54%[12,13]。

自 20 世纪 80 年代后，研究者以节约燃料和减少碳排放为出发点，提出了绝热压缩空气储能系统。21 世纪随着储热技术的进步和应用，这一储能方式得到了广泛关注。绝热压缩空气储能系统与以上传统压缩空气储能系统的主要差异，是增加了储热系统，可将充电过程中压缩热储存起来，并在放电时候用于加热压缩空气以增加系统出力，从而提高系统循环效率，理论效率可达到 70%。绝热压缩空气储能系统原理如图 1-4 所示。

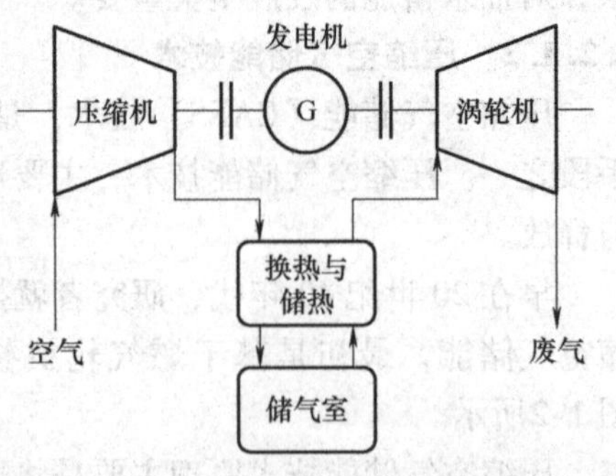

图 1-4 绝热压缩空气储能系统原理

除了改进循环工艺方案，压缩空气储能技术研究中的另一个重要课题，是如何克服空气储存空间的限制。传统大型压缩空气储能系统，将压缩后的空气以高压气态存储于储气室中，因高压空气能量密度有限，大规模的储能系统必须选用容量大且具备足够承压能力的天然或人工储气室。而对于大型系统来说，人工储气罐储存高压气体，面临成本与占地的制约，因而已建成和布局的传统大型压缩空气储能方案，多采用地下矿洞、天然盐穴等作为储气室。而能满足这类地质需求的地点和资源较为有限，从而极大地制约了传统压缩空气储能技术的应用。

为克服存储空间的限制，近年来研究较多的有液态空气储能与超临界压缩空气储能。液态空气储能，即通过压缩、冷却的工艺对空气进行液化，对液化空气进行存储，如此可大大减小储气室的体积，便于利用人工储罐的方式实现大容量的存储。超临界压缩空气储能，是在储能过程中将空气压缩至超临界状态，利用超临界状态的压缩空气特殊的物理性能强化系统内的换热[13]，充分利用蓄热和蓄冷手段提高空气压缩和膨胀过程的能量利用效率，同时储气罐中的空气是以液态形式存储的，减少了储能系统对大型储气室的依赖。

1. 发展历史与现状

在世界范围内，压缩空气储能技术的项目应用起步较早。世界第一座压缩空气储能电站——德国 Huntorf 电站于 1978 年投入商业运行（见图 1-5），且目前仍在运行中。该储能系统机组的压缩机功率为 60MW，发电功率为 290MW，系统将压缩空气存储在总容积为 310000m^3 的地下废弃矿洞中，压缩空气的压力最高可达 10MPa。储能工况下，该系统可连续充气 8h；按照设计能力，能量输出时，可连续发电 2h，后经设备升级，可连续发电 3h。据称，该设备的可用率达到了 90% 以上[3]。

a) 德国Huntorf压缩空气储能电站空中鸟瞰图

图 1-5　德国 Huntorf 压缩空气储能电站

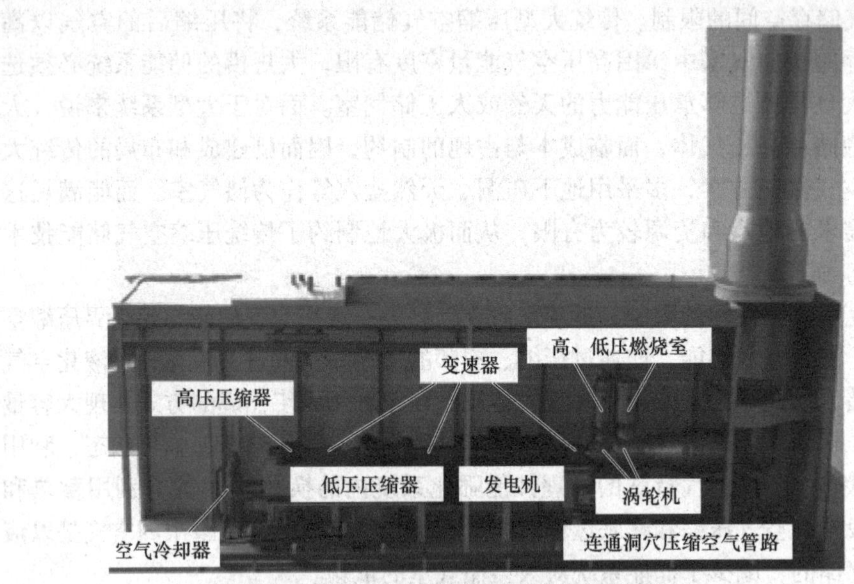

b) 德国Huntorf压缩空气储能电站内部结构

c) 德国Huntorf压缩空气储能电站内部照片

图 1-5　德国 Huntorf 压缩空气储能电站（续）

美国亚拉巴马州的 Mc Intosh 压缩空气储能系统于 1991 年投入商业运行，压缩机组功率为 50MW，发电功率为 110MW。该系统利用容积为 560000m^3 的地下盐层洞穴作为储气室，储气压力为 7.5MPa，该系统可连续 41h 进行空气压缩，并可连续发电 26h[14,15]。Mc Intosh 电站系统多年运行的可靠性达 91% 以上。

2001 年，日本在北海道空知郡，利用废弃的煤矿坑建成了一座输出功率为 2MW 的压缩空气储能示范项目。

近年来，美、日、英等国家都有相关机构和企业不断开发新型的压缩空气储能系统产品和解决方案，如美国 SustainX 公司等温压缩空气储能系统、美国 General Compression 公司蓄热式压缩空气储能系统、英国 Highview 公司液态空气储能系统[13]等。

中国的一些科研机构在压缩空气储能方面也已经形成一定的研究和积累，如中科院工程热物理研究所提出、研究和示范了超临界压缩空气储能，清华大学及合作单位也在致力于绝热压缩空气储能技术开发与实践[16]。2014年，中科院工程热物理研究所建成河北廊坊1.5MW实验系统，完成了600h试验运行和性能测试，后于2016年开展了贵州毕节10MW级超临界压缩空气储能系统集成实验与研发平台的联合调试。2018年底，江苏常州金坛盐穴压缩空气储能发电项目已经开工，该项目利用地下盐穴储气，设计发电功率达60MW[17]。此外，我国有研究机构已着手开展100MW级超临界压缩空气储能系统技术研发与示范。

2. 发展趋势

压缩空气储能技术的研发和应用开展较早，传统技术路线相对成熟，且已经过大规模项目的长期实践验证，是大规模、长时间储能应用场景中的可选技术。但传统形式的压缩空气储能技术因其储气条件苛刻和能量利用效率偏低，在电力系统中未得到普及推广。

近年来得到普遍关注的绝热压缩空气储能、等温压缩空气储能（绝热压缩的延伸）、液态空气储能、超临界压缩空气储能等新技术方案的研究和试验，在很大程度上弥补了传统压缩空气储能技术的不足，以上技术是压缩空气储能领域重要的技术发展方向。在这些技术方向的推进中，大容量紧凑式储热技术的研究、大功率高负荷压缩机和膨胀机的开发、先进压缩空气储能系统的优化控制技术，也已成为广泛研究的重点内容。

此外，压缩空气储能技术与太阳能光热、余热利用、天然气冷热电三联供等技术，有较为丰富的潜在结合点，在设备开发和工程上实现以上技术的有机结合，也将是未来压缩空气储能技术应用的一个趋势。

1.2.1.3　飞轮储能技术

飞轮储能是通过将电能转变为飞轮的旋转动能来实现能量的存储。典型的飞轮储能系统，主要包括飞轮转子、轴承、电动/发电机、真空室以及附属的电力电子设备等，如图1-6所示。

飞轮储能的基本工作过程：储存能量时，外部输入的电能，经电力电子装置，驱动电动机旋转，进而带动飞轮旋转，将电能转化为飞轮高速旋转的动能；释放能量时，飞轮带动发电机旋转，将动能转化为电能，经电力电子装置输出到负载或电力系统中。

飞轮储能的主要特点有：能量转换效率高，目前主流技术和设备可达85%～95%[10,18]；功率密度高；响应速度可达毫秒级；放电时间短，多为分钟级；开发与使用过程中对环境的影响很小；核心器件对温度不敏感，能适应各种使用地点；寿命可达15～20年，且日常维护量很小[19]；设备的抗震性略差，对

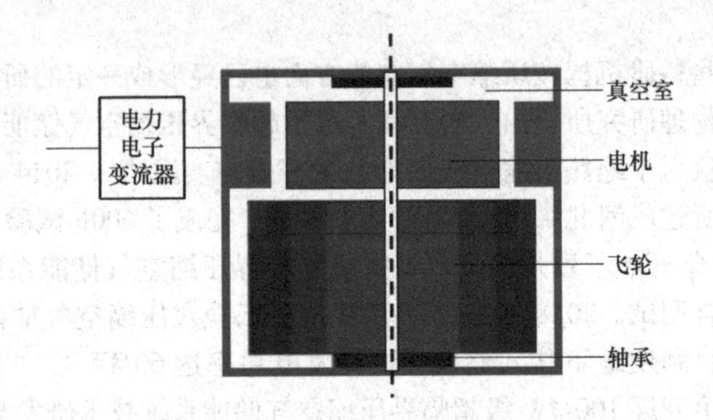

图 1-6　飞轮储能系统示意图

安装环境的稳定性有一定要求。

基于自身功率输出的特点，飞轮储能系统比较适合于短时间大功率充放电的场景，如电网调频、电网安全稳定控制、电能质量治理、车辆制动能量存储、备用电源等；不适用于长时间放电的能量型储能场景，如为电网提供长时间的调峰等。

1. 发展历史与现状

20 世纪 50 年代，有研究者就提出了利用高速旋转的飞轮来储存能量用于驱动电动汽车的设想，但因受制于基础研究水平的限制，在一段时期内，飞轮储能技术研发较为缓慢。而近 40 年来，随着材料与电子科技的进步，飞轮储能在技术与应用层面都获得了突破性的进展，这主要体现在：高效真空技术、高温超导磁悬浮技术及高性能永磁材料的发展，大大降低了飞轮转子运行中的能量损耗，提高了系统效率；高强度复合材料的应用，使得飞轮转子的最高转速得以提升，提高了系统的能量密度和功率密度；电力电子技术的新进展也使得飞轮系统的电机与外部负载或电网之间实现了灵活高效的衔接。

从 20 世纪 80 年代起，全球飞轮储能技术的研究在美国、日本、欧洲等国家和地区逐渐活跃。近二三十年间，国外研究机构和相关企业开展了高能量密度飞轮、微损耗轴承、高功率高速电机、高效电能变换器、低能耗真空及工程应用等多个方面的科学研究与工程应用[20-22]。在 2000 年前后，欧美等国家和地区的基于飞轮储能的电源系统实用产品逐步成熟，逐步进入商业化推广阶段。

国内自 20 世纪 80 年代开始关注飞轮储能技术，自 90 年代开始了关键技术基础研究。中科院电工研究所、中科院长春光学精密机械与物理研究所、清华大学[23]、华北电力大学、北京航空航天大学等高校和科研院所在飞轮储能领域都有长期的探索和积累。近年来，国内关于飞轮储能的技术示范和工程应用逐渐增多，也形成了数个专业从事飞轮储能技术开发与应用的企业。

目前，国内外飞轮储能已经形成了相对丰富的工程化应用。工业 UPS 领域，是飞轮储能商业应用最为广泛的领域之一。精密电子生产企业、信息数据中心以及网络通信系统用户等对飞轮储能系统有较大的需求。美国 ActivePower 公司的 CleanSource 系列飞轮储能 UPS 产品，功率覆盖 100～2000kW 区间，已在全球数千个项目中得到成功应用。德国 Piller 公司也已经售出超过 500 套大型飞轮储能 UPS 产品（见图 1-7）。美国 Pentadyne、波音公司以及 SatCon Technology 公司的 315～2200kVA UPS 也有相似的商业级飞轮储能产品。

图 1-7 Piller 公司飞轮储能 UPS 产品

参与电网调频，是飞轮储能的另一大应用领域。美国 Beacon Power 公司于 2008 年 12 月在马萨诸塞州建成了 1MW/250kWh 调频电厂，后于 2011 年在纽约 Stephentown 建成了 20MW 飞轮储能调频电站，该电站共配置 200 个飞轮储能装置，年循环次数达到 3000～5000 次。2014 年，该公司又在美国宾夕法尼亚的 Hazle Township 投产了第二个 20MW 飞轮储能调频电站（见图 1-8）。

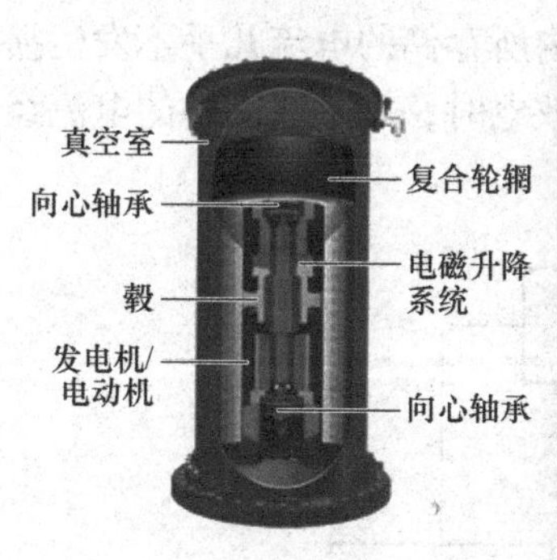

图 1-8 Beacon Power 公司的飞轮储能设备及 Hazle Township 项目外观图[24]

飞轮储能还可用于车辆制动再生领域，尤其适用于城市地铁等轨道交通领域的车辆制动能量的回收利用。从 2001 年开始，英国伦敦地铁、法国里昂地铁、德国汉诺威城市铁路、美国纽约地铁等陆续采用飞轮进行机车制动动能的回收。早期的项目中，飞轮系统的成本相对较高，在示范成功后并未实现规模化推广。

近年来，随着飞轮储能产品性价比的提升，再度在轨道交通领域发力[25]。2015年，1MW飞轮系统在美国纽约远洛克威线进行安装，每日节约电能1300kWh，节能率21.7%[26]。国内如北京地铁中，也已有飞轮储能系统的示范案例。

此外，飞轮储能技术在航天、军事科学等需要高功率脉冲等瞬时电源的场合，有重要的研究与应用价值，多年来始终被视作这些领域中重要的支撑技术，得到连续、深度的研究。

2. 未来发展趋势

飞轮储能效率高、响应速度快、寿命长、可靠性高，在电力系统和国防科技等领域具有重要的应用价值和发展前景。目前，飞轮储能正朝着单机功率与容量大型化、储能效率更高的方向发展，其关键技术包括先进复合材料飞轮技术、高速高效电机技术、磁悬浮轴承技术、大型飞轮阵列的协调控制技术[10]等。

飞轮储能系统的规模化应用与推广，仍是一项将被长期关注的重要课题。我国在2016年发布的《能源技术革命创新行动计划（2016—2030年）》、2017年发布的《关于促进储能技术与产业发展的指导意见》中也明确提出了试验示范1MW/1000MJ飞轮储能阵列机组的发展计划，以及在远期进一步提高应用规模的发展路线。

1.2.1.4 超导储能技术

超导储能（Superconducting Magnetic Energy Storage，SMES）技术是利用超导线圈将电磁能直接存储起来，也是目前唯一能将电能以电流形式进行存储的储能技术。典型的超导储能系统主要包括超导线圈、变流器、制冷系统和控制系统，如图1-9所示。其工作过程：充电状态下，电网电流经变流器整流向超导线圈充电，充电后超导线圈保持恒流运行；超导线圈内所存储的电流几乎不发生损耗，理论上可永久储存，直至需要向外释放；系统放电时，超导线圈中的电流经变流器逆变转换为交流电最终输出到电网中。

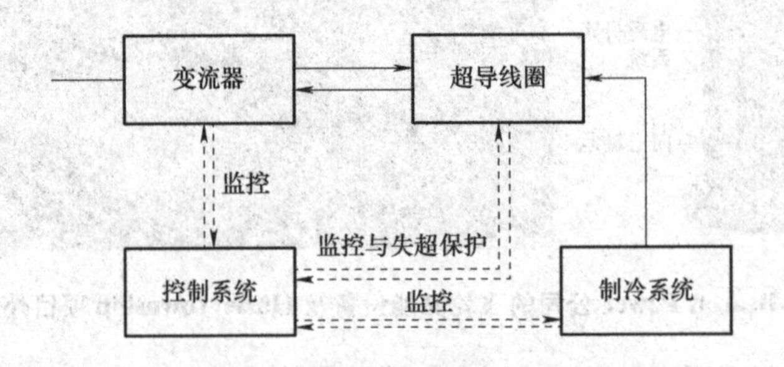

图1-9 超导储能系统组成示意图

因工作中的超导体电阻为零，超导储能系统的效率高达95%以上[27]，且可以实现毫秒级的响应。超导储能的设备具有较长的寿命，可超过20年。此外，超导储能系统配置的全功率变流器，可实现有功和无功输出，可灵活控制。

超导储能中涉及的核心技术主要有与高温超导材料有关的基础研究、超导线圈的结构设计、高效低温制冷及分区控温技术、超导限流及功率变换技术等。受制于超导材料的成本及技术的成熟度，超导储能目前仍处于试验、示范阶段，在现阶段的应用试验中，超导储能多用于提高电网的电能质量、参与电网安全稳定控制等。

1. 发展历史与现状

1911 年 Onnes 发现低温超导现象[28]后，研究者就意识到将超导用于储能的优点。1969 年，Ferrier 提出用超导储能装置平衡法国电力系统负荷变化的构想。20 世纪 70 年代，随着超导材料的逐步实用化，世界各国逐步关注超导在电力领域的研究与应用，超导储能技术的研究得到了实质的推进。

20 世纪 70 年代初，美国威斯康星大学应用超导中心利用超导电感线圈和三相 AC/DC 桥路组成了电能存储系统，是超导线圈用于电能存储的首次实践[29]。1983 年，美国洛斯阿拉莫斯国家实验室成功研制了 10MW/30MJ 的超导储能系统并在华盛顿州某变电站进行了试验，这是超导技术在全球的第一次大规模试用，试验结果证明超导储能系统显著改善了局域电网的稳定性[30]。美国超导公司（AMSC）在 2000 年内前后推出了 1～5MJ 的小型超导储能商业产品，并在 2004 年为美国某 500kV 输电线路安装了 8 台 8MW/3 MJ 的超导储能系统进行试验，提高了线路输电过程中的暂态稳定性。同时期，美国佛罗里达大学研究、测试中的单体超导储能系统的最大储能容量已超过 100MJ[31]。

日本自 20 世纪 80 年代开始也关注和着力推进了超导储能系统的研发和试验，1986 年就成立了超导储能研究会，相继由九州大学、日立公司、东芝公司及多家电力公司等开发出 100kJ、1MJ、5MJ、20MJ 的超导储能系统，并成功在电网中进行了试验[32]。此外，德国、法国、俄罗斯、韩国等也于同时期开始关注超导储能，并进行了早期的研究开发和试验。

我国关于超导储能的研究起步相对较晚。1999 年，中科院电工研究所研制出第一台 25kJ 超导储能样机，并进行了持续性的研究工作。2011 年，其主导的并网电压 10kV、规模为 1MJ/0. 5MW 的超导储能变电站项目在甘肃省白银市建成[33,34]。除中科院电工研究所外，国内清华大学、华中科技大学等也在开展超导储能的相关研究，相继研发和试验了数十至数百 kJ 的样机。

基于目前超导储能技术研究的积累，国内外研究机构开发 100MW/1 GJ 级的超导储能系统的技术可行性已经基本具备。

2. 未来发展趋势

超导储能凭借自身效率高、响应速度快、循环及日历寿命长等特点，在电力系统的暂态稳定控制、电能质量治理等场景下，具有很强的应用潜力。

超导储能目前仍处于研究、试验的关键阶段，超导储能技术的实践与应用，主要面临着高昂的成本所带来的技术经济性的挑战。今后，超导储能技术的研究重点，将继续集中在高温超导材料的性能提升、大容量高温超导磁体的开发、超导限流技术研究、失超保护研究、低温制冷系统效能提升等方面[35]。

以上重点技术的研究，特别是高温超导材料研发方面的进步，将会继续降低超导储能系统成本，提高系统效率，简化制冷手段，延长使用寿命。未来，超导储能技术仍将快速发展，甚至最终作为电力系统稳定控制和电能质量治理的重要调控手段得到广泛应用。

1.2.2 化学储能

1.2.2.1 锂离子电池

锂是自然界中密度最小的金属，相对原子质量为6.94，密度为0.53g/cm^3。金属锂对标准氢电极电位为-3.04V，是电极电位最低的金属。因此，由金属锂作为电池负极的电池具有电压高、质量比容量和比能量大等特点。然而金属锂电池存在明显缺点：一是锂离子在电极表面不均匀沉积导致大量锂枝晶产生，枝晶可以穿透电池隔膜与正极形成短路，引起电池燃烧和爆炸；二是锂枝晶容易脱落，使得电池容量出现不可逆衰减。故而金属锂电池发展在一段时期内并未受到重视。

随着石墨材料替代金属锂成为可充放电负极，以磷酸铁锂和三元体系为正极，石墨材料为负极的锂离子电池在日常消费电子产品、电动汽车以及储能等领域逐渐实现了商业化，锂离子电池迎来黄金时代。然而随着对于电池更高能量密度、更高功率密度的需求逐渐迫切，可充放金属锂电池近几年再一次回到人们的视线，其中锂空气电池和锂硫电池由于具有较高的理论能量密度而成为研究的热点。下面将就锂离子电池技术现状及发展趋势、热点进展进行阐述。

1. 商用锂离子电池概述

锂离子电池的基本概念，是由Armand等于1972年提出的[36]。Armand在北约会议上首次提出石墨电极中阳离子的嵌入作用，并进一步全面讨论了嵌入材料的物理化学性质，提出了一种新的充电电池设计，即在两个不同电位的嵌入电极上制造的“摇椅”电池，正负极材料采用嵌入化合物，在充放电过程中，Li^+在正负极之间来回穿梭。由于“摇椅”电池概念解决了锂金属枝晶问题，在全球范围内受到了高度重视，近40年间，得到了快速发展。

正负极材料的研发贯穿了锂离子电池技术开发的整个过程，按照正负极材料的应用和发展，锂离子电池的研发大体可以分为三代，见表1-2[37]。

表 1-2　以正负极材料为区分标准的锂离子电池代际划分

代　际	正　极	负　极	时　间
第一代	$LiCoO_2$	针状焦	1991—
第二代	$LiMn_2O_4$	天然石墨	1994—
	$LiNi_{1/3}Co_{1/3}Mn_{1/3}O_2$	人造石墨	
	$LiFePO_4$	钛酸锂	
第三代	高电压 $LiCoO_2$	软碳	2005—
	$LiNi_x \geqslant 1/3 Co_y Mn_z O_2$	硬碳	
	$LiN_{0.8}Co_{0.5}Al_{0.15}O_2$	SnCoC	
	$LiFe_{1-x}Mn_xPO_4$	SiO_x	
	$x Li_2MnO_3$-$Li(NiCoMn)O_2$	Nano-Si/C	
	$LiNi_{0.5}Mn_{1.5}O_4$	Si-M 合金	

从技术成熟度来看，以磷酸铁锂（$LiFePO_4$）或三元（$LiNi_xCo_yMn_zO_2$）材料作为正极材料，以各种碳材料作为负极材料的锂离子电池技术目前处于主流地位。能量密度达到 240Wh/kg 的单体电池已经实现大规模批量化生产，能量密度达 300Wh/kg 甚至 400Wh/kg 的单体电池也在开发之中。两种锂离子电池技术体系在关键原材料生产、单体电池制备、模组及系统集成、电池管理系统等各环节形成了完整的产业链，已经实现规模化商用。

2. 商用锂离子电池存在的问题

目前，锂离子电池应用主要面向 3 个领域：便携式电子产品、电动汽车和储能。针对储能领域，$LiFePO_4$ 体系储能系统和 $LiNi_xCo_yMn_zO_2$ 储能系统都已经实现了 10MW 级规模的商业化初期应用。但是针对大规模储能领域应用，锂离子电池储能技术还有些短板需要弥补，主要包括：

（1）大规模储能系统中的单体电池一致性问题凸显

锂离子电池储能系统通常情况下由数量庞大的单体电池（cell）通过串并联的方式构成，导致单体电池一致性问题的影响凸显。单体电池一致性的差异首先由于各单体电池在制造过程中存在工艺上的差异和材质的不均匀导致的，其次是由于电池系统投运后，单体电池温度管理、自放电程度及充放电过程等差别的影响。

单体电池间的不一致性使得电池储能系统容量衰减、效率降低、寿命减少，同时还会产生电池系统安全性降低等不利影响。

（2）锂离子电池储能系统安全性需要改善

锂离子电池存在因热失控而发生燃烧和爆炸的安全风险，安全问题已成为当前急需解决的焦点问题和关注热点。当锂离子电池应用于电力系统，尤其是当电池储能系统功率和容量规模较大时，如果发生燃烧或爆炸事故，造成的危害和损失不可低估，所以安全性是大规模电池储能系统实际运行时需要关切的重中之重。

针对 $LiFePO_4$ 体系电池技术和 $LiNi_xCo_yMn_zO_2$ 三元体系电池系统存在的问题，国内外大学、科研院所及产业界近年来投入了大量人力、物力和材料进行研究开发，核心目标是通过正负极材料、电解液、膜材料等关键材料的开发、电池单体及系统制造集成工艺的提升、电池管理系统功能的改进来提升电池的比功率、比能量，改善电池系统内单体电池一致性以及安全性。鉴于目前已经有丰富的资料文献对上述两种体系电池技术进展进行了公开报道，所以本书不再进行阐述。

3. 固态锂离子电池的研究进展

目前，锂离子电池按照采用的电解质溶液可以分为两类：一类是采用液态电解质；另一类是采用凝胶电解质。液态电解质溶液的溶剂为有机溶剂，通常为环状碳酸酯（EC、PC）、链状碳酸酯（DEC、DMC、EDC）、羧酸酯类（MF、MA、EA、MP）等。凝胶类电解质是在多孔的聚合物基体中吸附电解液形成的电解质[38]。上述有机溶剂具有易挥发和可燃的特性。液态电解质溶液中有机溶剂的使用对于锂离子电池运行安全增加了潜在风险。$LiPF_6$ 是最常用的电解质锂盐，其对负极稳定，电导率高、内阻小，但对水分和 HF 酸极其敏感，只能在干燥气氛中操作，且不耐高温，在 80～100℃范围内就会发生分解反应。

锂离子电池温度升高或大电流充放电或短路导致电池内部温度升高，电解液与电极之间的化学反应速度加剧，可导致热失控。这一过程产生气体并膨胀，最终导致电池密封失效，可燃的气体与有机溶剂在高温下遇到氧气起火燃烧爆炸。凝胶型电解质中电解液的含量相对较少，安全性能相对有所提高。通过添加阻燃剂、优化电池结构设计、优化电池管理系统、强化热管理等措施，能够在一定程度上提高现有锂离子电池的安全性，但这些措施无法从根本上保证大容量电池储能系统的安全性，特别是在电池极端使用条件下、在局部电池单元出现安全性问题时。而采用完全不燃的无机固体电解质，则能从根本上保证锂离子电池的安全性。综上，全固态锂离子电池技术的开发是目前锂离子电池技术领域的开发热点。

全固态锂离子电池技术具有显著的优点：①相对于液体电解质，固态电解质不挥发，一般不可燃，具有优异的安全性；②固态电解质具有更宽的温度稳定窗口，特别是在高温下具有更为稳定的特性；③固态电解质对水分不敏感，能够在空气中长时间保持良好的化学稳定性，制造过程中不需要惰性气体的保护，一定程度上降低电池的制造成本；④一些固态电解质具有较宽的电化学窗口，有望采用高电压电极材料，提高电池能量密度；⑤固态电解质具有较高的强度和硬度，能够有效地阻止锂枝晶的刺穿，提高了电池的安全性，也使得金属 Li 作为负极成为可能。因此，采用合适的固态电解质的全固态锂离子电池可以具有优异的安全性、循环特性、高的能量密度和低的成本，具有极大的潜在竞争力。本节将对近年全固态锂离子电池技术进展及现状进行简单阐述。

全固态锂离子电池技术的核心问题是固态电解质材料的开发。从目前已开发的情况来看，固态电解质材料主要包括聚合物固态电解质、无机固态电解质以及复合固态电解质[39,41]。聚氧化乙烯（PEO）[42]是最早被发现的固态电解质材料。PEO及其衍生物可以和电极间形成良好的接触，界面电阻较低，但是其室温离子电导率较低，大都小于$10^{-3}S\cdot cm^{-1}$，且电化学窗口较窄，因此其不适于和高电位负极材料配合，而只能和$LiFePO_4$配合，运行温度要在60~80℃之间，这限制了电池的能量密度，运行温度也较为苛刻。除PEO之外，聚合物固态电解质还包括聚丙烯腈（PAN）、聚甲基丙烯酸甲酯（PMMA）、聚偏氟乙烯（PVDF）、硅氧烷（包括聚硅氧烷、倍半硅氧烷和低聚硅氧烷）等。

相对于聚合物固态电解质，无机固态电解质能够在更宽的温度范围内保持化学稳定性，且具有较高的锂离子迁移数[43,44]，因此基于无机固态电解质的锂离子电池具有更高的安全特性。无机固态电解质主要包括氧化物无机固态电解质、硫化物无机固态电解质和氮化物无机固态电解质。参考文献［45，46］报道硫化物无机固态电解质具有可以和液态电解质接近或者更高的电导率，电导率可达到$10^{-2}S\cdot cm^{-1}$，但是其对于外界环境比较敏感，稳定性相对较差。氧化物无机固态电解质环境敏感性差，稳定性较好，但是面向实际应用，依然有很多不利因素。常见的氧化物无机固态电解质有钠超离子导体（$Na_3Zr_2Si_2PO_{12}$）和含碱土金属（Ca、Sr、Ba）的钙钛矿晶体两种。这两种固态电解质与Li金属负极接触容易发生反应，稳定性相对较差。石榴石晶体作为固态电解质材料，和Li金属接触时是稳定的，但是当其接触H_2O和CO_2时，会在其表面形成副产物沉积。另外，无机固态电解质材料质地坚硬且较脆，导致形成电极材料与电解质之间较高的界面电阻，也是目前影响固态电解质材料实际应用的主要障碍。到目前为止，还没有适用于全固态锂离子电池的理想固态电解质材料。参考文献［47］认为目前已开发的很多固态电解质材料还存在较多问题：①电解质溶液与电极材料间界面接触性差导致界面阻抗较大、锂离子迁移数较低；②化学稳定性和电化学稳定性差；③界面应力导致结构稳定性差。上述问题的存在使得全固态锂离子电池技术的高安全性、高能量密度优势等不能够充分体现。所以，如何克服各类型固态电解质存在的局限，充分发挥各类型固态电解质材料的优势，开发出具有良好综合性能的复合固态电解质材料成为固态电解质材料开发的重点和热点。

（1）锂离子电导率的改善

复合固态电解质材料研究开发工作集中在改善电解质电导率、锂离子迁移数和降低固态电解质与电极间界面电阻两个方面。参考文献［48，49］发现将无机固态电解质分散在聚合物固态电解质基体中可以降低聚合物基体的玻璃化转变温度，从而提高固态电解质离子电导率，并由此引发了复合固态电解质的研发热潮。在研发初期，研发人员尝试将 TiO_2、Al_2O_3、SiO_2 和 ZrO_2 等陶瓷颗粒与聚合物基体进行混合，结果表明，陶瓷颗粒的添加可以把聚合物基体的离子电导率提高 1~2 个数量级[50-54]。性能的改善是由于陶瓷颗粒的添加改善了聚合物基体主链的运行特性而实现的。然而上述陶瓷颗粒本身并不能参与 Li^+ 的传导，因此如果添加物自身能够提供附加的 Li^+ 的传导特性，将更进一步改善固态电解质的离子电导率。近期的研究工作尝试把 $Li_{0.33}La_{0.557}TiO_3$（LLTO）[55]、$Li_7La_3ZrO_{12}$（LLZO）[56]、$Li_{1+x}Al_xGe_{2-x}(PO_4)_3$（LAGP）[57,58] 与相关聚合物固态电解质材料混合，并在固态电解质微观结构控制及无机固态电解质比例两方面做了大量工作。参考文献［59］深入研究了 Ta 掺杂的 LLZO（LLZTO）颗粒粒度对于 LLZTO/PEO 复合固态电解质离子电导率的影响。研究结果发现，由于沿 LLZTO/PEO 界面处渗滤阈值行为特性的不同，采用颗粒粒度为 40nm LLZTO 的 LLZTO/PEO 复合固态电解质离子电导率比采用微米级 LLZTO 颗粒复合固态电解质离子电导率高接近两个数量级。对比可以说明，无机固态电解质颗粒大小对于复合固态电解质的离子电导率的影响是非常显著的。

参考文献［60，61］报道了无机固态聚合物材料颗粒形态对于复合固态电解质离子电导率具有明显影响。研究发现采用一维无机固态电解质材料可以在复合材料内部形成更长的、连续的离子导电通道，有利于离子电导率的改善。例如，由重量百分比为 15% 的 LLTO 纳米线与聚丙烯腈/$LiClO_4$ 构成的复合固态电解质在室温情况下的电导率可以达到 $2.4\times10^{-4}S\cdot cm^{-1}$[62]。在后续的工作中，参考文献［63］采用光刻技术，实现了 LLTO 纳米线在 PAN 聚合物基体中有序排列，离子电导率测试结果表明，LLTO 纳米线的有序排列可以提高离子电导率一个数量级，改善效果明显。参考文献［64-66］报道了采用类似方法针对 PEO 聚合物固态电解质材料进行复合的研究工作。研究采用冰模板法将 $Li_{1.5}Al_{0.5}Ge_{1.5}(PO_4)_3$（LAGP）纳米线材料在 PEO 基体内部构筑有序纳米阵列，获得的复合固态电解质离子电导率在常温下达到 $1.67\times10^{-4}S\cdot cm^{-1}$，在 60℃ 时达到 $1.11\times10^{-3}S\cdot cm^{-1}$，是 LAGP 纳米线离子杂乱无章分布在 PEO 基体时的 6.9 倍。离子电导率数据对比表明，利用一维材料有序排列可以有效提升复合固态电解质材料离子电导率。

传统的制备复合固态电解质材料的方法是将不同固态物质进行直接混合，不可避免地在材料内部的两相间存在空洞，阻碍了离子的传输。参考文献［67］报道了应用多巴胺对 LLZTO 颗粒进行涂覆，可以有效地改善 LLZTO 颗粒的相容性和分散性，然后与 PEO 进行混合，可以将复合固态电解质离子电导率从 $6.3\times10^{-5}S\cdot cm^{-1}$ 提升至 $1.1\times10^{-4}S\cdot cm^{-1}$，同时复合材料的力学性能和热稳定性也得到了明显改善。

上述研究工作表明，对无机和有机两种固态电解质材料界面进行化学修饰，改善相容性，以及通过一定方法，最大限度地实现填充物颗粒有序排列，对于最终复合固态电解质材料离子电导率的提升具有非常重要的意义。

（2）锂离子迁移数的改善

锂离子电池电解质材料的开发，除了离子电导率这项参数之外，锂离子迁移数是另外一项重要指标。锂离子迁移数是指锂离子电解质材料中各种可动的导电离子在导电过程中所占的份额。对于电解质材料而言，希望其对于电子是绝缘体，电子的迁移数应小于 0.01，以防止内部短路和自放电。电解质材料希望锂离子的迁移数尽可能高。对于固态电解质，这一要求多数情况下能满足。对于液态电解质，一般锂离子的迁移数在 0.2～0.4 范围内，阴离子的迁移对离子电流产生较大贡献，但这会引起电极侧的浓差极化，增大界面传输的电阻，尤其电池在高倍率充放电情况下，浓差极化现象会更严重。因此，开发具有高锂离子迁移数的复合固态电解质材料也是研究开发的重要方向。

参考文献［68］报道将聚碳酸亚乙酯（PEC）嵌入锂蒙脱石（LIMNT）夹层中，获得的复合固态离子电解质材料具有选择性传导锂离子的结构设计，可以改善复合固态电解质的离子迁移数，实测锂离子迁移数达到了 0.83。获得如此高的锂离子迁移数的原因有两方面：一是基体物质 PEC 具有非晶态结构；二是 LIMNT 插入 PEC 夹层中，电解质阴离子在夹层中被选择性固定。选择性固定阴离子的机理为，LIMNT 可以提供丰富的路易斯酸中心，通过路易斯酸碱相互作用来固定电解质阴离子，并促进锂盐的解离，释放更多的 Li^+ 参与传导，同时 PEC 中的碳酸酯基团通过弱相互作用促进 Li^+ 在夹层空间中有选择性和快速地迁移，最终提高复合固态电解质材料的锂离子迁移数。

利用离子共价有机骨架（ICOF）构建具有带电空间网络结构的材料是固态电解质材料开发的理想选择。ICOF 的带电阴离子被限制在骨架内不能移动，同时也限制了负离子的移动，而只是让 Li^+ 在材料内部移动，所以导致具有较高的锂离子迁移数[69-72]。通过采用上述结构制备的复合固态电解质材料，锂离子迁移数达到 0.81，而且常温下的离子电导率达到 $7.2\times10^{-3}S\cdot cm^{-1}$。

采用聚合物/无机陶瓷/聚合物的三明治结构也是复合固态电解质材料提高锂离子迁移数的典型结构。通过该结构，无机陶瓷层可以很好地锁定阴离子的移动，而聚合物固态电解质层与电极材料间具有较好的润湿性。Goodenough 等制备了交联聚乙二醇甲基醚丙烯酸酯（CPMEA）和 LATP 陶瓷颗粒的三明治结构复合固态电解质材料，材料锂离子迁移数达到 0.89，而且具有良好的界面性能[73]。

采用单离子导电聚合物锂盐作为复合固态电解质材料的组分也受到广泛关注。该方法是将导电聚合物锂盐通过共价键接到聚合物主链上，在这种情况下，负离子被固定，只允许 Li^+ 在电解质中传导[74-76]。采用上述方法，参考文献［77］制备了具有马来酸酐（MA）和4-苯乙烯磺酰基（苯基磺酰基）酰亚胺锂交替结构的单离子导电聚合物，将其与 PEO 混合得到复合固态电解质材料，该材料室温离子电导率达到 $3.08\times10^{-4}S\cdot cm^{-1}$，锂离子迁移数更是高达 0.97，接近于 1。高的锂离子迁移数也使得电池负极侧锂离子浓度梯度大大降低，减小了锂金属形成枝晶的推动力，有力地阻碍了锂枝晶的形成。

（3）锂离子电池负极/固态电解质溶液间界面改性

利用固态电解质材料代替液态电解质材料可以有效地改善锂离子电池安全运行特性。然而由于固态电解质材料与锂负极间的润湿性较差、副反应、锂枝晶形成、锂负极体积变化导致两相间的接触效果恶化等，均极大程度地限制了固态电解质材料在锂离子电池领域的应用。因此，如何改善两相间的接触及界面稳定性是其应用的关键，也是目前锂离子电池领域的研究热点。针对上述目标，采用的方法通常有如下几种：①在固态电解质材料与负极界面处设计合理的界面层；②通过原位聚合的方法，在固态电解质材料与负极界面处形成接触良好、结构稳定的界面层；③采用高模量固态电解质材料；④采用具有自愈特性的聚合物电解质材料；⑤采用具有弹性特性的聚合物电解质材料。

（4）锂离子电池正极/固态电解质溶液间界面改性

目前，锂离子电池正极材料的开发目标是向高容量和高电压方面持续改进。尽管固态电解质材料同液态电解质材料相比具有更好的稳定性，但是固态电解质材料与锂离子电池正极间的界面特性（比如高的界面阻抗、元素互相扩散、空间电荷层、高电压界面副反应）仍然是固态锂离子电池应用的主要障碍。下面对近几年锂离子电池正极/固态电解质溶液间界面改性的工作进展进行阐述。

为了改善界面特性，较为通用的方法是将复合固态电解质材料组分添加到正极材料中或者将复合固态电解质材料中的传统黏结剂调整为聚合物树脂[78-81]。另外，通过加热、溅射或原位聚合等工艺，改善锂离子电池正极/固态电解质溶液间界面结构也是改善界面特性的方法。参考文献［82］同时将 PEO 作为正极材料黏结剂和复合固态电解质材料，在电池组装过程中，通过加热方式使得正极与复合固态电解质材料两相间熔融形成一体。该结构有效地改善了两相材料间的界面相容性，缓解了因为体积变化导致的不利影响。利用该结构组装的电池，在60℃情况下，运行1000h 后，性能保持稳定，没有发生内部短路现象。

为了减小正极/固态电解质溶液间界面处的副反应，通常情况下采用具有宽电化学窗口的复合固态电解质材料。参考文献［83-85］按照上述方向，将有机和无机组分通过交联方式制备了 PEO 为基体的固态电解质材料，实验证实，该材料拓宽了电解质材料的电化学窗口，降低了正极与电解质间副反应发生程度。参考文献［86］通过光聚合的方法，将导电 PEO 与枝化丙烯酸酯聚合生成了具有刚柔结构的固态聚合物电解质材料，数据表明，该电解质材料在正极材料配对，在4.5V（相对于Li^+/Li）工作电压范围内保持稳定，电池可以在5C下充放电，并且在1C放电倍率下保持长时间循环性能稳定。上述研究进展充分说明宽电化学窗口复合固态电解质材料开发的重要性。

开发能够同时和高电势正极以及锂金属负极相容的固态电解质材料，对于高能量密度的固态电池制备无疑是非常理想的。固态电解质的不对称设计是一种能够满足上述要求的有效方法。参考文献［87］制备了两侧面具有不同材质超级薄层的Janus复合固态电解质材料，接触正极的一面为PEGMA软聚合物薄层，可有效地降低其与正极之间的界面阻抗，接触锂金属负极一面为PEO/LLZO刚性层，可以有效地抑制锂金属枝晶的形成。以这种Janus复合固态电解质组装的固态$LiFePO_4/Li$电池在120个循环中的容量保持率为94.5%，库仑效率超过99.8%。后续工作中，在LATP颗粒层两面分别制备了耐氧化的PAN和耐还原的PEO层，该典型的Janus结构使得LATP陶瓷颗粒电解质同时具备了对正极优良的润湿特性和有效抑制负极锂金属枝晶生长的能力。

最近的几项研究表明，锂会在原有的缺陷中局部沉积，造成裂纹尖端应力的积累和相应的裂纹扩展，从而最终导致固体电解质机械失效。因此，固态锂电池在下一步的研究中还要继续针对锂枝晶消除机理进行深入研究，同时还要在工程应用中着重解决电极结构中存在的结构缺陷等问题，以便能够充分发挥固态锂离子电池的特点和优势。

1.2.2.2 锂空气电池

1. 锂空气电池概述

Littauer和Tsai[88,89]在1974年首次提出了锂空气电池的概念。当时采用碱性水溶液作为电池的电解液。含水的锂空气电池能够减少空气中氧气的进入，从而避免降低电极表面由于氧化反应而形成的氧化物含量。这类电池具有2.9~3.0V的开路电压，且该类电池只是一次电池。锂空气二次电池的概念由Abraham和Jang在1996年提出[90]。电池采用非水电解液，由金属锂作为负极，凝胶聚合物电解质和负载催化剂的碳空气电极作为正极。该电池在室温下的开路电压约为3.0V。但是在随后的时间里，锂空气电池并没有受到广泛关注。2006年，参考文献［91］报道了经过改善的锂空气电池的比能量比商用锂离子电池高得多，锂空气电池技术引起了全球关注。

2012年，国际商业机器公司（IBM）启动了“Battery 500”计划，为电动汽车开发$Li\text{-}O_2$电池，一次充电可行驶500mile㊀。该计划被认为是21世纪$Li\text{-}O_2$

㊀ 1mile=1609.344m。

研究的标志性项目。2013年，日本丰田汽车公司与德国宝马公司签署了一项合同，共同开发锂空气电池。日本的新能源与工业技术开发组织（NEDO）和美国的能源部（DOE）也提供了大量资金，用来促进锂空气电池的研究。

锂空气电池以金属Li或Li合金作为负极，含可溶性锂盐的导电介质作为电解质，空气作为正极。在放电过程中，Li^+经过电解质从锂负极迁移至空气正极，电子从外电路迁移至空气正极，氧气得到电子后与锂离子反应生成Li_2O_2或LiOH，同时向外电路提供电能；在充电过程中，正极的Li_2O_2或LiOH分解，产生的Li^+回到负极被还原成金属单质锂，同时向空气中释放出氧气（见图1-10）。锂空气电池的理论能量密度可达到3500Wh/kg。

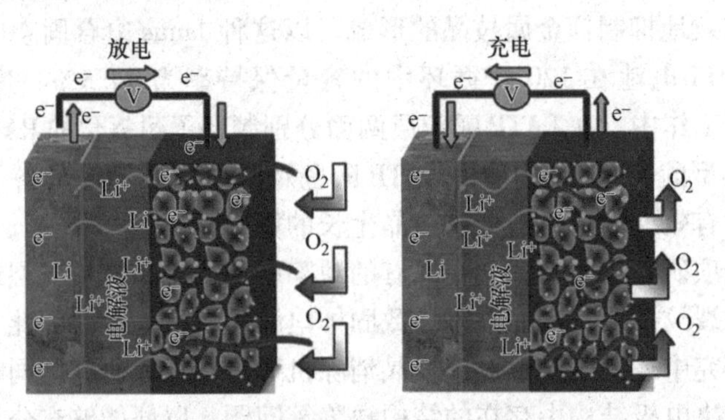

图1-10 锂空气电池工作原理示意图[92]

锂空气电池单体电芯部分主要由金属锂或锂合金负极、空气正极和电解质三部分组成。其中，空气正极包括活性材料、集流体、黏结剂和催化剂等，电解质主要包括电解质和隔膜，电解质可以是液体电解质，也可以是聚合物电解质或固态电解质。

2. 锂空气电池研究进展

锂空气电池目前处于发展初期，对基本的反应机理和一些棘手的技术问题尚缺乏透彻的了解。近年来，研究人员主要致力于电解质、锂阳极、空气阴极、透气防水和防二氧化碳膜的开发。

（1）电解质

锂空气电池的电解质在溶解氧和传导锂离子方面起着重要作用，以确保电池性能的稳定和维持高能量输出。目前，已开发的电解质在阴极和阳极上的电化学稳定性很差，这是制约$Li-O_2$电池发展的主要瓶颈。

2010年之前，用于锂空气电池的电解质为碳酸盐。但是参考文献［93］研究表明，碳酸盐电解质在操作过程中易受氧自由基侵蚀，导致其分解严重。醚类电解质对氧自由基的稳定性高于碳酸盐电解质，但电解质的分解仍会与副产物（如有机锂盐或Li_2CO_3）一起发生。当循环继续进行时，锂空气电池的循环稳定性将降低。

除了这两种电解质外，相关文献开展了乙腈（ACN）[94]、二甲基亚砜（DMSO）[95]、二甲基甲酰胺（DMA）[96]、苯甲醚[97]和离子液体[98]等作为锂空气电池电解质的研究。参考文献［99］报告了一种非常稳定的锂空气电池，它使用0.1M $LiClO_4$/DMSO作为电解质，以多孔金作为阴极（正极）。该电池表现出非常好的循环性能和容量保持率，其中Li_2O_2是主要的放电产物，运行过程中测试出有痕量的副产物Li_2CO_3和HCO_2Li。然而，DMSO与锂阳极（负极）之间的相容性不好，这需要进一步改进。

除了电解质以外，还研究了锂空气电池中的添加剂，例如硝酸锂、碘化锂和四硫富瓦烯。这些添加剂的主要作用是增加放电容量并减少充电和放电期间电池的过电位。最近，剑桥大学的科学家使用水和碘化锂作为电解质添加剂，最终的放电产物是LiOH而不是普通的Li_2O_2。LiOH比Li_2O_2稳定，可以大大减少副反应并改善电池性能。其中，添加碘化锂有助于分解LiOH，并保护锂金属，即使存在适量的水也能使电池正常工作[100]。

（2）空气阴极

锂-空气电池的空气阴极类似于其他金属-空气电池，其由集流体层、氧扩散层和催化剂层组成。氧气扩散层主要用于为O_2提供进入催化剂层的通道，疏水性聚四氟乙烯（PTFE）材料的多孔层可阻止电解质的渗透。由于碳具有优异的导电性、氧吸附和还原活性，因此催化剂层主要由载有催化剂的碳材料组成。催化剂层不仅为O_2和Li提供了反应位置，而且为Li_2O_2的沉积和生长提供了空间。当碳表面和孔被Li_2O_2完全阻塞时，放电过程停止。因此，选择合适的碳材料和优化物理结构是提高锂空气电池性能的关键因素。

目前，多孔碳材料是研究最广泛的空气阴极材料。这不仅是因为它具有高电导率可以提供快速的电荷转移，而且还因为它具有高的比表面积和低的密度，可以提高Li-O_2电池的比能量。除此之外，多孔碳中的缺陷位点在充放电过程中也可能起催化作用。O_2阴极中最常用的多孔碳材料是活性炭，另外还有碳纳米纤维、碳纳米管和石墨烯等。例如，参考文献［101］将Super P炭黑和黏结剂涂覆到碳纸上作为催化层，并在3A/g的电流密度（基于碳质量）下达到5000mAh/g的放电容量。参考文献［102］使用分层多孔石墨烯作为催化剂层，无需任何其他催化剂即可提供15 000mAh/g（C）的容量。出色的性能归因于分层多孔石墨烯的独特表面结构和特性：大孔可促进O_2扩散；纳米孔可提供大量反应位点和表面缺陷，可加速成核。尽管碳材料在锂空气电池放电过程中展示出良好的容量特性，但是其容易与Li_2O_2反应形成Li_2CO_3，而难以在充电过程中被充分利用。

非碳材料，比如Au、TiC和Co_xO_y以及Ni等，作为碳材料的替代进行了锂空气电池的空气阴极的性能研究。结果表明，上述材料具有良好的电化学稳定性，但是以上述材料作为空气阴极的锂空气电池的比能量较低。例如，文献在多孔镍上构建了无黏结剂的3D多孔石墨烯电极，在280mA/g和2800mA/g的电流密度下提供了11060mAh/g和2020mAh/g的容量。

催化剂对于锂空气电池能源转换效率有重要影响。如果没有催化剂，Li-O_2电池的能量效率通常低于70%，远低于锂离子电池的能量效率。这是由于充电和放电之间的电位差较大，通常在放电期间约为2.7V，在充电期间约为4.2V，使得电池的电压效率偏低。高充电电压还会导致电解质和电极材料分解。因此，开发高性能、高稳定性、低成本的阴极ORR/OER催化剂，以提高Li-O_2电池的能效和循环寿命至关重要。到目前为止，在Li-O_2电池研究中发现了一些具有优异催化活性的贵金属、过渡金属氧化物和过渡金属络合物。另外，包括铂和铂基材料在内的贵金属已被广泛用作各种反应的催化剂，尤其是作为氧还原催化剂用于燃料电池，具有很高的催化活性和选择性，并具有很强的抗氧化和抗腐蚀能力。由于锂空气电池的阴极类似于可再生燃料电池的阴极，因此贵金属在Li-O_2电池中也表现出良好的性能。

除上述催化剂外，其他金属复合材料作为Li-O_2电池催化剂的研究也取得了一定进展，例如金属络合物、金属氮化物、尖晶石型、烧绿石型和钙钛矿型金属氧化物以及混合金属硫化物。参考文献［103］首先报道了一种作为O_2阴极催化剂的碳载酞菁钴，其表现出与贵金属催化剂相似的性能，其放电电压稳定在2.8V，充电电压稳定在3.7V。参考文献［104］开发出原子分布均匀的Fe/N/C复合材料作为锂空气电池阴极催化剂。实验发现在充电过程中仅放出O_2气体，而当使用MnO_2/XC-72作为催化剂层时放出CO_2。这意味着当使用Fe/N/C复合催化剂时，几乎没有电解质分解。

到目前为止，已经为Li-O_2电池开发了多种不同的催化剂，但是，催化剂的工作机理仍有待探索。理想的催化剂不仅应能够增加电池容量，而且还应能够减少过电位，以提高充放电循环的能量效率。除此之外，仍然迫切需要在微米和纳米尺度上设计和优化电极结构，以便为放电产物的沉积提供更多空间，并确保反应物的有效转移和稳定的电化学反应界面。

(3) 透气防水和防二氧化碳膜

Li-O_2电池是从真实的空气环境中获取氧气的。然而必须从空气中排除有害气体，例如H_2O和CO_2。对于非质子电解质Li-O_2系统，必须将H_2O和CO_2排除在空气中，因为它们会与锂和Li_2O_2反应形成有害的副产物。即使对于Li-O_2水性电解质体系，CO_2仍可能与LiOH反应形成Li_2CO_3，并导致电池故障。参考文献［105］使用聚合物薄膜密封了锂空气电池，电池比能量达到362Wh/kg，该电池一个月内的测试过程中基本保持性能稳定。参考文献［106］使用涂有聚四氟乙烯的玻璃纤维膜（TCFC）作为氧选择性膜，该膜可以提供足够高的氧渗透率，在放电过程中实现0.2mA/cm^{2}的电流密度。此外，运行超过40天后，只有2%的液态电解质挥发，锂金属阳极的过电势仅增加了13~24mV。这表明可以有效防止水分进入电池，防水效果明显。Aishui Yu的小组使用掺质子的聚苯胺（PAN）合成了一种透气防水膜，在相对湿度20%和电流密度为0.1mA/cm^{2}的情况下，其放电容量为3241mAh/g。参考文献［107］使用挥发性和疏水性较低的离子液体代替传统的有机电解质，通过在催化剂层和碳纸收集器之间添加疏水扩散层，在空气中运行时的容量高达10730mAh/g，且容量保持率高，运行效果良好。

3. 锂空气电池研究需要解决的问题

尽管锂空气电池具有非常高的理论能量密度，但是它所面临的许多科学问题还需要阐明和解决。

1）同其他锂电池一样，锂空气电池负极所面临的主要问题是枝晶生长和电极粉化的问题。该问题的存在会导致循环效率的降低和电池安全性变差。另外，空气中水分和二氧化碳等杂质气体与金属Li的反应，导致金属Li表面生成LiOH和Li_2CO_3等副产物。这些副产物会导致锂枝晶的形成，从而影响锂空气电池中金属Li的循环性能。

2）对于锂空气电池来说，还很难找到一种理想的电解质体系。锂空气电池中间产物O_2^-是一种非常活泼的物质，会与电解质中的有机溶剂或锂盐反应，造成电解质的不可逆分解。目前，电解液主要使用有机溶剂，多数有机溶剂存在挥发问题，致使锂空气电池无法处于开放状态，一定程度上限制了锂空气电池的实际应用。新开发的TEGDME、DMSO、PP13TFSI和LAGP等体系虽然稳定性更高，但是也不能从根本上解决上述问题。

3）空气正极目前存在的主要问题是防水透气膜性能不能满足电池运行需求。防水透气膜目前还不能有效地防止水的透过，会引起副反应发生或电极钝化，对电池性能产生不利影响。

4）目前锂空气电池倍率性能较差，很难适用大电流充放电，这主要是放电产物导电性差引起的。

5）容量衰减相对比较严重。该问题是由于放电产物的累积、电解液的分解和电池中各种副反应引起的。

解决上述问题将会大幅提高Li-O_2电池的性能。相信通过不断的努力和研究，可以最终实现高比能量和长寿命的目标。在此基础上，锂空气二次电池的应用将会得到有效推广。

1.2.2.3　锂硫电池

1. 锂硫电池概述

锂硫电池概念是于19世纪60年代提出的，比锂离子电池更早。虽然经历了数十年的研究开发，但是锂硫电池在商业化方面却远远不及锂离子电池。

锂硫电池以单质硫（S）作为正极，金属 Li 作为负极。放电时负极 Li 失去电子变为 Li^+，Li^+ 迁移至正极与单质硫及电子反应生成硫化物。锂硫电池的理论放电电压为 2.287V，如果按照所有单质硫均完全反应生成 Li_2S 计算，单质硫的理论比容量为 1675mAh/g，金属锂理论比容量为 3860mAh/g。当硫与锂完全反应生成 Li_2S 时，相应锂硫电池的理论能量密度为 2600Wh/kg。锂硫电池充放电过程如下式所示：

正极：$16Li - 16e^- \rightarrow 16Li^+$

负极：$S^8 + 16e^- \rightarrow 8S^{2-}$；$8S^{2-} + 16Li^+ \rightarrow 8Li_2S$

2. 锂硫电池研究进展

锂硫电池同锂空气电池类似，同样也存在负极金属锂的稳定性问题，这是以金属锂作为电池负极情况下的共性问题，在此不做过多阐述。锂硫电池由于充放电的产物 S 和 Li_2S 都是绝缘体，很难作为正极材料单独使用。为了降低极化电阻，借鉴锂离子电池的处理方法，在电极制备过程中需添加大量的导电添加剂炭黑或者复合另一种高电导率的材料。充放电过程存在着不同价态的硫离子，放电初期和充电末期产生的长链 Li_2S_n 易溶解于电解液，从而造成较大的可逆容量衰减，电池的循环性能受到影响。尤其在充电末期，多硫离子 S_x^{2-}（$x \geqslant 4$）溶解于电解液后很容易扩散至金属 Li 负极一端，并与金属 Li 发生还原反应而形成低价态的 S_y^{2-}（$x \geqslant y \geqslant 4$），如此反复地在正、负极之间穿梭，形成了多硫离子的穿梭效应。

针对上述问题，研发人员开展了大量工作。本节将对锂硫电池最近几年的最新研究进展进行阐述。2012 年，Manthiram[108] 及其同事首先提出了“中间层”的重要概念，创新性地设计了由多壁碳纳米管嵌入的膜材料并覆盖在硫正极表面，电池表现出了良好的电化学反应特性。分析发现，“中间层”的设计不仅降低了电池内部的传递电阻，而且有效地抑制了多硫化物穿梭效应的发生。围绕“中间层”概念，研究开发针对“中间层”的作用机理，进行了大量而富有成效的正极“中间层”材料开发及制备工艺、负极“中间层”材料开发及制备工艺等工作。

从目前研究来看，多孔碳材料因具有良好的力学性能、导电性能、化学和电化学稳定性、热稳定性及较高的比表面，而成为正极中间层最常用的材料[109]。文献报道的应用于中间层材料制备的多孔碳材料主要包括：多孔碳纳米管[110]、多孔碳纸[111]、多孔石墨烯[112]、多孔气凝胶碳[113]、多孔导电碳黑[114]、多孔碳纳米纤维[115]和多孔复合碳材料[116]（如多孔石墨烯-碳纳米管导电复合材料、多孔石墨烯/碳纤维复合材料）等。

通过向非极性含碳材料的中间层中添加 N、O、B、Cl、S、Si、Se 等极性原子可以有效地改善中间层电导率以及对于多硫化锂的吸附。应用第一性原理计算模拟发现，这些极性原子通过化学键作用将多硫化锂进行吸附。参考文献［117］制备了由N原子掺杂的多壁碳纳米管中间层，测试表明，不仅提高了正极强度，而且有效地抑制了多硫化物穿梭效应程度。电池初始放电容量可达到1332mAh/g，而且经过50个循环后，依然可以保持91%的容量，容量循环性能大为改善。

另外，金属碳化物、金属氮化物、金属氧化物和金属硫化物等具有离子导电特性的无机化合物在中间层开发工作中也得到了广泛重视，并且取得了一定进展。

参考文献［118］提出了一种新型的双功能电解液，在锂硫电池使用中同时解决了多硫化物溶解性和金属Li负极稳定性两大问题。这种电解液通过大幅度提高锂盐浓度，将大量溶剂分子与锂盐络合，从而可以有效地抑制多硫化物在电解液中的溶解，降低了穿梭效应，防止电池出现过度充电现象。而对于金属Li，由于电解液具有高的阴离子浓度、高的Li^+迁移数和高的黏度，有利于金属Li负极的均匀物质交换，高的阴离子浓度可以防止金属Li表面由于阴离子耗尽所产生的空间电荷层，减小了非均匀沉积电场，从而稳定了金属Li负极的表面。

3. 锂硫电池研究需要解决的问题

为了达到实际应用，研究应集中在改善Li-S电池的整体性能上，包括比能量、比功率、能量效率、循环寿命、保质期以及安全性等。由于不同领域的实际应用对Li-S电池的性能要求相差很大，因此，Li-S电池的研究方向也应有所不同。Li-S电池的重点研究方向如下：

1）开发具有优异综合性能的正极材料，以确保Li-S电池的比能量不小于300Wh/kg。除此之外，可以开发新型催化剂来加速Li-S电池中的阴极反应，或者改变阴极的反应过程，以避免多硫化物的扩散。

2）设计出整个阴极的微纳结构，不限于C/S复合材料，根据实际应用的需要优化传质和多硫化物扩散。首先，硫含量和阴极负载量应足够高；其次，电解液从阴极到阳极的分布（或Li^+迁移）应从宏观到微观得到优化；第三，应确保整个阴极的电子导电性。除此之外，可以通过调节整个阴极中的硫和碳分布来抑制多硫化物的扩散。

3）通过实验和模拟方法研究锂电池的安全性。尤其是在高温（高于60℃）和低温（低于0℃）下，Li-S电池容易发生电解质分解和形成锂枝晶，从而引发安全性问题。

4）开发高性能阳极材料，包括锂金属、锂合金、Li^+插入材料（二氧化硅、碳等）和转移材料（金属氧化物等）。可以通过以下方法防止锂枝晶的生长和脱落：①在锂阳极表面上设计更灵活的SEI，在锂溶解和沉积过程中保持完整；

②设计具有高比表面积的集电器，降低锂阳极表面的实际电流密度，以限制形成锂枝晶。

5）根据以下原理开发 Li^+ 选择性导电膜以分离多硫化物：①筛分效果；②排斥电荷的作用；③选择性吸附作用等。

6）开发新型电解质，该电解质与阳极稳定，可以控制多硫化物从阴极向阳极的扩散。

7）重点发展 Li-S 一次电池。锂硫电池已经实现了超过 900Wh/kg 的比能量，这在实际应用中很有希望。

简而言之，尽管对 Li-S 和 $Li-O_2$ 电池已经进行了数十年的研究，但仍然存在许多尚未解决的科学和技术问题。相信通过坚持不懈的努力，这些问题未来一定能够克服。但是，要使 Li-S 和 $Li-O_2$ 电池替代电动汽车中的商用锂离子电池，或者应用在大规模电池储能领域，还有很长的路要走。

1.2.2.4 钠硫电池

钠硫电池自 1968 年由美国福特公司公开发明专利，首先推出问世以来至今已有 50 余年的发展史。因其具有高的比功率和比能量、低原料成本等特点，是重要的电力系统用大规模储能技术之一。

1. 钠硫电池基本原理

钠硫电池主要是由正极、负极、电解质、隔膜和外壳等组成，与传统的铅酸电池、镍镉电池不同，钠硫电池是由熔融电极和固体电解质组成的高温型储能电池，正极活性物质为液态硫和多硫化钠熔盐，负极的活性物质为熔融金属钠。

钠硫电池通常的运行温度在 300～350℃之间，电池的正负极分别是熔融金属钠（T_m = 98℃）和熔融硫（T_m = 115℃），正极材料中的硫通常被浸渍在石墨毡中，以保证正极具有充足的电子传导能力，顺利进行电化学反应，体系中的电解质兼隔膜是固体 $\beta\text{-}Al_2O_3$[119,120] $\beta\text{-}Al_2O_3$不仅能够为电池体系保证良好的电导率，还能选择性透过导电 Na^+。

电池发生放电反应时，负极熔融态的钠被电离，失去电子变成 Na^+，电子通过外电路流向正极参与反应，Na^+通过传导钠离子的氧化铝陶瓷电解质膜扩散到正极，并与硫发生化学反应生成 Na_2S_x；充电过程与之相反，Na_2S_x变成硫和 Na^+，Na^+重新通过电解质膜扩散到负极，获得电子形成钠原子。放电深度不同，正极 Na_2S_x的主要成分也不同。

钠硫电池的工作原理如图 1-11 所示。钠硫电池以单质硫与碳的复合物、金属钠分别用作正极和负极的活性物质，掺杂钠离子的氧化铝陶瓷膜起到正、负极活性物质隔膜和电解质的双重作用[120-123]。

钠硫电池电极反应式如下：

负极反应：$Na \rightarrow Na^+ + e$

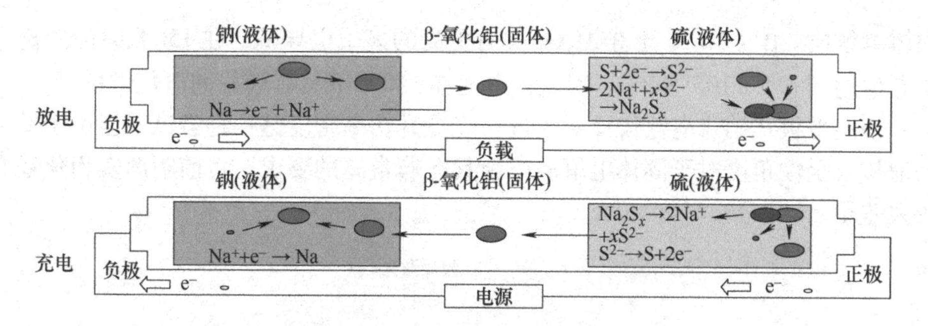

图 1-11　钠硫电池工作原理示意图

正极反应：$S_8 + 2e^- \rightarrow S_8^{2-}$

电池总反应：$2Na + xS_8 \rightarrow Na_2S_x$

新装配的钠硫电池一般处于完全荷电的初始状态，钠硫电池在放电的初始阶段（硫含量为 100% ~ 78%），正极活性物质为液态硫与液态 $Na_2S_{5.2}$ 形成的非共溶液相，电池电动势约为 2.076V；当放电至 Na_2S_3 出现时，电池的电动势降至 1.78V；当放电至 $Na_2S_{2.7}$ 出现时，对应的电动势降至 1.74V。

2. 钠硫电池研究进展

（1）大容量管式钠硫电池

大容量管式钠硫电池是以大规模静态储能为应用背景的。如图 1-12 所示，钠硫电池单体由作为固体电解质和隔膜的 β-Al_2O_3 陶瓷管、钠负极、硫正极以及正负极集流体构成。采用该结构的钠硫电池已由日本 NGK 公司商业化。采用大容量管式结构的钠硫电池运行温度为 350℃，加之正负极活性物质的腐蚀性强，电池对于固体电解质、电池结构和运行条件的要求苛刻，因此，钠硫电池需要进一步提高电池系统的安全性。这也促使人们加快对钠硫电池技术的研发，其中，中温平板式和常温钠硫电池是主要的关注内容。

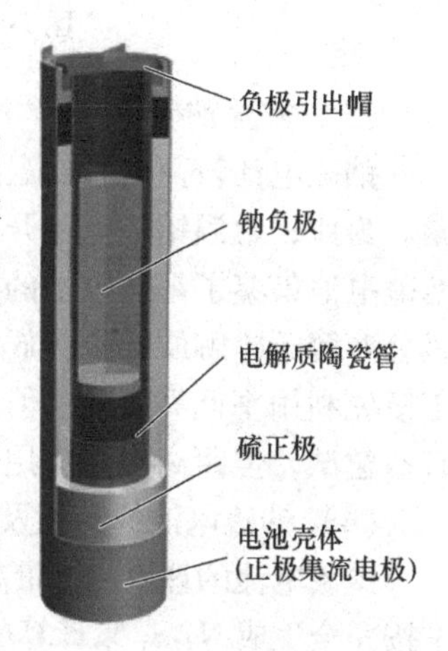

图 1-12　钠硫电池单体及电池模组示意图

（2）中温平板式钠硫电池

管式结构的钠硫电池显示了其大容量和高比能量的特点，在多种场合获得了应用，但与锂离子电池、超级电容器、液流电池等电化学储能技术相比，其在功率特性上并没有体现出优势[124]。

美国太平洋西北国家实验室（Pacific Northwest National Laboratory，PNNL）对中温钠硫电池进行了研究[125]。该实验室采用了平板式钠硫电池结构设计，如图 1-13 所示。该结构最大特点是采用了厚度为 600μm 的 β"-Al_2O_3 陶瓷片作为固体电解质。β"-Al_2O_3 比 β-Al_2O_3 具有更高的离子电导率，在150℃时的钠离子电导率达到8.5×10^{-3}S/cm。因此，电池在150℃下具有较好的电化学性能。

中温平板式钠硫电池设计对于进一步提升功率密度是一种尝试，但由于钠硫电池从安全性角度对于固体电解质隔膜具有非常高的要求，目前距离实用化还有较大差距。

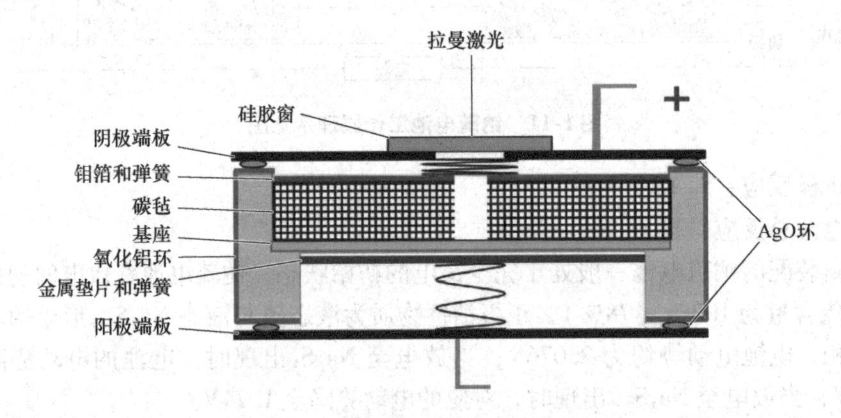

图1-13　中温平板式钠硫电池结构设计

（3）常温钠硫电池

钠硫电池较高的工作温度以及在高温下增加的安全隐患一直是人们关注的问题。为此，常温钠硫电池开发引起了相关研究机构的重视。在某种意义上，常温钠硫电池借鉴了锂硫电池的概念，因此存在着与锂硫电池类似的问题，比如正极组分溶解于电解质导致自放电和快速的容量衰减，钠枝晶的形成导致电池失效，正极硫利用率低等问题。但从研究进展来看，钠硫电池常温化是对其技术发展的有益尝试，但距离实际应用还有很大距离。

（4）钠硫电池的特性及存在的问题

钠硫电池的理论比能量高，通常所说的钠硫电池的理论比能量可达760Wh/kg是按完全生成Na_2S_3来计算的，而实际上钠硫电池的比能量约为150Wh/kg，大约是铅酸电池比能量的3~4倍。钠硫电池储能系统体积比较小，开路电压高，内阻小，可大电流、高功率放电，其放电电流密度可达200~300mA/cm^2，能量效率约为80%，充放电循环可达4000次以上，寿命长。

但钠硫电池也存在着一些问题，如荷电状态（SOC）不能直接监测、只能用平均值计量，需要周期性的离线测量。钠硫电池过充电容易引起严重的安全问题，需要严格控制电池的充放电状态。钠硫电池只有在达到300℃左右的温度时，钠和硫都处于液态下才能运行，如果β-Al_2O_3电解质隔膜一旦破损形成短路，高温的液态钠和硫就会直接接触，发生剧烈的放热反应，产生高达2000℃的高温，引起火灾。钠硫电池使用的钠离子掺杂氧化铝陶瓷隔膜比较脆，在电池受外力冲击或者存在机械应力时容易损坏，在这种情况下，不仅影响电池的寿命，而且还容易发生安全事故。另一方面，高温运行带来结构、材料、安全方面的诸多问题。由于液态金属钠与液态硫腐蚀性很强，且容易渗透，对材料要求比较苛刻，液态硫的易挥发性还影响电池中电流的通过。要保持高能量效率需要给电池保温，保温隔热层增加了电池的体积与重量，使得其能量与功率密度比理论值小得多。液态金属钠与硫如果直接接触反应相当剧烈，任何内部或外部的泄漏都会引起火灾或爆炸等事故。发生火灾的钠硫电池对环境的影响是很大的，负极活性物质金属钠暴露在空气中将自燃生成氧化钠，随后在空气中吸收水分，形成强腐蚀性的氢氧化钠，如果遇到大量水还会再次引起爆炸；正极活性物质硫在高温下则生成酸性、腐蚀性的二氧化硫气体；负极活性物质金属钠与正极活性物质硫发生反应，还会生成具有恶臭和腐蚀性的硫化钠，它需要作为危险废弃物处理和处置。

所以，钠硫电池普及应用的前提是必须解决好电池系统的安全性，否则不仅会危害电力系统运行，还会造成环境影响，尤其是对大气和人员健康的影响程度很大。钠硫电池设计时要充分考虑其机械可靠性和抗外力冲击性，由于防腐、隔热与安全等方面的需要，钠硫电池的结构相对于其他大规模储能电池要复杂得多，所需材料也相对昂贵，尽管钠硫电池活性物质材料成本比较低廉，但其综合成本在大型电池中是较高的。

3. 钠硫电池技术发展及应用现状

日本 NGK 公司是国际上钠硫电池研究开发、制造、应用示范和产业化的领军企业，且是全球唯一一家能够产业化制造钠硫电池的企业。据报道，其年生产能力达到 150MW。NGK 公司开发的钠硫电池模块有 30kW/212kWh、33kW/200kWh 两个型号，这些模块可构成 200kW/1200kWh 的集装箱型电池系统和 1200kW/8640kWh 的室外箱型电池系统。

截至 2019 年底，钠硫电池在全球的总装机规模已经达到 530MW。钠硫电池主要应用领域包括调频、削峰填谷、可再生能源和微电网等领域。应用项目主要分布在日本、美国、加拿大、德国、意大利、阿联酋等国家。其中，日本应用规模最大，为 360MW，阿联酋次之，达到 108MW。典型钠硫电池项目如表 1-3 所示。

表 1-3　钠硫电池项目

序　号	项目名称	完成时间	项目地点	规　模	应　用
1	尼德萨克森混合动力储能电站	2018 年 11 月	德国，瓦雷尔市	4MW/20MWh	储能电站
2	PG&EYerbaBuena 储能项目	2013 年 5 月	美国，圣何塞	4MW/28MWh	工业应用
3	PG&EVaca 电池储能项目	2012 年 8 月	美国，瓦卡维尔	2MW/14MWh	输配电领域

（续）

序号	项目名称	完成时间	项目地点	规模	应用
4	加拿大水电公司储能项目	2012年5月	加拿大，Golden	2MW/14MWh	工业应用
5	卡特琳娜岛高峰负荷项目	2011年12月	美国，卡特琳娜岛	1MW	海岛储能
6	Xcel能源公司风电场项目	2010年8月	美国，Luverne	1MW/7MWh	可再生能源并网
7	Younicos钠硫电池储能项目	2010年1月	德国	1MW/6MWh	海岛储能
8	留尼汪岛钠硫电池储能项目	2009年12月	法国，留尼汪岛	1MW/7.2MWh	海岛储能
9	NYPA长岛公交汽车站项目	2009年9月	美国，Garden	1MW/7MWh	工业应用
10	TEPCO钠硫电池项目	2009年1月	日本，多个地区	200MW	输配电领域
11	AEP延缓分布式电力系统项目Ⅰ	2008年12月	美国，Churubusco	2MW/14.4MWh	输配电领域
12	AEP延缓分布式电力系统项目Ⅱ	2008年11月	美国，Milton	2MW/14.4MWh	输配电领域
13	日本福岛六所村项目	2008年8月	日本，六所村	34MW	可再生能源并网

我国钠硫电池的研究以中国科学院上海硅酸盐研究所为代表，曾成功研制出电动汽车用6kW钠硫电池。2006年，上海硅酸盐所与上海电力公司合作，联合开发储能应用的钠硫电池，2007年研制出容量达到650Ah的单体钠硫电池，并在2009年建成了具有年产2MW单体电池生产能力的中试生产线。单体电池比能量达到150Wh/kg。电池前200次循环的退化率为0.003%/次，单体电池整体水平接近日本NGK的水平。2014年，在上海崇明岛开展了1.2MWh钠硫电池储能电站示范项目，该项目的实施标志我国钠硫电池储能技术产业化迈向了新阶段。

1.2.2.5 铅酸电池和铅炭电池

铅酸电池是电极主要由铅及其氧化物制成，电解液是硫酸溶液的蓄电池。铅酸电池放电状态下，正极主要成分为二氧化铅，负极主要成分为铅；充电状态下，正负极的主要成分均为硫酸铅。自1859年铅酸蓄电池发明至今，已历经160多年的发展历程，在通信、电力、军事、航空等领域都起到了不可缺少的重要作用。鉴于铅酸电池技术成熟度高，商业应用普及，其技术发展及应用本书不再赘述。

铅酸电池能量密度偏低，在高倍率放电情况下负极容易硫酸盐化，从而导致循环寿命偏短。针对上述问题，澳大利亚联邦科学及工业研究组织（CSRIO）的

L. T. Lam 等人首先提出超级电池铅电池电极和活性炭电容器共用一个二氧化铅正极的基本结构[126]，如图 1-14 所示，且在 2004 年申请了“高性能储能装置”的专利。

铅炭电池是从传统铅酸电池演进而来的储能技术，它将铅酸电池和超级电容器两者合一，并在铅酸电池的负极中加入了活性炭，因此既发挥出超级电容瞬间大容量充电的优点，也发挥了铅酸电池的比能量优势，而且由于加入活性炭，阻止了负极硫酸盐化现象，显著提高了铅酸电池的寿命。

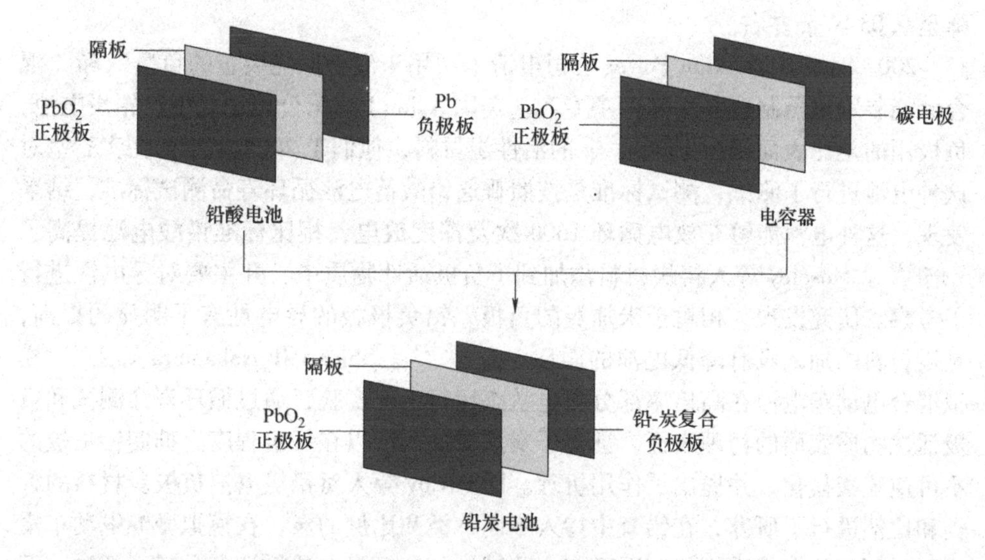

图 1-14　铅炭电池结构变化

铅炭电池的形式有多种，包括外并式、内并式和内混式。外并式是指共用正电极（PbO_2）、一个电池负极（Pb）和一个电容负极（C）的 3 电极电池；内并式正极是铅酸蓄电池的正板，负极板一部分是铅酸蓄电池的负板，另一部分是由炭制造的高表面积的电极；内混式是指正电极为 PbO_2，在铅负极中加入炭的高炭铅酸蓄电池。

1. 铅炭电池技术发展

对于铅炭电池的研发，研究者们主要从其结构和设计上入手，而铅炭电池负极板的研发将是国内外学者研究的重点：一种是同时具有电容性和电池性的双性负极或者只具有电容性质的炭负极；另一种是高含碳量负极的铅炭电池。铅炭电池，就是将各种炭材料尤其是高比表面炭材料（如活性炭、碳气凝胶或碳纳米管等）在和膏或者化成过程中掺入铅负极，发挥炭材料的高导电性和对负极活性物质的分散性，提高重量比能量和活性物质利用率，并能抑制硫酸铅重结晶长大和失活。

L. T. Lam 等[126]对铅酸蓄电池的结构进行了改进，研发出了超级电池，运行发现其制作的活性炭电容电极与铅酸电池电极工作电压不一致。在放电初期，首先发生 Pb 氧化为 $PbSO_4$ 的过程，将两者并联使用时，电流主要在铅电极，炭电极不能发挥其电容特性有效分担电流；而充电时，电流首先经过电容器一边的炭材料，不能有效地充电，降低了充电接受能力。同时还发现，炭材料的析氢问题比较严重。L. T. Lam 试验了一些添加剂，结果证明添加剂可以降低炭材料的析氢量，甚至可以降到与铅负极接近的水平，并保持较高的循环寿命，不过比能量降至 0. 03Ah/g 左右。

2007 年，美国 Axion Power 公司申请了“用于混合储能装置的负极”和“混合储能装置机器制造方法”两项专利。美国 Axion Power 公司正式生产铅炭电池，负极用的是比表面积为 $1500m^2/g$ 的活性炭材料，他们于 2004 年年初在实验室对这种电池进行了测试，测试标准是按照普通铅酸蓄电池循环寿命测试标准，结果发现，这种电池能够充放电循环 1600 次及深度放电，相比标准铅酸电池提高了 3 倍[127]。Moseley 等人将炭材料添加到了负极活性物质中，并主要对导电性进行了考察。研究发现，相对于未加炭的负极，铅负极板的导电性有了明显的提高，且炭材料的加入没有降低电池的循环寿命[128,129]。Shiomi 和 Nakamura 等人[130]模拟混合电动车电池在高倍率部分荷电状态运行工况实验，通过循环寿命测试和负极活性物质表面的物理表征，证实了炭黑的加入可以在一定程度上抑制铅负极的不可逆硫酸盐化，并提出了作用机理。D. Pavlov 等人对铅炭电池负极炭材料的种类和比例进行了研究，在铅膏中掺入不同种类和比例的炭，在模拟微混电动车模式下对制备的电池进行快速循环寿命测试，部分铅炭电池循环寿命甚至超过一万次[131]。M. Fernandez 等人[132]制作的铅炭电池则是将石墨与活性炭分别加入到铅负极的活性物质中，并且按照 EUCAR（欧洲汽车联合会）的循环寿命测试标准，首先用 0. 5C 电流将铅炭电池放电至 60% 荷电状态，然后模拟电动车中混制度测试铅炭电池循环寿命。他们所制作的铅炭电池中，含有 1. 5% 膨胀石墨的铅炭电池具有最长的循环寿命，电化学阻抗增长得最少。Daisuke Tashima 等人[133]对铅炭电池炭负极板用导电剂的炭材料进行了研究，他们将用一种名为 Ketjenblack 的炭材料代替传统的乙炔黑，加入到炭负极板中。实验发现，相对于乙炔黑，这种导电剂具有更好的导电效果和电容量，并且这种名为 Ketjenblack 导电剂在 −20 ~ 60℃ 的温度范围内都具有很好的导电效果。关于炭材料及其改性研究，G. Lota 等人[134]使用一种商业活性炭与氢氧化钾进行混合，并在惰性气体保护下在 850℃ 高温烧结，得到了氢氧化钾改性后的活性炭。实验发现，氢氧化钾改性可以提高活性炭的孔隙率，增大孔径，在体积不变的情况下增加的孔隙率可以提高活性炭的比表面积，进而提高了比电容和能量密度。上述研究的目的是将电容器的电容值提高，而铅炭超级电池需要将炭负极板与铅酸电池进行复合，铅酸电池的工作电压为2V左右，此时负极电势在-0.7V左右，炭负极板在这样的电势下进行工作会发生氢气还原并析出，析出的氢气会影响电池的气密性和造成水损失等，因此需要对炭负极板的析氢问题进行研究。在这一方面进行的深入研究比较少，大多数的研究试验是往活性炭中加入一些析氢过电位较高的金属氧化物，例如，氧化银、氧化锌或者稀土氧化物等。也有人对炭材料进行了改性，比如对炭材料表面官能团改性，或者将高析氢过电位金属化合物负载或者包覆在炭材料上，作为一种复合材料添加使用，在一定程度上抑制了析氢反应。

2. 铅炭电池开发及应用现状

铅炭电池将铅酸电池技术和超级电容器技术通过创新组合，形成新型的储能装置，同时兼具了铅酸电池高能量和超级电容器高功率的优点，受到产业界的广泛重视并投入大量资源进行开发和推广。

日本古河电池公司（Furukawa Battery Company）2005年获得CSRIO的专利授权，开始铅炭超级电池的研究和商业化开发工作。同时，清洁技术风险投资公司（Cleantech Ventures）和CSRIO共同成立Ecoult公司，推进基于UltraBattery在可再生能源储能应用的商业化进程。2008年，CSRIO和古河电池公司进一步将UltraBattery技术授权给东佩恩（East Penn）制造公司。美国Axion Power公司通过购买加拿大C&T公司的专利技术，也开始从事铅炭电池的研究开发工作，成为铅炭电池的重要参与者之一。

日本古河电池公司、East Penn公司和Ecoult公司生产的铅炭电池已经在美国、澳大利亚和亚洲地区等一大批电网和微电网固定储能装置上采用，用于可再生能源发电功率平滑、提高电网稳定性和可再生能源发电利用率。2011年，East Penn公司的500kWh光电平滑+1MWh光储一体化电网级铅炭电池储能项目通过PNM电网验收。2012年，East Penn的3MW电网级铅炭电池储能项目通过PJM电网验收，为美国宾夕法尼亚州电网提供调频服务。Ecoult公司研制和安装的3MW/1.6MWh的铅炭电池储能系统，优化了澳大利亚King岛上的混合发电系统性能，使得风力发电系统供电更加稳定，减少了对于柴油发电机的依赖。古河电池公司在日本也进行了一些固定储能方面的实验和商用计划，其应用聚焦于小规模微网和分散式储能[135]。

国内多家企业与院校合作在铅炭电池产业化方面开展了积极探索。2013年，浙江南都电源动力股份有限公司生产的铅炭电池通过国家级能源科技成果鉴定。其电池系统在国家多个示范工程项目中中标，并实现在非洲、中东及欧洲等地区的批量销售。山东圣阳电源有限公司引进日本古河电池公司先进的铅炭电池技术及产品设计制造经验，开发出面向深循环储能应用的新一代、高性能AGM阀控铅炭电池，并实现在新能源市场及通信电源市场的推广和销售。表1-4为近年来铅炭电池在国内不同应用领域的示范项目。

表 1-4 铅炭电池应用项目

序号	项目名称	完成时间	项目地点	规模	应用
1	阿里藏中联网工程 220kV 变电站储能系统项目	2019 年 10 月	中国，西藏	2MW/12MWh	输配电领域
2	天能集团商业化用户侧储能电站项目	2019 年 3 月	中国，江苏	0.6MW/4MWh	用户侧储能
3	泰昂能源安徽绩溪工厂微电网储能项目	2017 年 10 月	中国，安徽	0.5MW/1MWh	微电网储能
4	艾科储能电站一期工程	2017 年 3 月	中国，江苏	0.75MW/6MWh	用户侧储能
5	华电西藏尼玛县可再生能源局域网工程项目	2016 年 11 月	中国，西藏	6MW/36MWh	微电网储能
6	中能硅业储能电站工程实施项目	2015 年 12 月	中国，江苏	1.5MW/12MWh	工业应用

1.2.3 大规模储能技术的要求

大规模储能技术可以应用在电力系统发、输、配、用等各个环节，给传统电力系统增加一个“储”的环节。储能系统既可以进行有功功率的快速响应，也可以进行无功功率的紧急支撑，在电力系统调峰、调频、调压等方面可以起到非常显著的作用。针对储能系统的有效应用和调度，使得传统电力系统由发、输、配、用需实时平衡的刚性系统成为具有一定程度柔性的系统，从而可有效地提高电力系统运行的安全性、可靠性，并大幅度优化电力系统运行经济性。

不同于消费类产品和电动汽车行业对于电池系统的要求，电力系统配套储能系统，尤其对与风能、太阳能等可再生能源发电系统配套的大规模储能系统，储能的功率和容量需求量大，大规模电池储能技术需要满足以下基本要求：

1）安全性好：电力系统用储能系统的功率和容量规模一般情况下较大，如果发生安全事故，造成的危害和损失也大，因此电池储能技术的安全性是实际应用的重中之重，是需要首先考虑的因素。

2）寿命长：以风、光为代表的可再生能源发电寿命周期大都在 20 ~ 25 年，大规模储能系统作为服务于电力系统的公共基础设施，具有与风电、光伏发电相同或相近的寿命周期是大规模储能系统的必要条件之一。

3）生命周期内的性价比高：生命周期内的性价比是影响大规模储能技术推广应用的重要因素，这也要求大规模储能技术要具有寿命长、性能稳定、运维费用低等特点，从而降低储能系统的投资。

4）生命周期内的环境负荷低：随着大规模储能电池技术的普及应用，电力系统中配置的电池储能系统的量是巨大的。因此，储能系统本身对于环境负荷造成的压力也是需要考虑的重要因素。要求储能电池系统在生产、运行直至达到寿命期，运行终止报废后，应尽量降低其对环境造成的负担。

综上，安全性好、寿命长、性价比高、环境负荷低是电力系统针对大规模储能技术的基本要求。随着具备上述特性的大规模电池储能技术的推广应用，必将对于电力系统的安全稳定运行及清洁能源消纳起到积极的推进作用，有利于推动清洁低碳、安全高效能源体系的构建。

参考文献

[1] 林伯强．中国能源发展报告［M］．北京：北京大学出版社，2019.

[2] 梅祖彦，等．抽水蓄能电站百问［M］．北京：中国电力出版社，2002.

[3] FRANK S BARNES，JONAH G LEVINE．大规模储能技术［M］．肖曦，聂赞相，译．北京：机械工业出版社，2013.

[4] 晏志勇，翟国寿．我国抽水蓄能电站发展历程及前景展望［J］．水力发电，2004（12）：73-76.

[5] 文贤馗，张世海，邓彤天，等．大容量电力储能调峰调频性能综述［J］．发电技术，2018，39（06）：487-492.

[6] 罗莎莎，刘云，刘国中，等．国外抽水蓄能电站发展概况及相关启示［J］．中外能源，2013，18（11）：26-29.

[7] 刘英军，刘畅，王伟，等．储能发展现状与趋势分析［J］．中外能源，2017，22（04）：80-88.

[8] 程路，白建华．新时期中国抽水蓄能电站发展定位及前景展望［J］．中国电力，2013，46（11）：155-159.

[9] 中国水力发电工程学会．水电学会杨永江在2019世界水电大会抽水蓄能分论坛上作主题发言［EB/OL］.（2019-5-19）［2020-10-11］．http://www.hydropower.org.cn/showNewsDetail.asp?nsId=25541.

[10] 陈海生，凌浩恕，徐玉杰．能源革命中的物理储能技术［J］．中国科学院院刊，2019，34（04）：450-459.

[11] 张文亮，丘明，来小康．储能技术在电力系统中的应用［J］．电网技术，2008（07）：1-9.

[12] 张新敬，陈海生，刘金超，等．压缩空气储能技术研究进展［J］．储能科学与技术，2012，1（01）：26-40.

[13] 傅昊，张毓颖，崔岩，等．压缩空气储能技术研究进展［J］．科技导报，2016，34（23）：81-87.

[14] 张建军，周盛妮，李帅旗，等．压缩空气储能技术现状与发展趋势［J］．新能源进展，2018，6（02）：140-150.

[15] 陈海生，刘金超，郭欢，等. 压缩空气储能技术原理 [J]. 储能科学与技术，2013，2 (02)：146-151.
[16] 梅生伟，李瑞，陈来军，等. 先进绝热压缩空气储能技术研究进展及展望 [J]. 中国电机工程学报，2018，38 (10)：2893-2907.
[17] 人民网-江苏频道. 盐穴压缩空气储能国家级示范项目在常州金坛开工 [EB/OL]. (2018-12-25) [2020-10-12]. http://js.people.com.cn/n2/2018/1225/c360301-32450717.html.
[18] MOUSAVI G S M, FARAJI F, MAJAZI A, et al. A comprehensive review of flywheel energy storage system technology [J]. Renewable and sustainable energy reviews, 2017 (67): 477-490.
[19] 葛举生，王培红. 新型飞轮储能技术及其应用展望 [J]. 电力与能源，2012，33 (02)：181-184.
[20] 戴兴建，邓占峰，刘刚，等. 大容量先进飞轮储能电源技术发展状况 [J]. 电工技术学报，2011，26 (07)：133-140.
[21] 蒋书运，卫海岗，沈祖培. 飞轮储能技术研究的发展现状 [J]. 太阳能学报，2000 (04)：427-433.
[22] 张维煜，朱熀秋. 飞轮储能关键技术及其发展现状 [J]. 电工技术学报，2011，26 (07)：141-146.
[23] 戴兴建，张小章，姜新建，等. 清华大学飞轮储能技术研究概况 [J]. 储能科学与技术，2012，1 (01)：64-68.
[24] BEACON POWER. Hazle Township, Pennsylvania [EB/OL]. [2020-10-12]. https://beaconpower.com/hazle-township-pennsylvania/.
[25] 胡婧娴，林仕立，宋文吉，等. 城市轨道交通储能系统及其应用进展 [J]. 储能科学与技术，2014，3 (02)：106-116.
[26] 唐长亮，张小虎，孟祥梁. 国外飞轮储能技术状况研究 [J]. 中外能源，2018，23 (06)：82-86.
[27] VYAS G, DONDAPATI R S. AC Losses in the development of superconducting magnetic energy storage devices [J]. Journal of energy storage, 2020, 27 (2): 101073.1-101073.7.
[28] ONNES H K. Report on the researches made in the Leiden cryogenic laboratory between the third internatinal congress of refrigeration [J]. Community physics lab university leiden, 1911: 122-124.
[29] BOOM R, PETERSON H. Superconductive energy storage for power systems [J]. IEEE transactions on magnetics, 1972, 8 (3): 701-703.
[30] BOENIG H J, HAUER J F. Commissioning tests of the bonneville power administration 30 MJ superconducting magnetic energy storage unit [J]. IEEE power engineering review, 1985, PER-5 (2): 32-33.
[31] LUONGO C A, BALDWIN T, RIBEIRO P, et al. A 100 MJ SMES demonstration at FSU-CAPS [J]. IEEE transactions on applied superconductivity, 2003, 13 (2): 1800-1805.
[32] 郭文勇，张京业，张志丰，等. 超导储能系统的研究现状及应用前景 [J]. 科技导报，

2016，34（23）：68-80.

[33] DAI S，XIAO L，WANG Z，et al. Development and demonstration of a 1 MJ high-Tc SMES [J]. IEEE transactions on applied superconductivity，2012，22（3）：5700304.

[34] Xiao L，Dai S，Lin L，et al. Development of the world's first HTS power substation [J]. IEEE transactions on applied superconductivity，2012，22（3）：5000104.

[35] 郭文勇，蔡富裕，赵闯，等. 超导储能技术在可再生能源中的应用与展望 [J]. 电力系统自动化，2019，43（08）：2-19.

[36] ARMAND M，MURPHY D，BROADHEAD J，et al. Materials for advanced batteries [M]. New York：Plenum Press，1980.

[37] 李泓. 锂离子电池基础科学问题（XV）——总结和展望 [J]. 储能科学与技术，2015，4（03）：306-318.

[38] 张舒，王少飞，凌仕刚，等. 锂离子电池基础科学问题（X）——全固态锂离子电池 [J]. 储能科学与技术，2014，3（04）：376-394.

[39] LIU WEI，SONG MIN-SANG，KONG BIAO，et al. Flexible and stretchable energy storage：recent advances and future perspectives [J]. Advanced materials，2017（29）：1603436.

[40] DUAN H，FAN M，CHEN W P，et al. Extended electrochemical window of solid electrolytes via heterogeneous multilayered structure for high-voltage lithium metal batteries [J]. Advanced materials，2019，31（12）：1807789.

[41] ZHOU W，WANG Z，PU Y，et al. Double-layer polymer electrolyte for high-voltage all-solid-state rechargeable batteries [J]. Advanced materials，2018：1805574.

[42] Fenton D E，Parker J M，Wright P V. Complexes of Alkali Metal Ions with Poly（Ethylene Oxide）[J]. Polymer，1973，14（11）：589.

[43] CHEN R，QU W，GUO X，et al. The pursuit of solid-state electrolytes for lithium batteries：from comprehensive insight to emerging horizons [J]. Materials horizons，2016（3）：487-516.

[44] ZHANG Z，SHAO Y，LOTSCH B，et al. New horizons for inorganic solid state ion conductors [J]. Energy & environmental science，2018（11）：1945-1976.

[45] KAMAYA N，HOMMA K，YAMAKAWA Y，et al. A lithium superionic conductor [J]. Nature materials，2011（10）：682-686.

[46] BRON P，JOHANSSON S，ZICK K，et al. Li10SnP2S12：An affordable lithium superionic conductor [J]. Journal of the American chemical society，2013（135）：15694-15697.

[47] LV FEI，WANG ZHUYI，SHI LIYI，et al. Challenges and development of composite solid-state electrolytes for high-performance lithium ion batteries [J]. Journal of power sources，2019（441）：227175.

[48] MASOUD E M，EL-BELLIHI A A，BAYOUMY W A，et al. Organic-inorganic composite polymer electrolyte based on PEO-LiClO4 and nano-Al2O3 filler for lithium polymer batteries：Dielectric and transport properties [J]. Journal of alloys and compounds，2013（575）：223-228.

[49] WANG X, ZHANG Y, ZHANG X, et al. Lithium-salt-rich PEO/Li0. 3La0. 557TiO3 interpenetrating composite electrolyte with three-dimensional ceramic nano-backbone for all-solid-state lithium-ion batteries [J]. ACS applied materials & interfaces, 2018 (10): 24791-24798.

[50] ZHANG T, IMANISHI N, HASEGAWA S, et al. Water-stable lithium anode with the three-layer construction for aqueous lithium-air secondary batteries [J]. Electrochemical and solid-state letters, 2009 (12): A132.

[51] NUGENT J L, MOGANTY S S, ARCHER L A, et al. Nanoscale organic hybrid electrolytes [J]. Advanced materials, 2010 (22): 3677-3680.

[52] CROCE F, APPETECCHI G B, PERSI L, et al. Nanocomposite polymer electrolytes for lithium batteries [J]. Nature, 1998 (394): 456-458.

[53] PAL P, GHOSH A. Influence of TiO_2 nano-particles on charge carrier transport and cell performance of PMMA-LiClO4 based nano-composite electrolytes [J]. Electrochim acta, 2018 (260): 157-167.

[54] LUTKENHAUS J L, OLIVETTI E A, VERPLOEGEN E A, et al. Anisotropic structure and transport in self-assembled layered polymer-clay nanocomposites [J]. Langmuir, 2007 (23): 8515-8521.

[55] LIU W, LIU N, SUN J, et al. Ionic Conductivity enhancement of polymer electrolytes with ceramic nanowire fillers [J]. Nano letters, 2015 (15): 2740-2745.

[56] LI Y, ZHANG W, DOU Q, et al. Li7La3Zr2O12 ceramic nanofiber-incorporated composite polymer electrolytes for lithium metal batteries [J]. Journal of materials chemistry, 2019 (7): 3391-3398.

[57] GUO Q, HAN Y, WANG H, et al. New class of LAGP-based solid polymer composite electrolyte for efficient and safe solid-state lithium batteries [J]. ACS applied materials & interfaces, 2017 (9): 41837-41844.

[58] HOU G, MA X, SUN Q, et al. Lithium dendrite suppression and enhanced interfacial compatibility enabled by an ex situ SEI on Li Anode for LAGP-based all-solid-state batteries [J]. ACS applied materials & interfaces, 2018 (10): 18610-18618.

[59] ZHANG J, ZHAO N, ZHANG M, et al. Flexible and ion-conducting membrane electrolytes for solid-state lithium batteries: Dispersion of garnet nanoparticles in insulating polyethylene oxide [J]. Nano energy, 2016 (28): 447-454.

[60] YANG T, ZHENG J, CHENG Q, et al. Composite polymer electrolytes with Li7La3Zr2O12 garnet-type nanowires as ceramic fillers: mechanism of conductivity enhancement and role of doping and morphology [J]. ACS applied materials & interfaces, 2017 (9): 21773-21780.

[61] ZHENG J, HU Y Y. New insights into the compositional dependence of Li-ion transport in polymer-ceramic composite electrolytes [J]. ACS applied materials & interfaces, 2018 (10): 4113-4120.

[62] LIU W, LIU N, SUN J, et al. Ionic conductivity enhancement of polymer electrolytes with ceramic nanowire fillers [J]. Nano letters, 2015 (15): 2740-2745.

[63] Liu W, Lee S W, Lin D, et al. Enhancing Ionic Conductivity in composite polymer elelcrolytes with well-gligned ceramic nanowires [J]. Nature energy, 2017 (2): 1-7.

[64] ZHAI H, XU P, NING M, et al. A flexible solid composite electrolyte with vertically aligned and connected ion-conducting nanoparticles for lithium batteries [J]. Nano letters, 2017 (17): 3182-3187.

[65] LIU X, PENG S, GAO S, et al. Electric- field-directed parallel alignment architecting 3D lithium- ion pathways within solid composite electrolyte [J]. ACS applied materials & interfaces, 2018 (10): 15691-15696.

[66] WANG X, ZHAI H, QIE B, et al. Rechargeable solid- state lithium metal batteries with vertically aligned ceramic nanoparticle/polymer composite electrolyte [J]. Nano energy, 2019 (60): 205-212.

[67] HUANG Z, PANG W, LIANG P, et al. A dopamine modified Li6. 4La3Zr1. 4Ta0. 6O12/PEO solid- state electrolyte: enhanced thermal and electrochemical properties [J]. Journal of materials chemistry, 2019 (7): 16425-16436.

[68] CHEN L, LI W, FAN L Z, et al. Solid- state lithium batteries: intercalated electrolyte with high transference number for dendrite- free solid- state lithium batteries [J]. Advanced functional materials, 2019: 1901047.

[69] DU Y, YANG H, WHITELEY J M, et al. Ionic covalent organic frameworks with spiroborate linkage [J]. Angewandte chemie international edition, 2016 (55): 1737-1741.

[70] CHEN H W, TU H Y, HU C J, et al. Cationic covalent organic framework nanosheets for fast Li- ion conduction [J]. Journal of the American chemical society, 2018 (140): 896-899.

[71] HU Y, DUNLAP N, WAN S, et al. Crystalline lithium imidazolate covalent organic frameworks with high Li- ion conductivity [J]. Journal of the American chemical society, 2019 (141): 7518-7525.

[72] XU Q, TAO S S, JIANG Q H, et al. Ion conduction in polyelectrolyte covalent organic frameworks [J]. Journal of the American chemical society, 2018, 140 (24): 7429-7432.

[73] ZHOU W D, WANG S F, LI Y T, et al. Plating a dendrite- free lithium anode with a polymer/ceramic/polymer sandwich electrolyte [J]. Journal of the American chemical society, 2016 (138): 9385-9388.

[74] CAO C, LI Y, FENG Y, et al. A sulfonimide- based alternating copolymer as a single- ion polymer electrolyte for high-performance lithium-ion batteries [J]. Journal of materials chemistry, 2017 (5): 22519-22526.

[75] PARK S S, TULCHINSKY Y, DINCA M. Single-Ion Li +, Na +, and Mg2 + solid electrolytes supported by a mesoporous anionic Cu- azolate metal- organic framework [J]. Journal of the American chemical society, 2017 (139): 13260-13263.

[76] LUO G G, YUAN B, GUAN T Y, et al. Synthesis of single lithium- ion conducting polymer electrolyte membrane for solid-state lithium metal batteries [J]. ACS applied energy materials, 2019, 2 (5): 3028-3034.

[77] CAO C, LI Y, FENG Y, et al. A solid-state single-ion polymer electrolyte with ultrahigh ionic conductivity for dendrite-free lithium metal batteries [J]. Energy storage materials, 2019 (19): 401-407.

[78] DONG W, ZENG X X, ZHANG X D, et al. Gradiently polymerized solid electrolyte meets with micro-/nanostructured cathode array [J]. ACS applied materials & interfaces, 2018 (10): 18005-18011.

[79] WANG C, BAI G, YANG Y, et al. A safe and efficient lithiated silicon-sulfur battery enabled by a bi-functional composite interlayer [J]. Energy storage materials, 2020 (25): 217-223.

[80] LI Y, DING F, XU Z, et al. Ambient temperature solid-state Li-battery based on high-salt-concentrated solid polymeric electrolyte [J]. Journal of power sources, 2018 (397): 95-101.

[81] DUAN H, YIN Y X, ZENG X X, et al. In-situ plasticized polymer electrolyte with double-network for flexible solid-state lithium-metal batteries [J]. Energy storage materials, 2018 (10): 85-91.

[82] WAN Z, LEI D, YANG W, et al. Low resistance-integrated all-solid-state battery achieved by Li7La3Zr2O12 nanowire upgrading polyethylene oxide (PEO) composite electrolyte and PEO cathode binder [J]. Advanced functional materials, 2019 (29): 1805301.

[83] PORCARELLI L, GERBALDI C, BELLA F, et al. Super soft all-ethylene oxide polymer electrolyte for safe allsolid lithium batteries [J]. Scientific reports, 2016 (6): 1-14.

[84] HU J, WANG W, PENG H, et al. Flexible organic-inorganic hybrid solid electrolytes formed via thiol-acrylate photopolymerization [J]. Macromolecules, 2017 (50): 1970-1980.

[85] FALCO M, CASTRO L, NAIR J R, et al. UV-cross-linked composite polymer electrolyte for high-rate, ambient temperature lithium batteries [J]. ACS applied energy materials, 2019 (2): 1600-1607.

[86] ZENG X X, YIN Y X, LI N W, et al. Reshaping lithium plating/stripping behavior via bifunctional polymer electrolyte for room-temperature solid Li metal batteries [J]. Journal of the American chemical society, 2016 (138): 15825-15828.

[87] DUAN H, YIN Y X, SHI Y, et al. Dendrite-free Li-metal battery enabled by a thin asymmetric solid electrolyte with engineered layers [J]. Journal of the American chemical society, 2018 (140): 82-85.

[88] LITTAUER E L, TSAI K C. Anodic behavior of lithium in aqueous electrolytes: I. transient-passivation [J]. Journal of the electrochemical society, 1976 (123): 771-776.

[89] LITTAUER E L, TSAI K C. Corrosion of lithium in aqueous elelctrolytes [J]. Journal of the electrochemical society, 1977 (124): 850-855.

[90] ABRAHAM K M, JANG Z. A polymer electrolyte based rechargeable lithium/oxygen battery [J]. Journal of the electrochemical society, 1996, 27 (1): 1-5

[91] PENG Z, FREUNBERGER S A, CHEN Y, et al. A reversible and higher-rate Li-O_2 battery

[J]. Science, 2012, 337 (6094): 563-566.

[92] ZHANG H M, LI X F, ZHANG H Z. Li-S and Li-O_2 batteries with high specific enegy [M]. Singapore: Springer, 2017.

[93] FREUNBERGER S A, CHEN Y, PENG Z, et al. Reactions in the rechargeable lithium-O_2 battery with alkyl carbonate electrolytes [J]. Journal of the American chemical society, 2011, 133 (20): 8040-8047.

[94] PENG Z, FREUNBERGER S A, HARDWICK L J, et al. Oxygen reactions in a non-aqueous Li^+ electrolyte [J]. Angewandte chemie international edition, 2011, 50 (28): 6351-6355.

[95] LOPEZ N, GRAHAM D J, J R MGR, et al. Reversible reduction of oxygen to peroxide facilitated by molecular recognition [J]. Science, 2012, 335 (6067): 450-453.

[96] CHEN Y, FREUNBERGER S A, PENG Z, et al. Li-O_2 battery with a dimethylformamide electrolyte [J]. Journal of the American chemical society, 2012, 134 (18): 7952-7957.

[97] WALKER W, GIORDANI V, UDDIN J, et al. A rechargeable Li-O_2 battery using a lithium nitrate/N, N-dimethylacetamide electrolyte [J]. Journal of the American chemical society, 2013, 135 (6): 2076-2079.

[98] ALLEN C J, MUKERJEE S, PLICHTA E J, et al. Oxygen electroderechargeability in an ionic liquid for the Li-Air battery [J]. Journal of physical chemistry letters, 2011, 2 (19): 2420-2424.

[99] PENG Z, FREUNBERGER S A, CHEN Y, et al. A reversible and higher-rate Li-O_2 battery [J]. Science, 2012, 337 (6094): 563-566.

[100] LIU T, LESKES M, YU W, et al. Cycling Li-O2 batteries via LiOH formation and decomposition [J]. Science, 2015, 350 (6260): 530-533.

[101] JUNG H G, HASSOUN J, PARK J B, et al. An improved high-performance lithium-air battery [J]. Nature chemistry, 2012, 4 (7): 579-585.

[102] XIAO J, MEI D, LI X, et al. Hierarchically porous graphene as a lithium-air battery electrode [J]. Nano letters, 2011, 11 (11): 5071-5078.

[103] KIM S, JUNG Y, LIM H S. The effect of solvent component on the discharge performance of lithium-sulfur cell containing various organic electrolytes [J]. Electrochim acta, 2004, 50 (23): 889-892.

[104] SHUI J L, KARAN N K, BALASUBRAMANIAN M. Fe/N/C Composite in Li-O_2 battery: studies of catalytic structure and activity toward oxygen evolution reaction [J]. Journal of the American chemical society, 2012, 134 (40): 16654-16661.

[105] ZHANG J G, WANG D, WU X, et al. Ambient operation of Li/Airbatteries [J]. Journal of power sources, 2010, 195 (13): 4332-4337.

[106] CROWTHER O, KEENY D, MOUREAU D M, et al. Electrolyte optimization for the primary lithium metal air battery using an oxygen selective membrane [J]. Journal of power sources, 2012, 202 (1): 347-351.

[107] ZHANG T, ZHOU H. From Li-O_2 to Li-Air batteries: carbon nanotubes/ionic liquid gels

with a tricontinuous passage of electrons, ions, and oxygen [J]. Angewandte chemie international edition, 2012, 51 (44): 11062-11067.

[108] SU Y S, MANTHIRAM A. A new approach to improve cycle performance of rechargeable lithium-sulfur batteries by inserting a free-standing MWCNT interlayer [J]. Chemical communications, 2012 (48): 8817-8819.

[109] GUEON D, HWANG J T, YANG S B, et al. Spherical macroporous carbon nanotube particles with ultrahigh sulfur loading for lithium-sulfur battery cathodes [J]. ACS nano, 2018 (12): 226-233.

[110] LI J, JIANG Y, QIN F, et al. Magnetron-sputtering MoS2 on carbon paper and its application as interlayer for high-performance lithium sulfur batteries [J]. Journal of electroanalytical chemistry, 2018 (823): 537-544.

[111] MAIHOM T, KAEWRUANG S, PHATTHARASUPAKUN N, et al. Lithium bond impact on lithium polysulfide adsorption with functionalized carbon fiber paper interlayers for lithium-sulfur batteries [J]. Journal of physical chemistry C, 2018 (122): 7033-7040.

[112] YIN L, DOU H, WANG A, et al. A functional interlayer as a polysulfides blocking layer for high-performance lithium-sulfur batteries [J]. New journal of chemistry, 2018 (42): 1431-1436.

[113] WUTTHIPROM J, PHATTHARASUPAKUN N, SAWANGPHRUK M. Designing an interlayer of reduced graphene oxide aerogel and nitrogen-rich graphitic carbon nitride by a layer-by-layer coating for high-performance lithium sulfur batteries [J]. Carbon, 2018 (139): 943-953.

[114] YIN Y X, XIN S, GUO Y G, et al. Lithium-sulfur batteries: electrochemistry, materials, and prospects [J]. Angewandte chemie international edition, 2013 (52): 13186-13200.

[115] PARK J, YU B C, PARK J S, et al. Lithium-sulfur batteries: tungsten disulfide catalysts supported on a carbon cloth interlayer for high performance Li-S battery [J]. Advanced energy materials, 2017 (7).

[116] KUMAR G G, CHUNG S H, KUMAR T R, et al. Three-dimensional graphene-carbon nanotube-Ni hierarchical architecture as a polysulfide trap for lithium-sulfur batteries [J]. ACS applied materials & interfaces, 2018 (10): 20627-20634.

[117] MANOJA M, ASHRAF C M, JASNA M, et al. Biomass-derived, activated carbon-sulfur composite cathode with a bifunctional interlayer of functionalized carbon nanotubes for lithium-sulfur cells [J]. Journal of colloid and interface science, 2019 (535): 287-299.

[118] SUO L, HU Y S, Li H, et al. A new class of solvent-in-salt electrolyte for high-energy rechargeable metallic lithium batteries [J]. Nature Communications, 2013 (4): 1481.

[119] 赵小敏. 室温钠硫电池阻燃电解液的电化学性能研究 [D]. 太原: 太原理工大学, 2019.

[120] 张华民. 液流电池技术 [M]. 北京: 化学工业出版社, 2015.

[121] 温兆银. 钠硫电池及其储能应用 [J]. 上海节能, 2007 (02): 7-10.

[122] 林祖纕. 上海硅酸盐研究所 β″-Al_2O_3 陶瓷的研究简介 [J]. 功能材料, 2004, 35 (1): 130-131, 134.
[123] 沈文忠. 太阳能光伏技术与应用 [M]. 上海: 上海交通大学出版社, 2013.
[124] 胡英瑛, 温兆银, 芮琨, 等. 钠电池的研究与开发现状 [J]. 储能科学与技术, 2013, 2 (2): 81-90.
[125] LU X, KIRBY B W, XU W, et al. Advanced intermediate-temperature Na-S battery [J]. Energy & environmental science, 2013 (6): 299-306.
[126] LAM L T, LOUEY R. Development of ultra-battery for hybrid-electric vehicle applications [J]. Journal of power sources, 2006 (158): 1140-1148.
[127] BULLOCK K R. Carbon reactions and effects on valve-regulated lead-acid (vrla) battery cycle life in high-rate, partial state-of-charge cycling [J]. Journal of power sources, 2010, 195 (14): 4513-4519.
[128] BODEN D P, LOOSEMORE D V, SPENCE M A, et al. Optimization studies of carbon additives to negative active material for the purpose of extending the life of vrla batteries in high-rate partial-state-of-charge operation [J], Journal of power sources, 2010 (195): 4470-4493.
[129] MOSELEY P T, NELSON R F, HOLLENKAMP A F. The role of carbon in valve-regulated lead-acid battery technology [J]. Journal of power sources, 2006, 157 (1): 3-10.
[130] SHIOMI M, FUNATO T, NAKAMURA K, et al. Effects of carbon in negative plates on cycle life performance of valve-regulated lead acid batteries [J]. Journal of power sources, 1997, 6 (12): 147-152.
[131] PAVLOV D, ROGACHEV T, NIKOLOV P, et al. Mechanism of action of electrochemically active carbons on the processes that take place at the negative plates of lead-acid batteries [J]. Journal of power sources, 2009 (191): 8-75.
[132] FERNANDEZ M, VALENCIANO J, TRINIDAD F, et al. The use of activated carbon and graphite for the development of lead-acid batteries for hybrid vehicle applications [J]. Journal of power sources, 2010 (195): 4458-4469.
[133] TASHIMA D, KUROSAWATSU K, TANIGUCHI M, et al. Basic characteristics of electric double layer capacitor mixing ketjen black as conductive filer [J]. Journal of power sources, 2008 (165): 1-8.
[134] LOTA G, CENTENO T A, FRACKOWIAK E F, et al. Improvement of the structual and chemical properties of a commercial activated carbon forits application in electrochemical capacitors [J]. Electrochimica acta, 2008 (53): 2210-2216.
[135] 陶占良, 陈军. 铅碳电池储能技术 [J]. 储能科学与技术, 2015, 6 (4): 546-555.

第2章 液流电池

2.1 液流电池技术发展简史

美国国家航空航天局（NASA）的 Lawrence Thaller 于20世纪70年代提出了液流电池的概念[1-3]。Thaller 当时提出的液流电池为 Fe/Cr 体系，但由于 Fe/Cr 体系液流电池在初期研发过程中面临着不可克服的正负极离子交叉污染问题，美国 NASA 于20世纪80年代初终止了这项研究，并将该技术作为“月光计划”的一部分，将相关技术转移给日本继续开发。日本于1984年和1986年成功制备出10kW 和60kW 的 Fe/Cr 液流电池原型系统。20世纪90年代之后，关于 Fe/Cr 体系液流电池的报道非常少，直至2014年，美国的 EnerVault 公司在美国 DOE 的资助下完成了首个 Fe/Cr 液流电池商业化项目，容量配置为250kW/1000kWh。2019年，中国国家电投集团中央研究院也开始 Fe/Cr 液流电池技术的开发和示范项目的应用。

锌/溴液流电池也是在20世纪70年代开始受到关注。近几十年来，锌/溴液流电池技术在美国、日本、澳大利亚、中国等获得了一定程度的发展。20世纪80年代，Exxon 公司将该公司的技术转给了美国的 JCI 公司、欧洲的 SEA 公司、日本的丰田公司和 Meidensha 公司以及澳大利亚的 Sherwood Industries 公司。Meidensha 公司在日本“月光计划”资助下，大力发展锌/溴液流电池技术，在该领域获得百余项专利授权，并在日本实施了1MW/4MWh 示范项目。1994年，JCI 公司将锌/溴电池技术转给了 ZBB Energy 公司。ZBB 公司分别设在美国和澳大利亚。ZBB 公司开发出25kW/50kWh 锌/溴液流电池储能模块产品，并以此模块集成出500kWh 锌/溴液流电池储能系统。欧洲的 Powercell 公司成立于1993年，由 SEA 公司发展而来。2002年成立的 Premium Power 公司继承了 Powercell 公司的一些技术专利，同时面向应用，开展了大量的开发工作。中国科学院大连化学物理研究所基于在液流电池技术材料开发、电堆设计、系统集成及运行管理等方面的丰富经验，于2008年开始进行锌/溴液流电池技术的开发研究，并且取得了快速进展，于2018年自主开发成功国内首套5kW/5kWh锌/溴单液流电池储能示范系统。在锌/溴液流电池技术积累的基础上，该团队还针对锌基新体系液流电池进行深入研究，并取得了一些明显进展。后续章节将对锌/溴液流电池和其他锌基新体系液流电池进展进行总结和阐述。

多硫化钠/溴液流电池由美国科学家Remick[4]在1984年发明，但在随后的数年时间内并没有得到科技界或产业界的关注。20世纪90年代初，英国Regenesys技术有限公司（Regenesys Technologies Limited）开始投入人力及资金对多硫化钠/溴液流电池进行产品及技术的开发研究工作，并成功开发出功率为5kW、20kW、100kW级的3个系列的多硫化钠/溴液流电池电堆。Regenesys公司于1996年在英国南威尔士Aberthaw电站对1MW级多硫化钠/溴液流电池储能系统进行测试，结果表明，该系统在技术、环保和安全上都达到要求。2000年8月Regenesys开始建造第一座商业规模的储能调峰示范运行电站，它与一座680MW燃气轮机发电厂配套。该电站储能系统储能容量为120MWh，最大输出功率为15MW，可满足10000户家庭一整天的用电需求。另外，2001年Regenesys公司与美国田纳西流域管理局签订合同，为哥伦比亚空军基地建造一座储能容量为120MWh、最大输出功率12MW的多硫化钠/溴液流电池储能系统，用于在非常时期为基地提供电能。但之后，上述两套储能系统均被停止运行，并再未见Regenesys公司有新项目运行的消息。说明该项技术存在难以克服的技术问题。

除了英国Regenesys公司成功开发出多硫化钠/溴液流电池储能系统并进行了初步商业化示范之外，中国科学院大连化学物理研究所在中国科学院知识创新工程领域前沿项目的资助下于2000年开始进行多硫化钠/溴液流电池技术攻关工作，于2002~2004年先后研制出百瓦级及千瓦级多硫化钠/溴液流电池组。2005年，在国家“863”计划能源领域项目支持下，团队完成了5kW级多硫化钠/溴液流电池系统的研发工作。该团队在研发过程中，通过大量实验运行，系统总结了该电池技术存在的技术难题：正负极电解质溶液活性物质互串严重，导致多硫化钠/溴液流电池储能系统容量过快衰减；多硫化钠/溴液流电池储能系统在充电过程中，副反应、二次反应复杂，例如负极析氢反应、硫或硫酸钠晶体析出等，严重影响了多硫化钠/溴液流电池储能系统的循环稳定性，降低了运行寿命；电解质溶液中的强腐蚀性的溴及强刺激性溴化物污染环境，存在安全风险。基于以上原因，目前中科院大连化物所研究团队已经停止了针对该项技术的研究。

全钒液流电池概念是由澳大利亚新南威尔士大学（UNSW）M. Skyllas-Kazacos教授于1984年提出的[5]。该研究团队在全钒液流电池电化学反应动力学机理、电极材料电化学活性改善、电解质溶液稳定性改善及制备、双极板材料开发等研究领域做了大量研究工作，并于1988年取得全钒液流电池的美国专利，为全钒液流电池储能技术的发展做出了的重大贡献。

日本在液流电池产品及应用开发方面走在国际前列，推进了液流电池技术的实用化进程。住友电工公司（SEI）自20世纪80年代中期开始研究开发液流电池技术，最初研究的体系为Fe/Cr液流电池。至1995年前后，住友电工公司全面放弃Fe/Cr液流电池体系，与日本关西电力公司合作，转向全钒液流电池体系的研究开发，推进全钒液流电池产品的开发及应用示范。基于在Fe/Cr液流电池研究开发的技术积累，20世纪90年代末，住友电工公司研究开发出当时全球最大规模的、充放电功率达450kW的全钒液流电池储能系统。2000年前后，住友电工公司全钒液流电池储能系统技术处于当时国际领先水平。与此同时，开始了全钒液流电池储能技术的应用示范。2005年在北海道苫前町建立了4MW/6MWh的全钒液流电池储能系统，和36MW风电场配套，进行调频和调峰、平滑风电输出等功能的示范验证[6]。这一项目为当时全钒液流电池技术应用发展的标志性项目，受到广泛关注。在2006~2010年之间，鉴于全钒液流电池系统活性物质金属钒原料价格暴涨等原因，日本住友电工公司一度中断了液流电池项目的开展。随着可再生能源的应用推进及普及，电力系统对安全、环保、寿命长的大规模电池储能技术需求的不断增大，该公司自2011年重新启动全钒液流电池储能技术的研究开发和商业化活动。2015年，住友电工与北海道电力公司联合开展了15MW/60MWh全钒液流电池储能系统配套新能源储能示范项目。项目于2015年底投入运行，为目前全球已投运的最大规模的全钒液流电池储能项目。

UET公司成立于2012年，该公司采用美国太平洋西北国家实验室（PNNL）开发的由硫酸和盐酸作为支持电解质的混合酸型全钒液流电池电解液，并与大连融科储能公司合作，分别在美国、意大利、南非等国家和地区建造了多个MWh级全钒液流电池储能系统。混合酸型全钒液流电池相比以硫酸作为支持电解质的全钒液流电池具有更高的能量密度和更宽的运行温度窗口。混合酸型电解质溶液能量密度约为传统硫酸型电解质溶液能量密度的2倍，电解液温度运行上限可达到45℃以上。然而混合酸型全钒液流电池电解质溶液中盐酸的存在以及在充电过程中不可避免地存在氯气析出，均导致全钒液流电池产品在材料耐腐蚀性、长期安全运行方面面临挑战。

2000年以来，全钒液流电池技术在国内受到越来越广泛的重视。从事全钒液流电池储能技术研究和产业发展的机构主要包括：中科院大连化物所、中科院金属所、清华大学、中南大学、大连理工大学、大连融科公司、上海电气、东方电气、北京普能世纪公司、武汉南瑞集团以及承德钢铁、攀枝花钢铁等。其中，中科院大连化物所和大连融科储能公司团队在全钒液流电池基础研发、产品设计、储能技术应用及产业化进程方面走在了世界前列。

中国科学院大连化学物理研究所张华民研究团队从2000年开始进行液流电池储能技术的研究开发工作，在全钒液流电池关键材料开发、电堆结构设计、仿真优化、系统集成等方面做了大量卓有成效的开创性工作。在关键材料方面，开发出一系列适用于全钒液流电池的关键材料，包括离子传导膜、双极板和电解质溶液等，并在批量化制备工艺方面进行了探索。在电堆设计及开发方面，该团队成功开发出了1kW、5kW、10kW、22kW系列电堆。对于影响电堆能量转换效率、运行可靠性等多性能的关键因素分析，分别在理论和实践方面做了大量工作，在电堆设计理论及开发实践方向上形成了深厚积累，引领了全钒液流电池电堆技术的开发方向。张华民研究团队于2008年集成开发出了国内第一套100kW全钒液流电池储能系统，在全钒液流电池技术中国自主研发方面取得重要进展。同年，中科院大连化物所与大连博融集团成立大连融科储能技术发展有限公司，致力于全钒液流电池储能系统产品的开发和应用。10余年来，该团队面向电力系统应用，致力于高性能、低成本全钒液流电池产品的开发和制造，从关键材料批量化生产、电堆设计组装、系统集成以及储能系统应用等方面付出了巨大努力。建成了全球唯一涵盖全钒液流电池关键材料开发生产，电堆设计、部件加工及组装，电池系统设计、集成调试，解决方案制定，产品售后运维的全产业链，极大地促进了全钒液流电池技术产业化和商业化进程。融科公司于2012年实施了5MW/10MWh全钒液流电池储能系统配套新能源风力发电场项目，储能系统投运至今已稳定运行9年有余，性能未见明显衰减，充分验证了全钒液流电池技术的安全性、可靠性。目前，正在实施由国家能源局批准的200MW/800MWh大连液流电池调峰电站项目，该项目为目前全球在建的储能规模最大的全钒液流电池储能电站。项目的建设投运将会对全钒液流电池储能技术的发展及推广产生重大的推进作用。

近些年来，针对原有液流电池相对较低的功率和能量密度缺陷，新型液流电池技术开发也受到世界各国的重视，并取得一定进展。新型液流电池根据所采用支持电解质的不同，可以分为水性和非水性两种体系[7]。从目前研究现状来看，新型水性体系液流电池依然面临低工作电压和析氢副反应的影响，而非水性体系液流电池工作电压不受析氢反应的影响，可以提供更高的工作电压、更宽的温度窗口和更高的理论能量密度。但是，非水性液流电池活性物质的稳定性相对较差，且电解质溶液所用溶剂通常易燃，导致稳定性和安全性较差。如何解决上述存在的问题，是新型液流电池发展需要解决的重大课题。

综上所述，自从20世纪70年代液流电池概念提出以来，各国政府、学术界及产业界为促进液流电池技术开发及产业化付出了巨大努力。从技术应用层面来看，Fe/Cr和锌/溴液流电池技术目前处在示范阶段，还需要在关键材料开发、电堆优化及长期运行稳定性等方面进行改进和验证。新型液流电池技术目前还处于研究开发的初期阶段，大都还处在实验室小试阶段，甚至处于原理验证阶段。全钒液流电池技术随着近十余年在基础研发、产业化及技术应用等多方面的攻关，电池系统安全、寿命长、环保及可靠性已经得到初步验证，是目前最接近产业化和商业化应用的液流电池储能技术。随着全球范围内以风力发电和光伏发电为代表的新能源发电的快速发展，大规模全钒液流电池储能技术必然因为其展现出来的安全、长寿命、绿色环保等特性而得到普遍认可和推广应用，全钒液流电池技术产业将很快迎来市场和产业爆发期。从全球范围来看，相比锂电池和燃料电池行业，全钒液流电池行业从政府得到的资金规模及政策支持力度是远远不及的，且从事全钒液流电池技术的学术界及产业界力量规模也具有较大差距。因此，全钒液流电池技术发展还有很大的潜力，需要通过加强基础研究、应用研究和技术转移转化，更好地整合相关资源，致力于全钒液流电池产品功率密度、能量密度、可靠性和长期运行稳定性能的进一步提高，致力于全钒液流电池储能系统产品性价比的进一步提升，同时要结合电力系统实际需求和电力系统市场机制构建，创新电池技术应用模式，促进全钒液流电池储能技术更好地满足电力系统实际应用[8]。

2.2 液流电池技术原理和特点

2.2.1 液流电池技术原理

液流电池是一种活性物质存在于电解质溶液（储能介质）中的二次电池技术。液流电池通过正、负极电解质溶液中的活性物质发生可逆的电化学氧化还原反应（即价态的可逆变化）实现电能和化学能的相互转化。充电时，正极发生氧化反应使活性物质价态升高；负极发生还原反应使活性物质价态降低；放电过程与之相反。充放电过程中，储能介质通过泵和管路被输送到电池（电堆），并在泵的推动作用下实现储能介质在电池（电堆）与储能介质容器之间的循环。储能介质在电池（电堆）内部进行电化学反应，实现充放电，如图2-1所示。

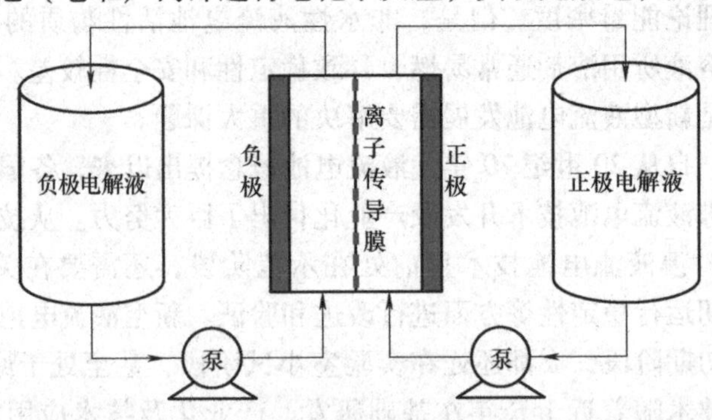

图2-1 液流电池工作原理示意图

2.2.2 液流电池技术类型简介[9]

从理论上讲，有离子价态变化的离子对可以组成多种液流电池。图2-2给出了部分可能组成液流电池的活性电对及其半电池电压，如 $Fe^{2+}/Fe^{3+}/Cr^{2+}/Cr^{3+}$、$Br^{+}/Br_2/Zn^{2+}/Zn$、$Ni^{2+}/Ni^{3+}/Zn^{2+}/Zn$、$V^{4+}/V^{5+}/V^{3+}/V^{2+}$、$Fe^{2+}/Fe^{3+}/V^{3+}/V^{2+}$ 等。

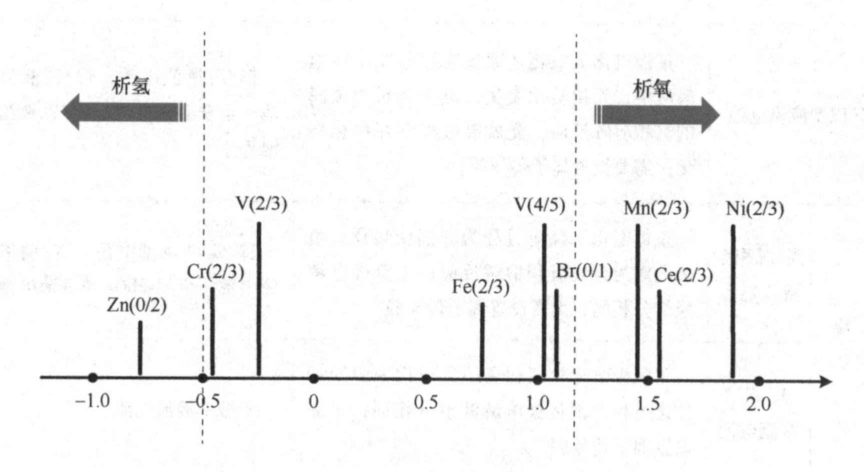

图2-2 可能组成液流电池的活性电对及其半电池电压

自20世纪70年代以来，人们探索研究了多种液流电池。根据正负极电解质活性物质采用的氧化还原活性电对的不同，液流电池可分为全钒液流电池、锌/溴液流电池、锌/氯液流电池、锌/铈液流电池、锌/镍液流电池、多硫化钠/溴液流电池、铁/铬液流电池、钒/多卤化物液流电池等。根据正负极电解质活性物质的形态，液流电池又可细分为液/液型液流电池和沉积型液流电池。电池正负极电解质溶液均为溶液状态的液流电池为液/液型液流电池，例如全钒液流电池、多硫化钠/溴液流电池、铁/铬液流电池、钒/多卤化物液流电池。沉积型液流电池是指在充放电过程中伴有沉积反应发生的液流电池。沉积型液流电池在充放电过程中，溶液中的活性物质随着电子得失由溶液中沉积到固相表面，或者从固体电极表面溶解进入液相。沉积型液流电池根据反应的特点，可分为半沉积型液流电池和全沉积型液流电池。电池正负极电解质溶液中只有一侧发生沉积反应的液流电池，称为半沉积型液流电池或单液流电池，例如：锌/溴液流电池、锌/镍液流电池。电池正负极电解质溶液都发生沉积反应的液流电池为全沉积型液流电池，例如铅酸液流电池。

表2-1给出了按正负极电解质活性物质形态的液流电池的分类。以下就几种典型液流电池的工作原理及技术发展作详细介绍。

表 2-1　液流电池分类、特点及代表技术

<table>
<tr><th colspan="2">分　类</th><th>特　点</th><th>代表技术</th></tr>
<tr><td colspan="2">液-液型液流电池</td><td>正负极活性物质均溶解于电解液中；正负极电化学氧化还原反应过程均发生在电解液中，反应过程中无相转化发生；需要设置离子传导膜</td><td>全钒液流电池；多硫化钠/溴液流电池；铁/铬液流电池；全铬液流电池；钒/溴液流电池等</td></tr>
<tr><td colspan="2">液-沉积型液流电池</td><td>正极电化学氧化还原反应过程发生在电解液中，无相转化发生；负极电对为金属的沉积溶解反应，充放电过程中存在相转化；需要设置离子传导膜</td><td>锌/溴液流电池；锌/铈液流电池；全铁液流电池；锌/钒液流电池等</td></tr>
<tr><td rowspan="2">单液流电池</td><td>固-沉积型液流电池</td><td>正极电化学反应过程为固固相转化；负极电对为金属沉积溶解反应；正负极电解液组分相同；无需设置离子传导膜</td><td>锌/镍单液流电池；锌/锰单液流电池；金属-PbO_2 单液流电池等</td></tr>
<tr><td>固-固型液流电池</td><td>正负极电化学氧化还原反应均为固固相转化过程；正负极电解液组分相同；无需设置离子传导膜</td><td>铅酸单液流电池</td></tr>
</table>

2.2.3　全钒液流电池技术

2.2.3.1　全钒液流电池技术原理

全钒液流电池通过电解质溶液中不同价态钒离子在电极表面发生电化学氧化还原反应，完成电能和化学能的相互转化，实现电能的存储和释放。其正极采用 VO_2^+/VO^{2+} 电对，负极采用 V^{3+}/V^{2+} 电对，硫酸或混合酸为支持电解质，水为溶剂。全钒液流电池工作原理如图 2-3 所示。

正极反应：$VO^{2+} + H_2O - e^- \underset{\text{放电}}{\overset{\text{充电}}{\rightleftharpoons}} VO_2^+ + 2H^+ \quad \varphi = 1.004V$

负极反应：$V^{3+} + e^- \underset{\text{放电}}{\overset{\text{充电}}{\rightleftharpoons}} V^{2+} \quad \varphi = -0.255V$

总电极反应：$VO^{2+} + V^{3+} + H_2O \underset{\text{放电}}{\overset{\text{充电}}{\rightleftharpoons}} V^{2+} + VO_2^+ + 2H^+$

全钒液流电池正极反应的标准电位为 +1.004V，负极为 -0.255V，故电池的标准开路电压约 1.259V。根据电解质溶液的浓度及电池的充放电状态，电解质溶液中钒离子的存在形式会产生一些变化，从而对电池正极电对的标准电极电位产生一些影响，故实际使用时全钒液流电池的开路电压一般在 1.25 ~ 1.6V 之间。

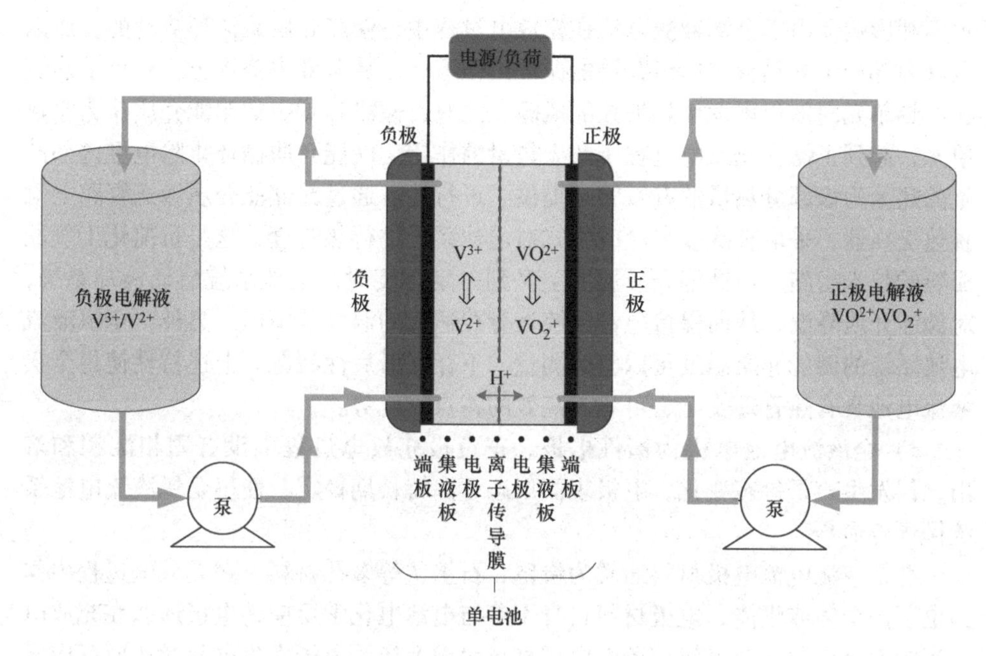

图2-3 全钒液流电池工作原理示意图

2.2.3.2 全钒液流电池技术特性

全钒液流电池技术具有如下几点较为鲜明的特点和优势：

1）功率单元和容量单元相互独立，配置灵活。电池或电堆是液流电池实现充放电功能的场所，液流电池系统的功率单元通常由其通过串并联构成。容量单元主要是指液流电池的储能介质，储能介质包含活性物质、支持电解质和溶剂。

液流电池与其他传统电池（如铅酸电池、铅炭电池、锂电池等）相比，最大的区别就是构成其电池系统的功率单元和容量单元是相互独立的。在全钒液流电池系统中，含有活性物质的电解质溶液作为储能介质并不存储在电池（电堆）单体之内，而是储存在外部的储罐容器中。电池系统储能容量是由储罐中储能介质的总量决定的，而电池系统的功率是由电池（电堆）决定的。该特性使得液流电池系统功率和容量相互独立，且易于实现功率单元和容量单元的模块化，系统配置灵活。

2）全钒液流电池产热单元与蓄热单元相互独立，产热单元内不易形成热积累，电池储能介质温度可实时、高准确度测量，电池系统热量管理安全、可靠、高效。

全钒液流电池在充放电过程中会在电池（电堆）内部产生热量，电池（电堆）可以被称为产热单元。如果产热单元内的储能介质是静止的，则产生的热量会在电堆内部形成积累，如果不能及时排除，会对电堆及其内部的储能介质产生不利影响。由于全钒液流电池在充放电过程中，储能介质是循环流动的，所以电堆内部产生的热量在储能介质的循环流动下，而从电堆内部排出，避免了热量在产热单元内部积累发生热失控的风险。此时，储罐容器中的储能介质作为蓄热单元，起到了储存充放电过程中产生热量的作用。储能介质循环排除电堆内部产生的热量为该部分热量的有效管理提供了可行性。通过在储能介质输送管路上配置热交换器，采取直冷或空冷的方式对电池系统进行热管理，这是目前化工领域成熟的技术措施。当储能介质温度上升到一定程度时，电池系统启动冷却系统，对储能介质降温，从而保持电池系统运行在适宜的温度范围内。另外，全钒液流电池系统的储能介质温度可以实时测量，不存在滞后性问题。上述特性使得全钒液流电池具有热管理安全、可靠、高效的特点和优势。

3）全液流电池电极为惰性电极，正负极充放电过程中没有固相沉积和溶出，仅发生离子价态变化，电极表面形态可保持长期稳定，使得全钒液流电池系统循环寿命长。

全钒液流电池电极材料通常为炭毡、石墨毡等多孔材料，在充放电过程中作为电子的受体或供体，电极材料自身不参与电池电化学反应，电极形态在充放电过程中没有变化。金属钒离子在电极材料表面上接受电子发生电化学还原反应或者失去电子发生电化学氧化反应，完成电池充放电过程。在这个过程中只发生金属离子价态的变化，没有固相沉积和溶出过程，所以电极材料表面形态是稳定的。上述特性使得全钒液流电池在充放电过程中避免了传统固态电池充放电过程中因为固相沉积和溶出而必然导致电极形态发生的变化，最终导致容量衰减、效率下降等现象，使得全钒液流电池具有循环寿命长的特点。

4）电池均一性好，电池系统运行安全、可靠。单体电池均一性是电池系统，尤其是大规模电池系统需要关注的关键指标之一。监控和维持电池系统内部单体电池均一性良好是电池管理系统的一项重要功能。单体电池均一性会影响到电池系统运行的安全、容量和寿命。传统电池（如铅酸电池、铅炭电池、锂电池等）不仅在制造过程单体电池性能的均一性有所差异，而且随着电池充放电的运行，因单体电池在内阻、荷电状态、温度等均会发生不同程度的变化，导致均一性差异逐渐变大，使得电池系统安全、可靠运行风险增大。全钒液流电池储能介质为金属钒的电解质溶液，能量存储在电解质溶液中，而不是存在于电堆内部单体电池中，而且充放电过程中，电解质溶液是循环流动的，且电解质溶液是从各自正负极储罐容器中抽出的，这就使得分配进入到每个电堆、每节单体电池中的储能介质具有相同的荷电状态，这是全钒液流电池系统单体电池均一性好的关键因素。另外，全钒液流电池充放电过程中电极结构形态保持稳定，也是保持电池均一性良好的重要因素。上述特性使得全钒液流电池系统可长期保持内部单体电池均一性良好。

5）OCV 可以准确测量，电池系统充放电状态（SOC）预测准确。电池系统 SOC 准确预估有利于针对电池系统的有效调度，能够有效防止电池系统过充或过放，进而增加电池寿命，提高其运行经济性。因此，准确掌握电池系统实时 SOC 对于电池系统的合理调度及运行安全是极为重要的。全钒液流电池通过在储能介质的输送管路上设计和配置开路电压（OCV）测量电池，可以在不受电池系统充放电影响的情况下，实时测量电池系统的开路电压。OCV 是全钒液流电池储能系统在不进行充放电运行时的开路电压，它反映了正、负极电解质溶液之间的电势差。通过能斯特（Nernst）方程，可将 OCV 与正、负极电解质溶液中各价态钒离子浓度关联起来。而根据电池系统 SOC 的定义，SOC 与电池正负极各价态离子的浓度也是相关的。因此，可通过正负极离子浓度把全钒液流电池 OCV 和 SOC 相互关联起来。基于以上原理，通过测量电池系统的开路电压可以对 SOC 进行高准确度估算，且不受电池系统充放电的影响。

6）容量可恢复。任何一种电化学储能系统的容量都会随着充放电循环的进行发生不同程度的衰减。电池容量衰减的过程是复杂的，是涉及多因素的电化学及物理过程。全钒液流电池容量衰减的影响因素也是复杂多样的。影响的因素主要包括副反应、离子迁移互串以及电池内阻变化等。其中，对于容量影响最大、最为明显的是副反应和正负极钒离子通过离子传导膜的迁移。副反应和离子迁移互串导致的后果是电池系统正负极电解质溶液的综合价态发生偏移。综合价态可能发生正偏移，价态升高，也可能发生负偏移，价态降低。综合价态无论发生正偏移，还是负偏移，其变化最终表现是容量的衰减。全钒液流电池功率和容量相互独立的技术特性使得对容量单元的容量恢复成为可能。根据容量单元正负极电解质溶液体积、各价态离子浓度，计算出电解质溶液的综合价态。采用化学氧化还原反应的机理，根据综合价态的变化，确定向电解质溶液添加一定量的恢复剂，实现对电解质溶液综合价态的调整，完成电池系统的容量恢复。根据电解质溶液综合价态的情况，采用的恢复剂有可能是氧化剂，也可能是还原剂。

7）绿色环保，可回收，不会对环境造成额外负担。全钒液流电池系统的储能介质在密封空间内循环使用，在使用过程中不会产生污染环境的物质，且不受外部杂质的污染。而且储能介质容易通过在线再生反复使用。因此，当电池储能系统寿命期到后，储能介质既可以应用到新的电池系统中，也可以作为高品位的钒资源进行提纯加工，实现钒化合物的完全回收利用。

全钒液流电池电堆及液流电池系统主要是由碳材料、塑料和金属材料组装而成的，当电池系统寿命终止而废弃时，金属材料可以持续使用，碳材料、塑料可以作为燃料来加以利用，不会对环境造成额外的环境负担。所以说，全钒液流电池系统全生命周期内环境负荷很小，对环境非常友好[9]。

2.2.3.3 全钒液流电池技术进展

全钒液流电池是目前技术上最为成熟的液流电池，已经在新能源发电侧、电网输配侧等多领域实现了示范应用。由于其具有安全、长寿命和绿色环保的优势，被认为是适合于大规模储能技术领域的优选技术之一。然而全钒液流电池存在功率密度和能量密度相对较低、储能介质工作温度窗口相对较窄、成本居高不下等方面问题，是其大规模推广应用面临的主要挑战。围绕上述挑战，国内外研究机构和产业界开展了大量卓有成效的工作，全钒液流电池系统相关性能指标取得了一定进展。下面就全钒液流电池技术进展进行阐述。

1. 全钒液流电池关键材料研究进展

全钒液流电池的关键材料主要包括钒储能介质、离子传导膜、电极、双极板。高性能、低成本关键材料对于提高电池系统功率密度、能量密度以及降低电池系统成本具有至关重要的作用。

(1) 钒储能介质——电解质溶液的开发

钒储能介质的研究开发主要围绕提高电解质溶液中金属钒离子的浓度、改善高温稳定性和提升金属钒利用率3个方面，目的是提高全钒液流电池系统的能量密度和拓宽储能介质工作温度窗口，并进一步降低储能介质的成本。

中科院大连化物所及融科公司团队一直致力于全钒液流电池高能量密度、宽温度窗口电解液的开发。该团队开发制备了钒电池电解液用外加剂，可以提高电解液中钒离子浓度和五价钒离子的高温稳定性。究其原因是外加剂可以有效地对钒离子产生络合作用，提高钒离子的稳定性。钒电池电解液用外加剂具有如图2-4所示结构。

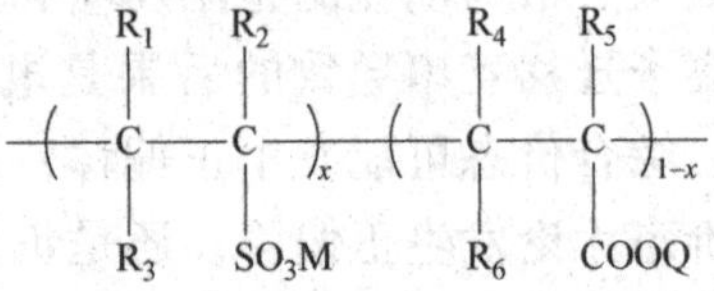

R1 R2 R4 R5 / —(C—C)x—(C—C)1-x— / R3 SO3M R6 COOQ

图2-4 钒电池电解液用外加剂结构

其中，R_1 ~ R_6 均为H原子或碳数为1-3的烃基；M和Q为氢原子、钠原子或钾原子；x为含有磺酸（盐）基团的结构单元占分子链总聚合度的比例，其值为$0<x<1$。实验数据表明，相似制备条件得到的外加剂，同一温度条件同等掺量下，随着x值的增加，溶液中钒离子的饱和浓度呈现先升高后降低的趋势，即x有一个最佳区间范围，当$0.15\leqslant x\leqslant 0.85$时，获得的外加剂效果最佳。

图2-5显示了添加不同量外加剂后五价钒离子在不同温度下的饱和浓度与未添加外加剂溶液五价钒离子的饱和浓度。从图中可以看出，添加外加剂后，不同温度下，五价钒离子饱和浓度具有一定程度的增加，随着外加剂浓度在增加，五价钒离子饱和度在相同温度下亦呈现先增加后下降的趋势。实验表明，通过外加剂的开发和应用，使得全钒液流电池电解液能量密度提高了30%以上，进行温度由原来的不超过40℃提升至45℃。外加剂添加量的优化比例约为1.5%。

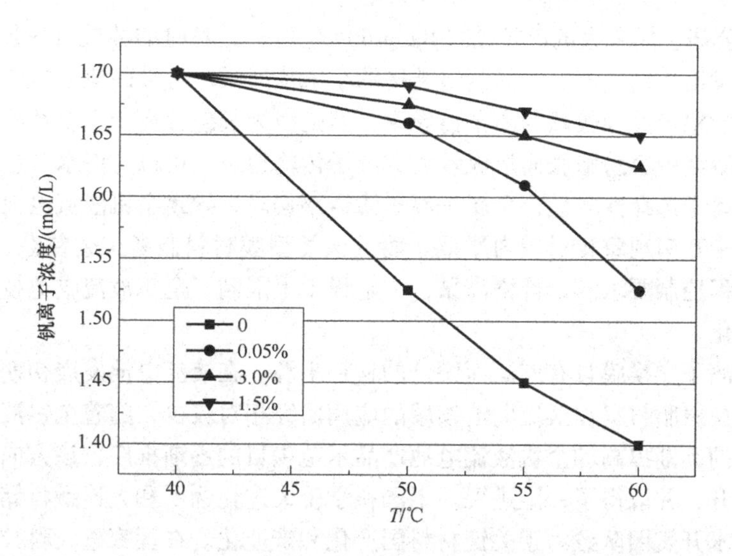

图2-5 添加不同量外加剂后五价钒离子饱和浓度随温度变化情况

除了基于传统以硫酸作为支持电解质的全钒液流电池电解液性能改善以外，美国太平洋西北国家实验室（PNNL）研究团队于2011年开发了由硫酸和盐酸混合共同作为支持电解质的混合酸体系金属钒储能介质[10]。据报道，该储能介质中的金属钒离子总浓度达到2.5mol/L，相比传统硫酸体系，钒储能介质能量密度增加了大约70%以上。核磁共振（Nuclear Magnetic Resonance，NMR）测试结果表明，Cl^-离子的存在，通过络合作用形成$VO_2Cl(H_2O_2)_2$，有效改善了金属钒离子的稳定性。通过对不同价态金属钒离子进行稳定性测试，混合酸体系钒储能介质的工作在－5～50℃温度范围内，金属钒离子在溶液中保持稳定。PNNL于2011年申请了美国专利[11]。PNNL研究人员还开发了以纯盐酸作为支持电解质的储能介质，储能介质中金属钒离子浓度可以达到3mol/L，能量密度比传统硫酸体系储能介质提高了1倍左右，且在0～50℃情况下，钒离子可以保持长期稳定。但是，以盐酸作为支持电解质，由于其具有较高的蒸汽压，易挥发，对电池系统具有较强的腐蚀性。另外，混合酸体系全钒液流电池在充放电过程中发生副反应，产生氯气，具有毒性和很强的氧化性。因此，使用混合酸体系储能介质对于电池系统中的电堆、管道、储罐容器等的材料耐受性提出了更高要求，无疑会导致电池系统成本的增加，且电池系统长期运行稳定性面临一定的挑战。

（2）离子传导膜材料的开发

当前，全钒液流电池系统常用的离子传导膜材料是全氟磺酸型离子交换膜。全氟磺酸型离子交换膜是由美国杜邦（DuPont）公司20世纪60年代初研制成功的。20世纪80年代以后，逐渐应用于液流电池。继杜邦公司以后，日本的旭硝子（Asahi Glass）公司、旭化成（Asahi Chemicals）公司、美国的道化学

(DOW) 公司、加拿大的巴拉德 (Ballard) 公司、比利时的苏威 (Solvay) 公司也相继开发出相同主链、不同侧链结构的全氟磺酸膜。全氟磺酸型树脂材料具有良好的化学稳定性和较高的离子传导率，但是因为其包含离子交换基团的离子簇在酸性水溶液中容易膨胀而形成较大的离子传输通道，可以允许水合金属钒离子穿过膜，离子选择性较差，金属钒离子渗透率偏高，导致全钒液流电池库仑效率降低，离子互串现象相对较为严重。而且该类型膜材料制备工艺复杂，对技术、设备及过程控制要求高，价格高昂，一定程度上限制了全钒液流电池技术的产品化和工业化。

非氟离子交换膜具有广泛而廉价的材料来源。在液流电池发展初期，针对非氟离子交换树脂材料在液流电池领域的应用研究相对较少，随着全钒液流电池技术成熟度的逐渐提高和全钒液流电池产品示范项目的逐渐推广，该方向的研究热度开始上升，并取得了一定进展。中国科学院大连化物所和大连融科储能液流电池储能技术开发团队致力于关键材料国产化和产业化。在国家重大科技项目的支持下，研究开发了非氟离子交换膜材料，并制定了膜材料生产工艺，建设了非氟膜制备中试生产线，实现了非氟膜材料自主化小批量生产。应用非氟离子交换膜组装出了 25kW 电堆，集成出国内第一套全国产化 200kW 电池系统，如图 2-6 所示。

图 2-6　200kW 全国产化全钒液流电池系统

运行结果表明，非氟膜材料具有较高的离子选择性，电池系统能量转换效率达到设计要求。非氟材料膜的开发可有效降低离子传导膜材料的成本，为全钒液流电池技术产业化进程向前推进提供了动力。

非氟材料膜的产业化应用还需要进一步验证其在全钒液流电池运行环境下长期运行稳定性。理论分析表明，非氟膜材料内部离子交换基团的存在是导致其稳定性下降的根本原因。而根据传统“离子交换传递机理”，没有离子交换基团，就无法实现离子传导。该研究团队突破了传统“离子交换传递”机理的束缚，原创性地提出了不含离子交换基团的“离子筛分传导”的概念。创新性地将多孔分离膜的概念用于全钒液流电池隔膜，利用多孔膜对不同价态金属钒离子的筛分效应，成功实现了多孔膜对于氢离子的选择性透过，并阻隔金属钒离子透过。上述工作的开展降低了全钒液流电池隔膜对于离子交换基团的依赖，扩大了膜材料的选择范围，为高性能、低成本的全钒液流电池隔膜的开发开辟了一条全新的途径。

（3）电极及双极板材料的开发

用作全钒液流电池电极的材料主要是碳素类电极。碳素类电极材料的优势在于其优良的耐化学腐蚀，较高的电导性，较低的成本。碳毡和石墨毡类材料因为其具有较高的比表面积，可以为充放电反应提供较大面积的反应场所，是目前最为经常选用的碳素类电极材料。开发具有钒离子高电化学反应活性、高析氢过电势的电极材料是目前研究开发的重点方向。

在液流电池中可能应用的双极板材料主要有金属材料、石墨材料和碳塑导电复合材料。由于全钒液流电池储能介质为酸性电解质溶液，氧化腐蚀性较强，金属材料难以在该环境中长期稳定工作。石墨材料在酸性溶液中具有较强的稳定性，但是纯石墨材料制造过程复杂，价格昂贵，且纯石墨材料性能较脆，力学性能难以满足大功率电堆组装。碳塑导电复合材料双极板的力学性能高、阻液性能好、可加工性强、成本低廉，目前在全钒液流电池中应用最为广泛。中国科学院大连化物所研究团队成功开发出了高性能、低成本碳塑导电复合材料及复合板材批量化制备工艺，实现了批量化生产，并且已经分别应用在多项兆瓦级全钒液流电池储能项目上。碳塑导电复合材料双极板的成功应用对于全钒液流电池产品成本的降低起到了重要作用。然而，碳塑导电复合材料双极板材料欧姆电阻同纯石墨材料相比相对较高，电阻率要高近2个数量级左右，所以不利于高功率密度电堆的进一步开发。开发高导电性双极板材料，实现电导率性能的突破是目前重点研发方向。

2. 高功率密度电堆技术的开发

电堆是全钒液流电池实现充放电的反应场所，是全钒液流电池系统的核心关键部件。电堆的功率密度、能量转换效率及运行可靠性对于全钒液流电池系统成本、充放电性能和稳定运行有重大影响。电堆功率密度越高，意味着组装相同功率的电堆所需要的材料越少，所以开发高功率密度电堆是降低电堆成本的有效途径。电堆的功率密度和能量转换效率密切相关，电堆充放电功率越大，能量转换效率越低，因此，高功率密度电堆的开发应在保持一定能量转换效率的前提下开展。如果只强调功率密度，而不考察电堆能量效率是没有意义的。通常情况下，在电堆的标称功率充放电状况下，电堆的能量转换效率应不低于80%，以此作为依据来确定电堆的标称功率。电堆的功率密度与工作电流密度有关，工作电流密度越大，电堆输出功率越高，功率密度也就越高。国内外学术研究机构和产业界致力于高功率密度电堆的开发，以推进电堆成本的降低。

日本住友电工在全钒液流电池电堆的开发及应用上走在全球前列。2005年实施了风电场配套 1.5MW/6MWh 全钒液流电池储能系统项目，该项目采用的电堆规格为42kW，如图 2-7所示。据报道，该电堆工作电流密度为 60mA/cm^2。

图 2-7　日本住友电工 42kW 电堆

据报道，日本住友电工公司于 2016 年开发出额定功率的 125kW 的最新型电堆，电堆工作电流密度达到 160～170mA/cm^2，工作电流密度相比上述42kW 电堆提高了 2 倍以上。

中国科学院大连化物所和大连融科储能团队致力于高功率密度电堆的开发。2012 年实施的当时全球最大的5MW/10MWh 风电场配套储能项目采用的电堆额定功率为22kW，电堆工作电流密度为 80mA/cm^2，如图 2-8 所示。

充放电过程中，电堆的各种极化内阻包括电化学反应电阻、欧姆内阻和浓差电阻是影响电堆工作电流密度和能量转换效率的关键因素，降低电堆内部各种电阻是提高工作电流密度的有效途径。针对上述问题，该研究团队系统开展了电堆内部的流场分布、电解液浓度分布、电流密度分布及其影响因素研究，掌握了电堆的极化分布特性、影响因素及调控机制。在上述研究的基础上，建立了高功率密度电堆设计方法，并提出降低极化的解决方案，于 2016 年开发出了工作电流密度达到 120mA/cm^2 的 31.5kW 电堆。国家能源局批准的大连 200MW 液流电池调峰电站项目采用融科公司开发生产的这种 31.5kW 电堆，如图 2-9 所示。

图 2-8　中国科学院大连化学物理研究所和大连融科储能团队联合开发的 22kW 电堆

图 2-9　大连融科 31.5kW 电堆

通过流场结构优化和材料性能改善，该团队于 2018 年开发出新型 42kW 电堆，电堆的工作电流密度提升了 50%，达到 180mA/cm^2。42kW 电堆如图 2-10 所示。利用该电堆融科储能公司集成出全集装箱 125kW/500kWh，储能模块集成度得到大幅度提高。

中科院大连化物所研究团队最新报道[12]实验电堆的工作电流密度又有了大幅度提升，已经超过了 $300mA/cm^2$，电堆长期运行稳定性试验在进行之中。

图 2-10 大连融科 42kW 电堆照片

3. 高集成度全钒液流电池产品的开发进展

自20世纪80年代提出全钒液流电池概念以来，经过近40年的研究与开发，国内外全钒液流电池技术取得了显著进展，陆续完成了从概念验证到应用示范的过程，市场潜力越来越受到国内外产业界关注。在市场驱动力的作用下，逐渐成长出一批以市场化为目标的全钒液流电池产品开发企业。各企业面向电力系统不同应用领域，结合实际需求开发了不同规格系列的全钒液流电池产品。在全球范围内最具有代表性的全钒液流电池生产企业主要包括：日本的住友电工公司、大连融科储能技术发展有限公司、美国 UNIEnergy Technologies 公司。下面就各公司全钒液流电池产品情况进行简单阐述。

(1) 日本住友电工公司

住友电工公司从20世纪80年代初开始研究全钒液流电池。1985年开始瞄准固定型电站调峰用全钒液流电池储能系统，并于20世纪80年代末和90年代末分别建成60kW、450kW级的液流电池储能系统。

进入21世纪后，住友电工公司主要集中在新能源发电配套用兆瓦级全钒液流电池储能系统的研究。2005年在日本北海道苫前町建立了4MW/6MWh全钒液流电池储能系统，用于与30.6MW风力发电站匹配，平滑风电输出。该项目储能电站采用模块化设计，4MW/6MWh储能系统由4套1MW/1.5MWh全钒液流电池储能单元组成，每套电池储能单元可以独立调度，也可以进行集中调度。该储能电站所采用的电池系统的产品形式为室内安装，现场组装，集中调试。

2011年，住友电工应用其新一代电堆技术，开发集成出了半集装箱式电池储能单元，即电池系统的功率单元集成在集装箱内，储存储能介质电解质溶液的储罐放置在集装箱外，功率单元通过管路与储罐进行连接。该半集装箱式电池储能单元功率及容量配置为125kW/625kWh。应用该电池储能单元，住友电工在横滨实施了1MW/5MWh全钒液流电池储能系统配套聚光光伏发电系统的智能微网项目。1MW/5MWh全钒液流电池系统由8套125kW/625kWh电池储能单元构成，采用室外布置方案，其室外布置图如图2-11所示。

为了进一步降低电池系统现场安装、调试的工作量，缩短现场施工周期，同时也为了减少占地面积，日本住友电工开发了一系列全集装箱系列电池单元产

图 2-11 住友电工横滨 1MW/5MWh 全钒液流电池储能系统

品。具体规格如表 2-2 所示。

表 2-2 日本住友电工全集装箱系列电池单元产品规格

模块规格	输出	容量	尺寸	重量
3h 模块	AC 250kW	AC 750kWh	6.1m×4.9m×6m	120t
4.5h 模块	AC 250kW	AC 1125kWh	9.1m×4.9m×6m	170t
6h 模块	AC 250kW	AC 1500kWh	12.2m×4.9m×6m	220t

三种规格的全集装箱电池单元的标称功率为 250kW，功率单元集成于一个集装箱内，正负极储能介质储罐分别放置在两个集装箱内。通过调节集装箱尺寸及储罐容积，储能容量可分别达到 750kWh、1125kWh、1500kWh，如图 2-12 所示。

图 2-12 三种规格的全集装箱电池单元

（2）大连融科储能技术发展有限公司

融科公司成立于 2008 年，致力于全钒液流电池产品的开发和应用。2011 年，为金风科技提供了一套可再生能源发电微电网用额定输出功率为 200kW、储能容量为 800kWh 的（200kW/800kWh）全钒液流电池储能系统。图 2-13 为该额定输出功率为 200kW/800kWh 的全钒液流电池储能系统（出厂前）照片。

2012 年，融科公司采用自主开发的 22kW 电堆集成出 352kW 电池单元。采用该电池单元集成出了沈阳龙源卧牛石风电场配套用 5MW/10MWh 全钒液流电池储能系统，该系统于 2012 年投运，至今已经稳定运行 9 年有余，是目前国内外运行时间最长的 MW 级全钒液流电池储能系统，如图 2-14 所示。

图2-13　200kW/800kWh 全钒液流电池储能系统照片

图2-14　卧牛石全钒液流电池储能系统

融科公司开发的上述几种产品，均是针对室内应用设计，要求运行环境的温度范围为5～30℃。在实施过程中发现，电池储能系统现场安装、集成、调试工作量大，质量控制环节多、难度大，施工周期长，同时储能装置建筑还要面临高标准的环保、消防等验收程序。针对上述问题，结合用户需求，融科公司陆续开发了半集装箱式和全集装箱式电池储能单元。

2014 年，融科公司开发了 100kW/400kWh 半集装箱式电池储能单元。该产品在辽宁省电力公司电能中心智能微网项目中得到应用，如图 2-15 所示。

2016 年，融科公司开发了第一代 125kW/625kWh 全集装箱式电池模块单元。该产品将电池功率单元和容量单元全部集成在一个 40 尺标准集装箱内部，如图 2-16所示。该产品可以在 -30～40℃环境下稳定运行，产品的环境适应能力得到大幅度改善。目前该产品模块在融科储能装备基地的风光分布式发电微网供电系统中已经稳定运行近 4 年。

2017 年，融科公司针对 125kW/625kWh 全集装箱式电池模块单元进行了技术升级，采用了更高功率密度的新型电堆和高能量密度储能介质，开发出了第二代 125kW/500kWh 全集装箱式电池模块单元，该产品集成于一个 20 尺标准集装

图 2-15　融科公司开发的 100kW/400kWh 半集装箱式电池储能单元

图 2-16　微网 40 尺集装箱项目照片

箱内。产品的集成度得到大幅度提高，结构设计更加合理，运维更加简单便利，如图 2-17 所示。

该产品已经成功应用于国家电投青海黄河水电 1MW/5MWh 风电配套储能项目以及大连网源友好型风电场储能项目，显示出较强竞争力和良好的市场前景。

（3）美国 UNIEnergy Technologies（UET）公司

UET 公司拥有混合酸型全钒液流电池技术，联合大连融科储能公司，开发了符合欧美相关标准的 125kW/500kWh 全集装箱式储能产品，并于 2015 年在美国华盛顿州东部城市 Pullman 的一个变电站建造了 1MW/4MWh 全钒液流电池储能电站，如图 2-18 所示。

UET 公司后又陆续分别在美国、意大利、南非和澳大利亚实施了百 kW 至 MW 级储能系统项目，在全钒液流电池技术应用方面积累了丰富经验。在多年的

a) 125kW/500kWh 集装箱产品外观图

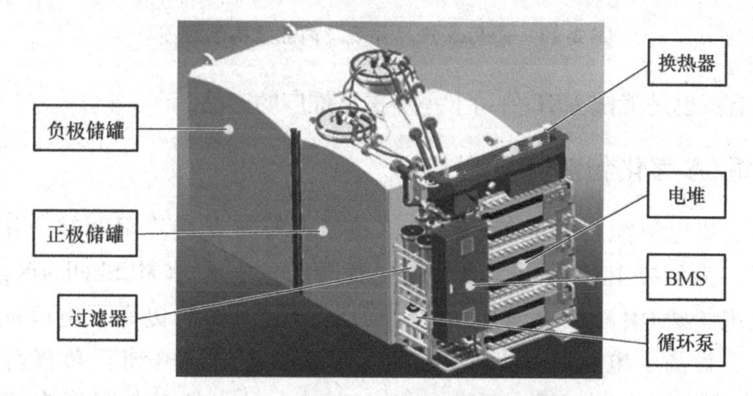

b) 125kW/500kWh 集装箱产品结构示意图

图 2-17 125kW/500kWh 集装箱产品

图 2-18 UET 公司建设的美国华盛顿州东部城市 Pullman 储能电站

项目实践基础上，UET 公司联合大连融科公司，于 2018 年提出开发基于模块化设计的 ReFlex 产品，如图 2-19 所示。

该产品相比其他公开报道的全钒液流电池产品，具有可移动、配置灵活的特性。同时在物流运输方面也具有非常明显的优势，Reflex 产品目前由大连融科公

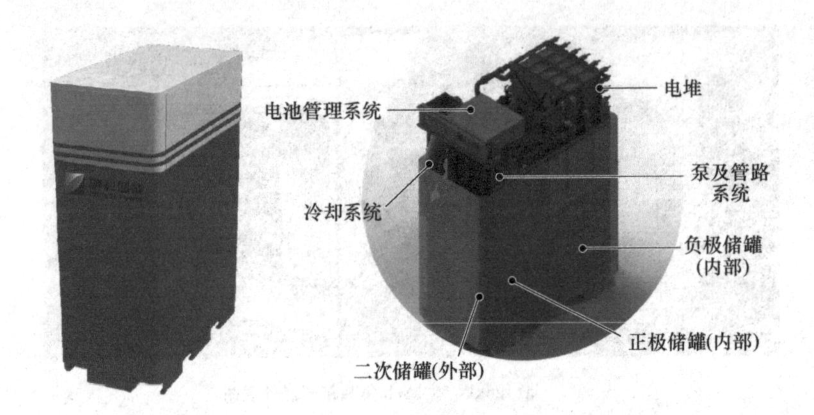

图 2-19 ReFlex 产品外观及内部结构示意图

司生产制造，也是美国 UET 公司下一步重点推广的产品。

2.2.4 钒/多卤化物液流电池

全钒液流电池能量密度低、电池体积庞大等特点成为限制其应用的一个重要因素。为解决上述问题，澳大利亚新南威尔士大学 M. Skyllas-Kazacos 研究团队提出了钒/溴液流电池体系[13]。该液流电池体系提高了电解质溶液的浓度，进而提高了电池系统能量密度。在该体系中，电池正负极分别采用 $Br/ClBr_2$（$Cl/BrCl_2$）和 VBr_2/VBr_3 电对。其中，V^{2+} 在该电解液中溶解度较高，可以达到 3~4mol/L，从而使钒/溴液流电池体系的能量密度达到 50Wh/kg。但在该电池体系在充电过程中会产生单质溴，具有严重的腐蚀性以及环境污染等问题，导致电池的安全性大大降低。为解决这一问题，该团队又提出钒/多卤化物液流电池，该电池用多卤离子代替多溴离子，进而解决了单质溴所导致的一系列问题。该团队将钒/多卤化物电池称之为第二代全钒液流电池[14]。该体系液流电池将原来全钒液流电池正极的 VO^{2+}/VO_2^+ 电对替换为 $Br^-/ClBr_2^-$ 电对，负极则采用 VCl_2/VCl_3 电对。

钒/多卤化物液流电池正极发生的电化学反应为

$$2Br^- + Cl^- \underset{放电}{\overset{充电}{\rightleftharpoons}} ClBr_2^- + 2e^-$$

$$或\ 2Cl^- + Br^- \underset{放电}{\overset{充电}{\rightleftharpoons}} BrCl_2^- + 2e^-$$

负极发生的电化学反应为

$$VCl_3 + e^- \underset{放电}{\overset{充电}{\rightleftharpoons}} VCl_2 + Cl^-$$

电池总反应为

$$2Br^- + VCl_3 + Cl^- \underset{放电}{\overset{充电}{\rightleftharpoons}} ClBr_2^- + VCl_2 + Cl^-$$

$$Cl^- + VCl_3 + Br^- \underset{放电}{\overset{充电}{\rightleftharpoons}} BrCl_2^- + VCl_2$$

钒/多卤化物液流电池的能量密度虽然得到了提高，但该体系中含有多种活性物质，电解液易发生交叉污染，进而导致电池容量衰减速率增加、能量效率降低等问题；同时，该体系中溴等卤化物具有强腐蚀性、挥发性，易对环境造成污染。如果不解决这些问题，钒/多卤化物液流电池很难得到实际的推广应用。

2.2.5 锌基液流电池

锌基液流电池技术因为其储能介质中活性物质成本低廉、能量密度高而受到重视。自20世纪70年代锌/溴液流电池体系概念被提出以来，基于锌负极的多种液流电池体系得到发展。表2-3展示了不同时间发展和提出的锌基液流电池体系正极电对情况。

表2-3 锌基液流电池体系正极电对发展历程

时间	正极电对	标准电位（V相对于SHE）	备注
1977	Br^-/Br_2	1.087	
1981	$Fe(CN)_6^{4-}/Fe(CN)_6^{3-}$	0.36	
2004	Ce^{3+}/Ce^{4+}	1.28~1.72	
2007	$Ni(OH)_2/NiOOH$	0.49	
2009	O_2/OH^-	0.401	
2015	I^-/I_3	0.536	负极：$Zn(OH)_4^{2-}/Zn$
	Fe^{2+}/Fe^{3+}（酸性）	0.77	负极：$Zn(OH)_4^{2-}/Zn$
2016	Fe^{2+}/Fe^{3+}（酸性）	0.77	
	（聚）2,2,6,6-四甲基哌啶基-氮-氧基电对	0.752	
2017	$I^-(Br^-)/I_2Br^-$	0.594	负极：$Zn(OH)_4^{2-}/Zn$
	Fe^{2+}/Fe^{3+}（中性）	0.77	负极：$Zn(OH)_4^{2-}/Zn$
	TEMPO Poly-TEMPO	0.832	负极：$Zn(OH)_4^{2-}/Zn$
2020	MnO_2/Mn^{2+}	1.224	

虽然如此多种类型的锌基液流电池体系被提出并进行了研究，但是从目前现状来看，锌基液流电池技术还大都处在实验室研究开发阶段，距离实用化还有很大距离。其中，锌/溴液流电池、锌/镍液流电池技术成熟度相对较高，已经处在示范应用初步阶段。然而依然面临负极锌枝晶、较低的面容量和电流密度较低等问题。为此相关研究机构围绕上述问题开展了深入研究，本节重点就锌/溴液流电池、锌/镍液流电池技术研究进展进行简述。

2.2.5.1 锌/溴液流电池

锌/溴液流电池作为能量密度较高的一种液流电池技术，其研究工作在国外起步较早。早在20世纪70年代，美国、日本、澳大利亚等国家就开始进行锌/溴液流电池性能的相关研究。锌/溴液流电池主要包含3部分：电极、隔膜以及电解质溶液，如图2-20所示。锌/溴液流电池的正负极电解液均为溴化锌水溶液，正负极分别采用Br^-/Br_2电对和Zn^{2+}/Zn电对。充电时，正极Br^-发生氧化反应生成Br_2，Br_2被电解液中添加的络合剂捕获后富集在密度大于水相电解液的油状络合物中，沉降在正极电解质溶液储罐的底部，减少了溴的挥发；负极Zn^{2+}发生还原反应，生成单质锌，沉积在阴极极板表面。放电时，开启油状络合物循环泵，将含有溴单质的油水两相混合物输送进入电池正极发生还原反应生成Br^-；负极表面的金属锌发生氧化反应生成Zn^{2+}而溶出。其电极反应如下：

正极：$2Br^- \underset{放电}{\overset{充电}{\rightleftharpoons}} Br_2 + 2e^- \quad \varphi = 1.076V$

负极：$Zn^{2+} + 2e^- \underset{放电}{\overset{充电}{\rightleftharpoons}} Zn \quad \varphi = -0.76V$

电池总反应：$Zn^{2+} + 2Br^- \underset{放电}{\overset{充电}{\rightleftharpoons}} Zn + Br_2 \quad E^{\theta} = 1.836V$

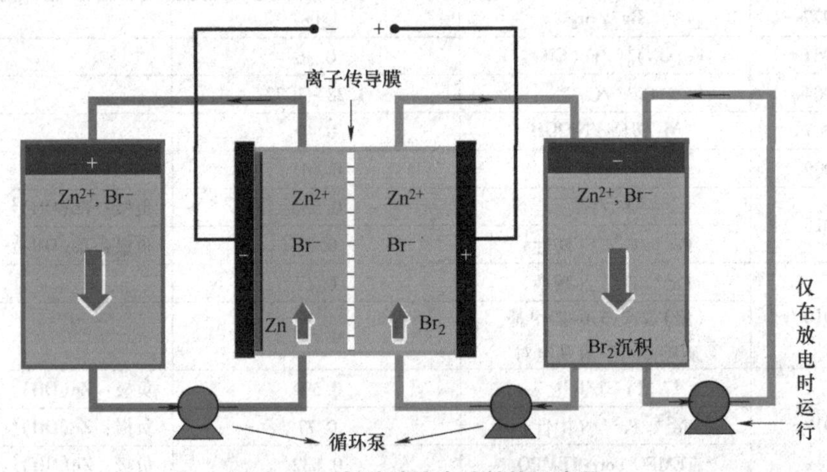

图2-20 锌/溴液流电池结构示意图

锌/溴液流电池正极反应的标准电位为+1.076V，负极为-0.76V，锌/溴液流电池的标准开路电压为1.836V。锌/溴液流电池的工作电压为1.6V，理论质量能量密度为419Wh/kg，是铅酸电池理论质量能量密度的1.66倍，实际质量能量密度可达到60Wh/kg，是铅酸电池的2~3倍。

锌/溴液流电池同全钒液流电池相比，具有开路电压高、能量密度高、成本低等特点，近十余年来愈发受到重视。然而，锌/溴液流电池技术在产品化和应用方面还远未达到成熟，尚存在以下技术难题需要克服：

（1）负极金属锌的沉积问题。

充电过程中，Zn^{2+}得到两个电子，变成锌单质沉积在负极，随着充电的进行，锌单质会在已沉积的锌金属表面继续沉积。在该过程中，由于电极材料电阻不均匀、电极边缘效应等固有因素的存在，会导致锌枝晶的形成。继续充电，锌枝晶的不断增长可能会穿透电池隔膜，造成电池短路，使得电池报废。另外，锌枝晶形成以后在后续的放电过程中，有可能导致部分金属锌脱离电极表面，成为不可再利用的“死锌”，导致电池容量衰减。电化学金属沉积反应过程中金属沉积形貌的控制是一个传统的课题，尤其随着金属电化学氧化还原反应的连续循环，在电极表面沉积形成金属枝晶几率越来越高。如何有效抑制锌枝晶的形成是锌/溴液流电池电极材料开发、运行管理控制的重点。

（2）单质溴透过隔膜造成的电池自放电问题

单质溴在电解液中的溶解度较高，充电过程中正极生成的溴单质会透过隔膜与负极活性物质发生反应形成自放电。一般情况下，采用具有高选择性的隔膜材料可有效降低单质溴的迁移，是提高锌/溴液流电池转换效率的有效途径。另外一种方法是在电池正极电解液中加入溴的络合剂，生成溴络合物，从而降低电解液中的单质溴的含量，减少溴的迁移。

（3）电池材料耐受性

单质溴具有很强的腐蚀性和化学氧化性、较高的挥发性及穿透性，对电池材料耐受性和电堆密封提出了很高要求。锌/溴液流电池产品长时间运行稳定性还不能满足应用要求。

低成本高性能锌/溴液流电池技术的需求及上述技术难题的存在推动了锌/溴液流电池技术的应用和开发。

1. 电极材料研究进展

锌/溴液流电池在充电过程中，生成的单质锌容易在负极电极表面形成锌枝晶，这些枝晶在放电过程中容易从中间发生断裂导致单质锌脱落，脱落的单质锌很难再参与到电池反应中，最终导致电池容量的下降。为解决这一问题，很多学者从电极材料入手，让充电过程中生成的单质锌均匀附着在电极表面，抑制锌枝晶的产生，并减少金属锌的脱落。

目前，国内外有许多学者对锌/溴液流电池的电极材料进行了研究，修饰电极的方法很多，如碳材料修饰、碳纳米管修饰、活性官能团修饰等。这些方法改善了电极的导电性、稳定性、耐腐蚀性等性能，提高了电池的能量转换效率和输出电压，推动了锌/溴液流电池性能的改善。

炭毡是应用比较广泛的碳基材料电极，但炭毡的亲水性和电化学活性较差，为改善这一问题，许多学者对其进行了修饰，如利用氧化法增加炭毡的含氧官能团（羧基、羰基等），实现提高电极材料的电化学氧化还原反应活性、改善电池性能的目的。参考文献［15］将石墨毡经500℃热处理后，电极表面的纤维会产生一些微孔，含氧官能团增多，提供更多的反应场所，工作在80mA/cm^{2}的电流密度时，电池的能量转换效率可达到70%。参考文献［16］使用活性炭涂层薄膜修饰电极，与炭毡电极相比，活性炭比表面积高、吸附能力强，修饰后的电极具有更好的电化学活性，可以有效地减少电池的内部阻抗，提高系统的能量转换效率，工作电流密度在40mA/cm^{2}时电池的能源效率可达到75%。参考文献［17］为了探索不同碳材料结构与电极活性的关系，分别采用4种碳材料修饰电极，结果显示BP2000导电炭黑具有最佳的性能，其孔隙分布和石墨化程度适宜，可有效促进质子转移，使电极电荷转移电阻最小，当电流密度为20mA/cm^{2}时，电池能量效率可达到84.4%。

除了对电极进行改性和修饰，还有很多学者致力于改进电极结构，增加反应场所，提高Br^-/Br_2氧化还原反应的活性，进而提高锌/溴液流电池性能。参考文献［18］制作了笼状多孔碳电极，其外壳的孔径介于溴离子和络合态溴之间，如图2-21所示，利用“孔径筛分效应”，使溴离子在笼内部发生电化学反应后“固定”在内部，从而有效抑制溴的交叉污染。溴单质可与络合剂结合，通过笼孔排出，提高了电极活性，电池库仑效率达98%，工作在80mA/cm^{2}电流密度下时，电池能量效率可达81%。

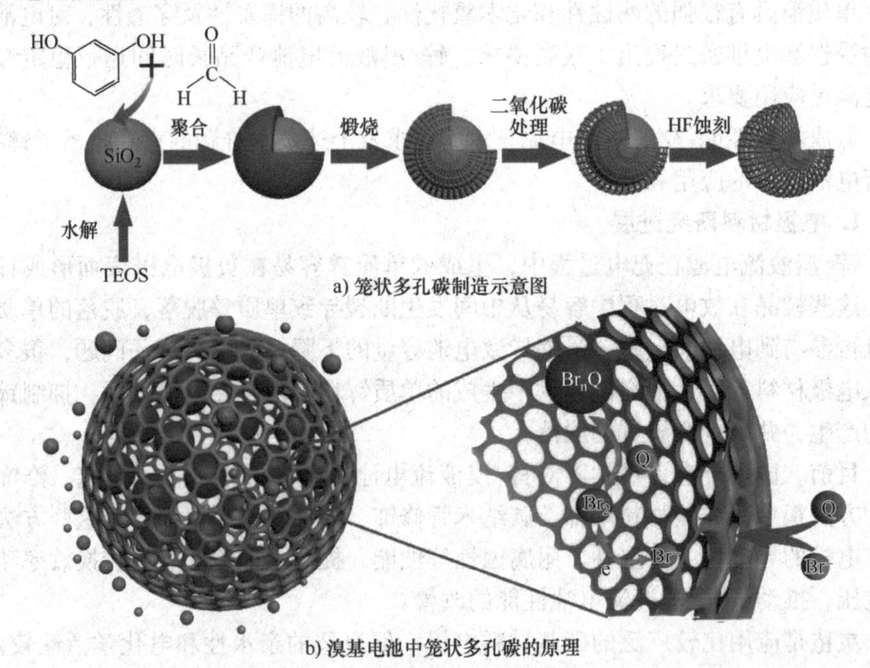

a) 笼状多孔碳制造示意图

b) 溴基电池中笼状多孔碳的原理

图2-21　笼状多孔碳

参考文献［19］采用树脂、正硅酸乙酯和嵌段共聚物（F127），在最佳质量比下制备了双有序介孔碳电极，具有高度有序的二维六方孔及带状结构，较大的表面积和高度有序的介孔结构为电解液提供了更多的反应场所，缩短了传递路径，提高了效率，降低了扩散阻力，提高了传质速率，改善了吸附性能。当电流密度为80mA/cm^{2}时，电压效率达到了82.9%，能量效率达到了80.1%，经过200次循环测试，电池的性能没有明显的衰减，仍然非常稳定。

参考文献［20］制备出了一类基于氮化钛纳米管阵列的自支撑三维层状复合电极材料，如图2-22所示。在此设计中，炭毡电极作为复合电极的基底材料，其三维导电网络保证了电极的高电子传导率。氮化钛纳米棒阵列对Br_2/Br^-电对的高催化活性则降低了电极的电化学极化。此外，三维层状和棒状阵列结构有助于电解液向电极内部的渗透，提高了电极的离子传输速率，从而降低了传质极化，大大提高了锌/溴液流电池的工作电流密度。该工作为高功率密度溴基液流电池电极材料的设计制备提供了新思路。

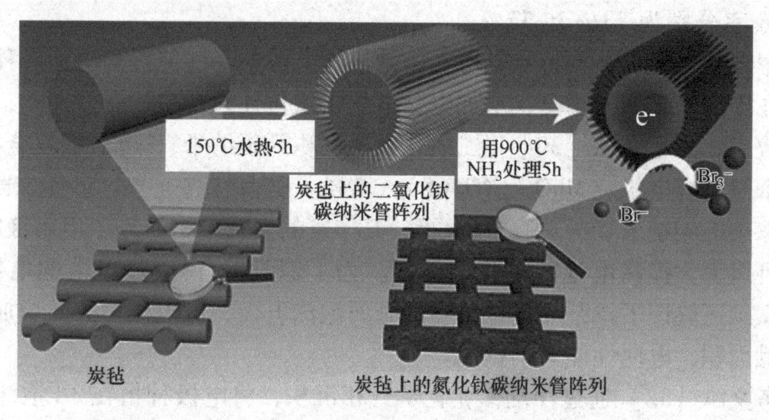

图2-22 氮化钛纳米棒阵列三维层状复合电极材料示意图

碳纳米管修饰电极重量轻，六角形结构连接完美，具有非常好的力学和电化学性能，能增加电极反应面积，电池的能量效率和电压效率也都得到了提高。考虑到电极阻抗的特性，Nagai生产的碳纳米管电极材料[21]，由碳纳米管与活性炭混合制成，其内阻和界面阻抗都很小，电池的库仑效率可达85.3%。参考文献［22］利用碳纳米管修饰和直流电泳处理的电极，具有较大的孔隙率和表面积，性能稳定，电池效率为76.8%。参考文献［23］制备了炭黑、石墨和碳纳米管填充的聚丙烯电极，该电极内部形成了良好的内部网络，降低了电极内阻和电池交叉污染风险，具有良好的机械强度和化学稳定性。参考文献［24］采用黑磷纳米薄片/碳纳米管复合纸制作的电极，具有良好的导电性和循环稳定性。参考文献［25］采用TiO_2/超取向碳纳米管制作电极，可以提高电池的循环稳定性。参考文献［26］采用碳纳米管/还原氧化石墨烯/$MnMoO_4$复合材料作为电极，可提高电极电化学性能。

碳纳米管碳原子 sp^2 杂化，具有高模量和高强度，可有效提高改性材料的稳定性和耐久性[27]。根据石墨烯层数，可将其分为单壁碳纳米管和多壁碳纳米管。多壁碳纳米管在管壁形成之初就有许多小孔缺陷，但单壁碳纳米管缺陷较少，具有较高的均一性。参考文献［28］分别采用单壁碳纳米管和多壁碳纳米管修饰电极，单壁碳纳米管具有大量的反应空间，具有良好的电化学效应和稳定性。碳纳米管修饰电极具有较强的力学性能，经过多次充放电后，碳纳米管电极的结构和孔隙率几乎不变，电池性能也得到很大的提高。碳纳米管纯度会对电极产生一定影响，纯度越高杂质越少，可为 Br^-/Br_2 在电极表面的氧化还原提供更多的反应场所，具有更好的可逆性和动力学性能，提高电荷转移率。参考文献［29］使用不同纯度的单壁碳纳米管修饰电极，发现一种纯度为 90% 的单壁碳纳米管，具有性能稳定、缺陷少、反应场所多、电极极化率低等特点，当电流密度为 40mA/cm^2 时，电压效率和库仑效率分别为 73% 和 57%。

根据碳纳米管的结构特点，可在碳纳米管上掺杂一些能提高电荷转移率的官能团，在提高电导率的同时，增加电极电化学氧化还原反应的有效面积，提高电池电压效率。参考文献［30］将二氧化锰电沉积到碳纳米管-壳聚糖复合材料上，形成一个假电容电极（MnO_2/CNT-CS），增强了电荷转移速率。参考文献［31］使用氮掺杂的碳纳米管/石墨毡做电极，其丰富的多孔结构有助于电解液的扩散，氮掺杂可以大大提高电池的电化学性能。为了探索锌/溴液流电池的电极性能，该参考文献还验证了掺杂导电性优良的金属泡沫电极，该电极可有效增加与电解液的接触面积，电池性能大幅提高。

参考文献［32］通过浮动催化化学气相沉积，将电极种植在 3d 泡沫镍基材的表面上，使用氮原子掺杂碳纳米管，形成大量氮官能团，氮电极的三维结构与催化效果的结合，有利于提高传质速率，促进电荷转移，电池经 50 次循环试验后电压效率为 92.3%，电压损耗减小，能量转换效率可达 80%。

2. 隔膜材料研究进展

锌/溴液流电池的正极活性物质 Br_2 具有很强的腐蚀性、挥发性以及穿透性，易渗透过隔膜与负极活性物质发生反应，造成电池自放电。为解决这一问题，锌/溴液流电池的膜材料需有效抑制 Br_2 的渗透，防止锌/溴液流电池活性物质的交叉污染；与此同时，膜材料还应具有较小的内阻，否则同样会影响电池效率。

参考文献［33］研发的碳涂层膜内阻大幅降低，在 40mA/cm^2 的电流密度下，能效可达 75%。参考文献［34］通过使用 NMP 作为 Nafion 溶液的溶剂，成功制备了无空隙的 Nafion/PP 膜，如图 2-23 所示。与厚度为 600μm 的商用 SF-600 多孔膜相比，该膜的 Br_2 扩散率比 SF-600 低 2 个数量级，面电阻也大幅下降。

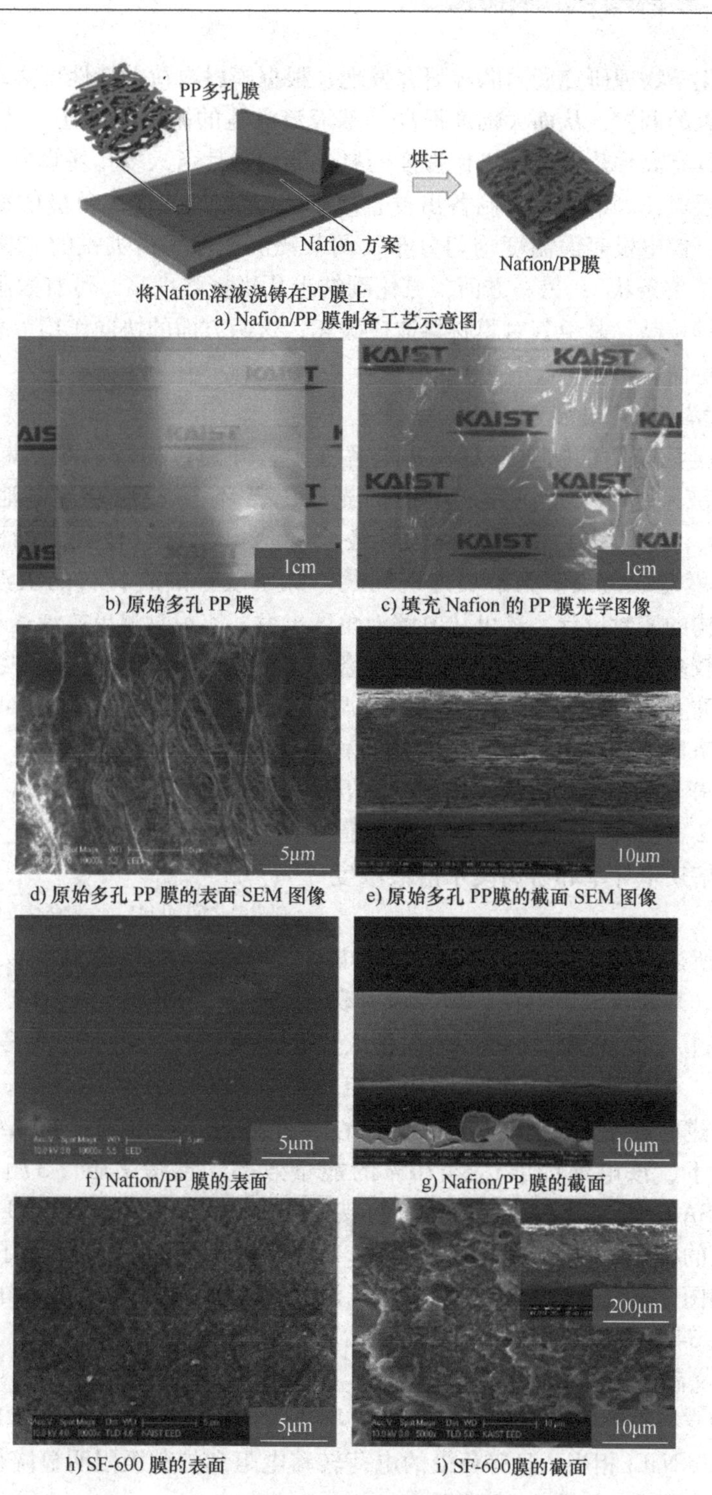

a) Nafion/PP 膜制备工艺示意图

b) 原始多孔 PP 膜

c) 填充 Nafion 的 PP 膜光学图像

d) 原始多孔 PP 膜的表面 SEM 图像

e) 原始多孔 PP膜的截面 SEM 图像

f) Nafion/PP 膜的表面

g) Nafion/PP 膜的截面

h) SF-600 膜的表面

i) SF-600膜的截面

图 2-23 Nafion/PP 膜

大连化学物理研究所团队经研究发现，根据膜材料荷电特性可实现对锌沉积方向和形貌的调控，从而大幅度提高锌基液流电池的循环稳定性。基于该原理，该团队将具有高导热性和高机械强度的氮化硼纳米片引入多孔基膜中，即在基膜中加入一层氮化硼纳米片，制备出复合离子传导膜[35]。面向负极的氮化硼纳米片一方面可使电极表面温度均匀分布，调节锌沉积形貌由尖锐的“树枝状”变为柔和的“薯条状”；另一方面，氮化硼纳米片机械强度高，可有效阻挡过度生长的尖锐锌枝晶，避免其对膜材料造成破坏；这两方面的协同作用可显著提高电池的循环寿命。

3. 电解液研究进展

液流电池的活性物质都储存在电解液中，并通过循环系统不断更新电池内的电解液来加速反应，完成电池的充放电循环。锌/溴液流电池的正极活性物质 Br_2，除了容易渗透过隔膜，还会穿透电池材料释放到周围环境中，对周围环境造成污染。为解决这一问题，除了改善隔膜材料的阻溴特性，改善电池结构的密封设计，还可从电解液角度出发，实现对溴单质渗透的抑制。目前，应用较多的是络合溴的方法，利用络合剂将生成的单质溴捕获并沉积在电解液底部，防止其挥发、渗透。文献通过调节甲基乙基吗啉溴化铵（MEM）或甲基乙基吡咯烷溴化铵（MEP）的有机环和取代基，开发出一系列新型溴化物络合剂，如图 2-24 所示，可以显著改变凝固温度、电解质电导率和游离溴水溶液浓度等参数[36]。

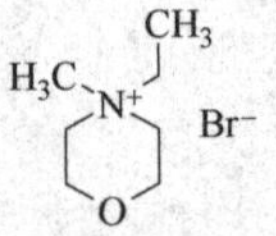

a) n-乙基-n-甲基吗啉溴化铵(MEM) 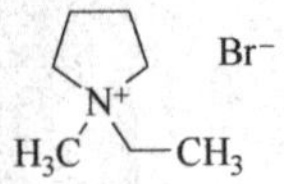　　b) n-乙基-n-甲基吡咯烷溴化铵(MEP)

图 2-24　新型溴化物络合剂

如前所述，负极锌枝晶的生成，对电池的能效、寿命造成了不良影响，除了改变电极材料，同样可以通过改变电解液成分来抑制锌枝晶的生成。参考文献［15］以氯化钾、NH_4Cl 等氯化物盐为支持电解质，提高电解质电导率，同时对石墨毡电极进行热处理，提高电催化活性，并通过实验验证，80mA/cm^2 的高电流密度下，该电池能够达到 70% 的能量效率。参考文献［37］采用甲基磺酸（MSA）作为锌/溴液流电池的支持电解质，在添加 1mol/L 甲基磺酸后，电池的内阻从 4.9Ω · cm^2 降低到 2.0Ω · cm^2，并有效抑制了锌枝晶的生成，如图 2-25、图 2-26 所示，当电流密度为 40mA · cm^{-2}时，电池能量转换效率从 64% 提升到 75%。

参考文献［38］评估了用不同钠盐（NaBr、Na_2SO_4 和 NaH_2PO_4）替代传统 NaCl 作为支持电解质的实验效果，结果表明，NaBr、Na_2SO_4 和 NaH_2PO_4 表现出来的性能与 NaCl 相当，且锌负极的电荷转移电阻和扩散极限明显降低，并减少了锌枝晶的形成，如图 2-27 所示。

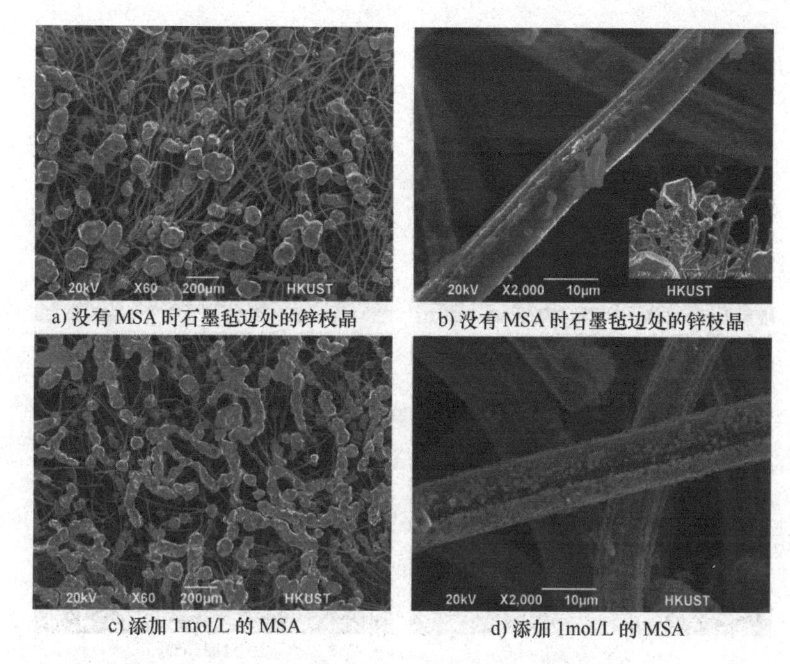

a) 没有 MSA 时石墨毡边处的锌枝晶　b) 没有 MSA 时石墨毡边处的锌枝晶

c) 添加 1mol/L 的 MSA　d) 添加 1mol/L 的 MSA

图 2-25　薄膜表面石墨毡的 SEM 图像

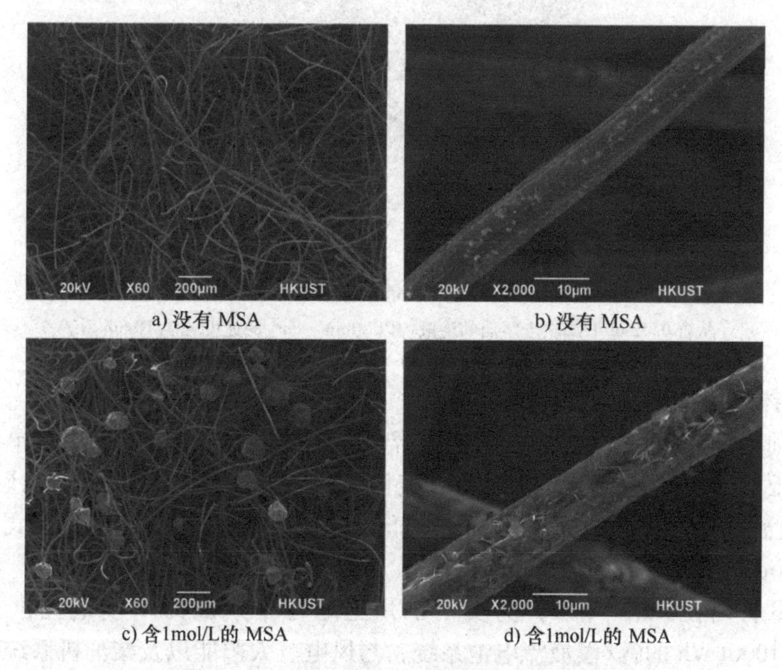

a) 没有 MSA　b) 没有 MSA

c) 含1mol/L的 MSA　d) 含1mol/L的 MSA

图 2-26　石墨毡面向石墨板的 SEM 图像

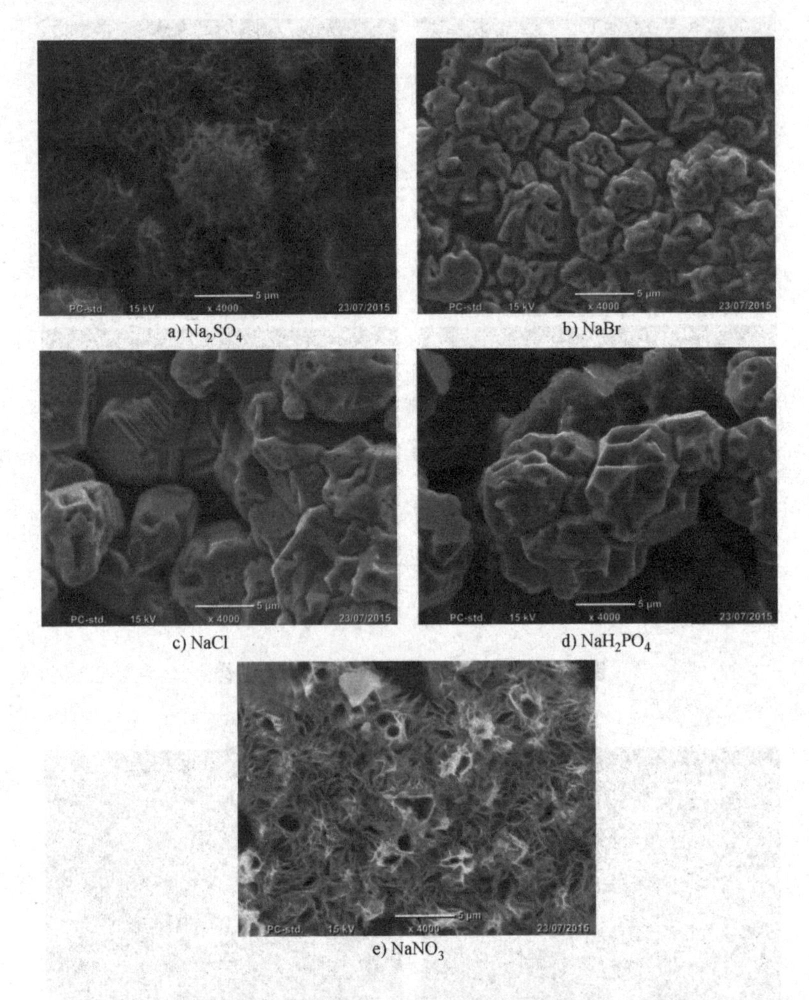

a) Na_2SO_4　b) NaBr　c) NaCl　d) NaH_2PO_4　e) $NaNO_3$

图 2-27　石墨上沉积的锌的 SEM 显微照片

（从含 0.5mol/L 二次电解质的溶液中以 $20mA \cdot cm^2$ 的速度充电 10min 后）

4. 锌/溴液流电池的示范应用

目前，锌/溴液流电池全球总装机容量已经达到了 5.4MW 以上，单体项目规模主要以百 kW 级为主，多分布在美国，并主要应用于分布式微电网领域。锌/溴电池主要厂商为 Primus Power、EnSync Energy（原 ZBB 能源）公司、RedFlow、Vionx Energy（原 Premium Power）等。

ZBB 公司在 2013 年末，为美国加州圣尼古拉斯岛海军基地提供了一套 500kW/1000kWh 的锌/溴液流电池系统，与风电、太阳能以及柴油机系统构成微电网，该电池系统于 2015 年末退役。

2014年初，ZBB公司为美国夏威夷州檀香山珍珠港西肯联合基地提供了一套125kW/400kWh的锌/溴液流电池储能系统，与原有的风电和光伏组成微网，为军事基地提供电力保障，如图2-28所示。

美国的Vionx Energy（原Premium Power）于2016年11月，在美国马萨诸塞州的埃弗里特市安装了两套500kW/3000kWh的锌/溴液流电池系统，如图2-29所示，与光伏电站以及风电配套，用于降低峰值能源需求和停电成本。

美国加州储能公司Primus Power开发了单液路循环的锌/溴液流电池系统，如图2-30所示。该系统降低了液流电池的循环损耗，同时因为是单液流体系，不需要特殊的离子交换膜，从根本上规避了隔膜的技术难题。2018年该公司的新一代储能系统EnergyPod 2（见图2-30）在天诚同创电气有限公司北京园区投入运行。

图2-28　美国珍珠港西肯联合基地锌/溴液流电池系统

图2-29　Vionx Energy锌/溴液流电池系统

图2-30　EnergyPod 2产品外形图

国外锌/溴液流电池典型示范应用项目如表2-4所示。

表 2-4 国外锌/溴液流电池典型示范应用项目

电池供应商	序号	项目规模	项目名称	开展时间	安装地点
Primus Power	1	250kW	美国国防部海军陆战基地微网储能项目	2015 年	美国
	2	500kW	PSE 储能创新项目	2012 年	美国
	3	250kW	MID Primus Power 风能储能示范项目-可再生能源并网	2014 年	美国
	4	20kW	20kW/72kWh ICL 阻燃剂生产基地-库卡蒙格牧场项目	2015 年	美国
ZBB 能源公司	1	250kW	锡尔堡威望项目	2011 年	美国
	2	250kW	伊利诺斯研究所科技化完美动力示范项目	2014 年	美国
	3	25kW	怀尼米港海军设施项目	2013 年	美国
	4	60kW	Pualani 庄园项目	2012 年	美国
	5	500kW	圣尼古拉斯岛海军设施项目	2013 年	美国
	6	25kW	圣彼得堡太阳能公园项目	2014 年	美国
	7	100kW	UC 圣地亚哥 ZBB/SunPower 能源储存项目	2014 年	美国
	8	25kW	体育场馆的太阳能和电动汽车充电系统项目	2014 年	美国
	9	125kW	美国珍珠港军事基地项目（JBPHH）	2012 年	美国
	10	25kW	VISA（数据处理中心）项目	2014 年	美国
	11	1000kW	白兰度罗阿岛度假村项目	2014 年	法属波利尼西亚
	12	25kW	BPC 能源项目	2014 年	俄罗斯
	13	25kW	UTS（悉尼科技大学）项目	2014 年	澳大利亚
	14	100kW	CSIRO，ZBB 锌/溴液流电池实验	2010 年	澳大利亚
RedFlow	1	200kW	Ausgrid 智能电网智能城市项目（SGSC）-RedFlow	2012 年	澳大利亚
	2	100kW	Ausgrid 智能电网智能城市项目-RedFlow	2012 年	澳大利亚
	3	90kW	昆士兰大学项目-Redflow M90	2012 年	澳大利亚
	4	3kW	Powerco 的 Redflow 液流电池示范项目	2012 年	新西兰
	5	300kW	RedFlow 300kW 阿德莱德项目	2015 年	澳大利亚

国内中国科学院大连化学物理研究所研究团队致力于高性能、低成本锌/溴液流电池系统的开发和应用。基于该团队在液流电池技术近20年的技术积累，2018年自主开发的国内首套5kW/5kWh锌/溴单液流电池储能示范系统，如图2-31所示。该系统由一套电解液循环系统、4个独立的kW级电堆以及与其配套的电力控制模块组成。该系统目前配合光伏发电系统组成分布式发电微网系统。经现场测试，该示范系统在额定功率下运行时的能量转换效率超过70%。锌/溴单液流电池示范系统的成功运行，将为其今后工程化和产业化开发奠定坚实的基础。

图2-31　5kW/5kWh锌/溴单液流电池储能系统

2.2.5.2　锌/镍液流电池

研究人员在镍/锌二次电池与液流电池的基础上，提出锌/镍单液流电池，其工作原理如图2-32所示，其正极与负极分别采用氢氧化镍电极与惰性金属集流体，采用锌酸盐作为电解质，高浓度的KOH作为支持电解液，其电极反应如下：

正极反应：$2NiOOH + 2H_2O + 2e^- \underset{放电}{\overset{充电}{\rightleftharpoons}} 2Ni(OH)_2 + 2OH^- \quad \varphi = 0.49V$

负极反应：$Zn + 2OH^- \underset{放电}{\overset{充电}{\rightleftharpoons}} Zn(OH)_4^{2-} + 2e^- \quad \varphi = -1.215V$

总反应：$Zn + 2OH^- + 2H_2O + 2NiOOH \underset{放电}{\overset{充电}{\rightleftharpoons}} 2Ni(OH)_2 + Zn(OH)_4^{2-} \quad E^\theta = 1.705V$

锌/镍液流电池正极反应的标准电位为+0.49V，负极反应的标准电位为-1.215V，由此可得，锌/镍液流电池的标准开路电压为1.705V。

国内中国科学院大连化物所团队和中国人民解放军防化研究院等单位致力于锌基液流电池技术的发展，在锌/镍液流电池电极材料、电解液等多个方面进行了探索，简述如下。

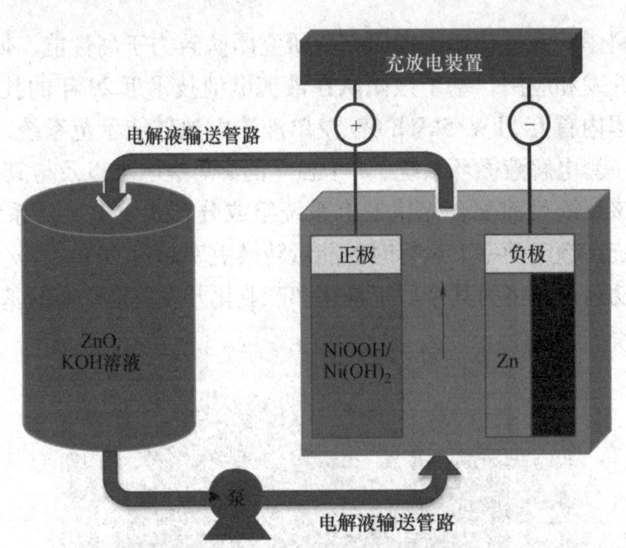

图 2-32　锌/镍液流电池结构示意图

1. 电极材料研究进展

中科院大连化学物理研究所团队首次在锌/溴液流电池中引入了三维多孔泡沫镍材料（NFs）[39]，如图 2-33 所示。在电流密度为 $80mA/cm^2$、超 200 次循环中，库仑效率达 97.3%，能量效率达 80.1%，功率密度达到83W/kg。

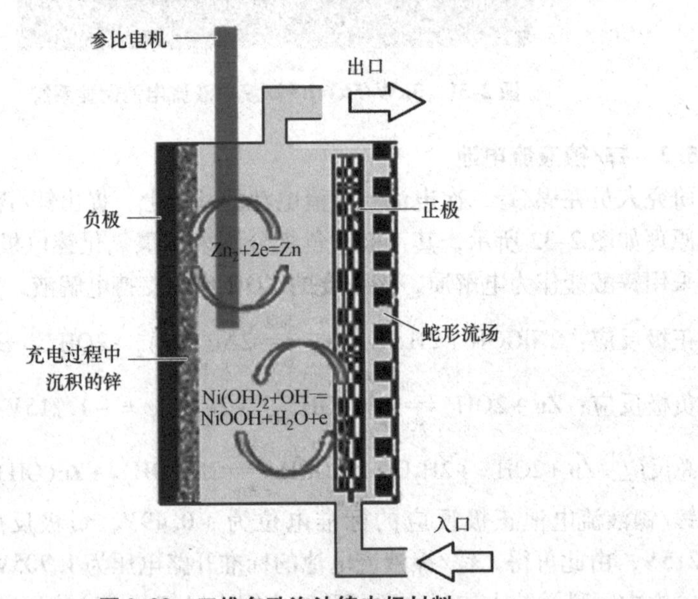

图 2-33　三维多孔泡沫镍电极材料

锌/镍液流电池正极的副反应比负极的副反应高得多，是导致锌在负极上沉积、电池循环寿命下降的主要原因。参考文献［40］设计了一种具有更大反应面积和良好传质结构的新型电极，促进负极副反应的发生，使负极副反应消耗的电荷量，从占电池容量的1.3%提高到占电池容量的3.7%，负极的库仑效率从98.7%降低到96.3%，达到与正极相匹配的目的。在400个循环中，负极没有锌沉积情况出现。

2. 电解液研究进展

中国人民解放军防化研究院[41]研究了电解液中锌离子对锌/镍单流电池氧化镍电极循环稳定性的影响。结果表明，在KOH溶液中添加ZnO，改善了氧化镍电极的充放电循环性能，经过500次充放电循环，电极的放电容量也基本不会衰减。随着ZnO浓度的增加，对于充电过程中氧气的析出具有明显的拟制作用，可以大幅度提升电池的充放电循环性能。XRD分析表明，电解液中的锌离子出现在$Ni(OH)_2$的晶格内部，说明锌离子嵌入到氢氧化镍晶格中，阻止了γ-氢氧化镍的形成，从而有效避免了电极的膨胀，保持电极形态稳定，既有利于电极充放电性能稳定，也有利于放电容量能够保持稳定。

3. 电池结构研究进展

中科院大连化学物理研究所团队在锌/镍液流电池结构方面进行了探索，设计了具有蛇形流场的新型电池结构[42]，如图2-34所示，与传统电池结构相比，在80mA/cm^{2}下的能量效率提高了10.3%，达到75.2%，经过70个放电周期，电池效率没有明显降低。

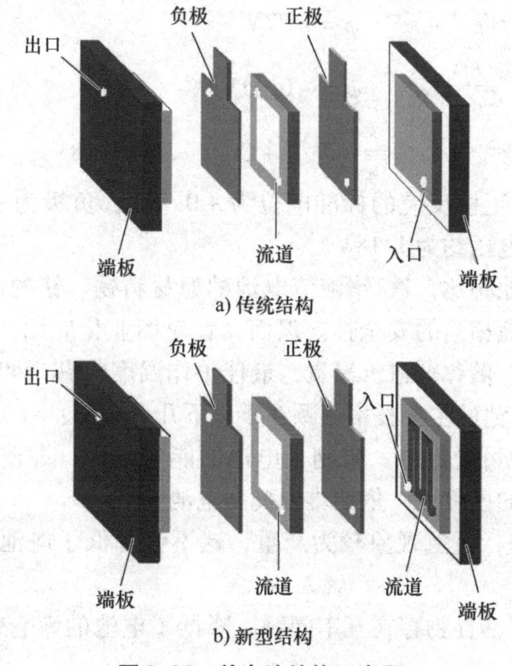

图2-34 单电池结构示意图

4. 电池适应性（运行环境）研究进展

中科院大连化学物理研究所团队研究了极化分布的趋势以及温度对锌/镍电池性能的影响[43]：在0~40℃、80mA/cm^{2}时，能量效率为53%~79.1%，在0~20℃时，库仑效率和能量效率的温度灵敏度分别为0.65%/℃和0.98%/℃。在所有研究温度下，正极极化比负极极化严重，正极的过电位对温度更敏感。

2.2.5.3 小结

综上所述，锌基液流电池是较有前途的应用于固定式储能的液流电池储能技术，而锌基液流电池技术的实用化仍然需要在功率密度、能量密度、循环寿命等方面进一步改善提升。为实现上述目标，应在以下几方面实现突破：

1）设计高制造高性能膜材料；

2）开发高性能电极材料，获取更高的面容量，提高能量密度；

3）开发高浓度、高稳定性电解质溶液；

4）优化电堆结构，提高运行可靠性，增加循环寿命。

2.2.6 铁/铬液流电池

铁/铬液流电池是最早被提出的液流电池体系，为液流电池技术的发展奠定了理论和技术基础，其正负极分别采用Fe^{2+}/Fe^{3+}和Cr^{2+}/Cr^{3+}电对，盐酸作为支持电解质，水作溶剂。其电极反应为

正极：$Fe^{2+} \underset{\text{放电}}{\overset{\text{充电}}{\rightleftharpoons}} Fe^{3+} + e^- \quad \varphi = 0.77V$

负极：$Cr^{3+} + e^- \underset{\text{放电}}{\overset{\text{充电}}{\rightleftharpoons}} Cr^{2+} \quad \varphi = -0.41V$

电池总反应：$Fe^{2+} + Cr^{3+} \underset{\text{放电}}{\overset{\text{充电}}{\rightleftharpoons}} Fe^{3+} + Cr^{2+} \quad E^{\theta} = 1.18V$

铁/铬液流电池正极反应的标准电位为+0.77V，负极为-0.41V，铁/铬液流电池的标准开路电压约为1.18V。

与全钒液流电池相比，铁/铬液流电池的原材料铁、铬的成本更加低廉，且具有和全钒液流电池相当的安全性。然而，针对商业化应用，铁/铬液流电池还存在能量密度较低，催化剂造价昂贵，最佳工作温度较高（40~60℃）等问题。目前，铁/铬液流电池的主要技术瓶颈在于以下几个方面：

1）铬氧化还原可逆性差，限制了电池的能量效率，即使在使用电催化剂、提高电池运行温度的条件下，依然难以提高电池性能；

2）充电过程中，析氢现象较为严重，这不仅降低了电池系统的能量效率，而且存在安全隐患；

3）电池正负极活性物存在互串问题，降低了电池的库仑效率、容量及使用寿命。

1974年，美国国家航空航天局（NASA）首次提出铁/铬液流电池，但由于Fe/Cr体系液流电池在初期研发过程中面临着不可克服的正负极离子交叉污染问题，NASA于20世纪80年代初终止了这项研究，并将该技术作为“月光计划”的一部分，将相关技术转移给日本继续开发，并于1984年和1986年成功制备出10kW和60kW的Fe/Cr液流电池原型系统。20世纪90年代之后，关于Fe/Cr体系液流电池的报道非常少。2014年5月，美国Enervault公司在美国能源局（DOE）ARRA储能示范项目（约476万美元）及加州能源委员会PIER项目（约47.6万美元）的资助下，于加州特洛克建成并投运了250kW/1WMh的Fe/Cr液流电池系统。该电池系统与150kWp光伏系统结合，为一个260kW的灌溉泵供电，以减少需求费用。据报道，该项目于2015年6月停运。

2019年11月5日，中国国家电投公司所属中央研究院和上海发电设备成套设计研究院联合项目团队，研发的首个31.25kW Fe/Cr液流电池电堆“容和一号”（见图2-35）成功下线并通过了检漏测试。该电堆是目前全球最大功率的Fe/Cr液流电池电堆。同时，中央研究院正联合上海成套院开展国内首个百kW级Fe/Cr液流电池储能示范项目的建设工作，项目设计规模为250kW/1.5MWh，将采用8个“容和一号”电堆。

图2-35 铁/铬液流电池31.25kW电堆“容和一号”

目前，针对Fe/Cr液流电池的研究开发相对较少，参考文献［44］利用循环伏安、极化曲线和交流阻抗方法分析了电极对铁/铬液流电池电极反应的影响因素，计算出其电极反应动力学参数：扩散系数 $D_o = 7.98 \times 10^{-6} cm^2/s$；反应速率常数 $k_o = 9.15 \times 10^{-4} cm/s$；交换电流密度 $J_o = 2.7 \times 10^{-3} A/cm^2$。在石墨电极表面的Fe（Ⅱ）-Cr（Ⅲ）电极反应过程受扩散控制；比较石墨、热解石墨、金刚石和Pt电极的结果说明，电极材料的差异可使得 Fe^{2+}/Fe^{3+} 电对的电极反应速率形成一个数量级的差距。

2.2.7 其他新型液流电池体系

2.2.7.1 非水型新型液流电池体系

参考文献［45］最早报道了非水性液流电池概念。该非水型液流电池采用的活性物质是基于金属如钒和钌以及有机配体的配位化合物。然而由于该体系液流电池电解质溶液采用的支持电解质、膜材料，以及非水溶剂的低离子电导率，导致电池的工作电流密度较低，严重影响了电池的功率密度。参考文献［46］报道了一种新型液流电池，正极使用2,2,6,6-四甲基哌啶-1-氧基（TEMPO），负极使用的是Li金属，溶剂为碳酸乙烯酯（EC）/碳酸丙烯酯（PC）/碳酸乙酯（EMC），支持电解质为$LiPF_6$，正极反应为TEMPO的自由基反应，负极为Li的沉积和溶解。电池的开路电压可以达到3.5V，正极的活性物质浓度可以达到2mol/L，能量密度可以达到126Wh/L。然而由于电导率较低，工作电流密度非常小，只有5mA/cm^2，电池功率密度还远远不能达到实际需求，不具备实际应用价值。2015年，参考文献［47］提出了锂/二茂铁（Li/Fc）液流电池体系。但是，该正极电解液在该系统中的溶解度较低，并且在锂阳极上形成锂枝晶会损害电池安全性。参考文献［48］通过引入季铵盐基团来修饰Fc，以制备二茂铁基甲基二甲基乙基铵双（三氟甲磺酰基磺酰基）酰亚胺（Fc1N112-TFSI），修饰后的Fc1N112-TFSI在电解质溶液中的溶解度由0.04mol/L增加到0.85mol/L。这种Li/改性Fc液流电池系统的特点是工作电流密度较低，在电解质浓度为0.1mol/L的情况下，该电池的工作电流密度仅为3.5mA/cm^2，在电解质浓度为0.8mol/L的情况下，工作电流密度仅为1.5mA/cm^2。此外，电解质浓度增加会导致相对较快的容量衰减。近几年，美国德州大学研究小组在非水型液流电池领域取得了许多进展[49-51]。例如，这些研究人员开发了使用二茂铁的非水金属茂金属锂基液流电池（FeCp2）和钴茂（CoCp2）分别作为氧化还原活性负极和正极，这种基于全茂金属的锂基液流电池具有更高的茂金属反应速率常数，可提供更高的工作电压，每个循环的容量保持率高达99%以上。

2.2.7.2 水型新型液流电池体系

参考文献［52］提出了一种醌/溴化物液流电池系统，分别用溴和9,10-蒽醌-2,7-二磺酸（AQDS）作为正极和负极的活性物质，正极采用氢溴酸作为支持电解质，负极采用硫酸作为支持电解质。据报道，该液流电池工作电流密度达到500mA/cm^2。但是醌/溴化物液流电池系统中的溴单质易被氧化，且对系统耐腐蚀性要求苛刻，同时电池系统循环性能较差，且该体系的开路电压较低，仅为0.7V，导致能量密度太低而实用性不强。该研究团队继续应用无毒的铁氰化物离子代替溴化物，开发了醌/铁液流电池系统，其中系统的正极和负极活性物质分别为$K_4Fe(CN)_6$和2,6-二羟基蒽醌（2,6-DHAQ）。测试数据表明，该体系液流电池开路电压可达到1.2V，在100A/cm^{2}工作电流密度下，可以连续稳定运行100个充放电循环，电池能量转换效率达到84%[53]。然而该体系电解液正极活性物质浓度仅能达到0.4mol/L，负极活性物质浓度仅能达到0.5mol/L，导致电池能量密度较低，实用性不强。

总之，对于新型液流电池体系来说，非水型液流电池系统中的有机溶剂通常是易燃的，电池系统安全性及其活性材料的稳定性需要进一步改善。而且非水型液流电池系统的工作电流密度相对较低，功率密度不能满足实际应用的要求。还需要在催化剂、提高电化学反应活性、降低电池内阻等方面进一步开展工作。

与非水型液流电池系统相比，水型液流电池系统具有更低的电解液电阻、更高的功率密度、更低的成本、更高的安全性和更好的环境友好性，使其在工业应用中更具前景。然而，水型液流电池系统的能量密度仍然需要改进，以满足大规模电池储能系统的实际应用。

参考文献

[1] THALLER L H. Electrically rechargeable redox flow cells [M]. Washington: National Aeronautics and Space Administration, 1974.

[2] THALLER L H. Electrically rechargeable redox flow cell: US3996064 [P]. 1976-12-7.

[3] THALLER L H. Electrochemical cell for rebalancing redox flow system: US4159366 [P]. 1979-6-26.

[4] REMICK R J, ANG P G. Electrically rechargeable anionically active reduction-oxidation electrical storage-supply system: US4485154 [P]. 1984-11-27.

[5] SKYLLAS-KAZACOS M. An historical overview of the vanadium redox flow battery development at the university of New South Wales, Australia [C]. 41th annual conference of metallurgists of CIM international symposium on vanadium Aug 11-14, 2002 Montreal, Quebec, Canada, 2002.

[6] 张华民，张宇，刘宗浩，等. 液流储能电池技术研究进展 [J]. 化学进展，2009，21 (11)：2333-2340.

[7] GONG K, FANG Q R, GU S, et al. Nonaqueous redox-flow batteries: organic solvents, supporting electrolytes, and redox pairs [J]. Energy & environmental science, 2015 (8): 3515-3530.

[8] ZHANG H M, LU W J, LI X F. Progress and perspectives of flow battery technologies [J]. Electrochemical energy reviews, 2019 (2): 492-506.

[9] 张华民. 液流电池技术 [M]. 北京：化学工业出版社，2015.

[10] LI L Y, KIM SOOWHAN, WANG W, et al. A stable vanadium redox-flow battery with high energy density for large-scale energy storage [J]. Avanced energy materials, 2011 (1): 394-400.

[11] LI L Y, KIM SOOWHAN, YANG Z G. Redox flow batteries based on supporting solutions comprising a mixture of acids: US20120107660A1 [P]. 2012-5-3.

[12] ZHANG H M, LU W J, LI X F. Progress and perspectives of flow battery technologies [J]. Electrochemical energy reviews, 2019 (2): 492-506.

[13] SKYLLAS- KAZACOS M. New Vanadium Bromide Redox Fuel Cell [EB/OL]. [2020-08-06]. http://www.researchgate.net/publication/287026471_New_vanadium_bromide_redox_fuel_cell.

[14] SKYLLAS- KAZACOS M. Novel vanadium chloride/polyhalide redox flow battery [J]. Journal of power sources, 2003, 124 (1): 299-302.

[15] WU M C, ZHAO T S, JIANG H R, et al. High-performance zinc bromine flow battery via improved design of electrolyte and electrode [J]. Journal of power sources, 2017 (355): 62-68.

[16] ZHANG L, ZHANG H, LAI Q, et al. Development of carbon coated membrane for zinc/bromine flow battery with high power density [J]. Journal of power sources, 2013, 227 (4): 41-47.

[17] WANG C, LI X, XI X, et al. Research on the relationship between activity and structure of carbon materials for Br_2/Br^- in zinc bromine flow batteries [J]. RSC advances, 2016 (6): 40169-40174.

[18] WANG C, LAI Q, XU P, et al. Cage- like porous carbon with superhigh activity and Br2-complex- entrapping capability for bromine- based flow batteries [J]. Advanced materials, 2017 (29): 1605815.

[19] WANG C, LI X, Xi X, et al. Bimodal highly ordered mesostructure carbon with high activity for $Br2/Br^-$ redox couple in bromine based batteries [J]. Nano energy, 2016 (21): 217.

[20] WANG C H, LU W J, LAI Q Z, et al. A tin nanorod array 3D hierarchical composite electrode for ultrahigh-power-density bromine-based flow batteries [J]. Advanced materials, 2019, 31 (46): 1904690.

[21] NAGAI Y, KOMIYAMA R, MIYASHITA H, et al. Miniaturisation of Zn/Br redox flow battery cell and investigation of electrode materials influence on its characteristics [J]. IET micro & nano letters, 2016 (11) : 577.

[22] HU W D, XU S H, XU C F. Graphite electrodes modified by carbon nano- tube applied in zinc-bromide battery [J]. Journal of functional materials and devices, 2012 (18): 421.

[23] JANG W I, JIN W L, BAEK Y M, et al. Development of a PP/carbon/CNT composite electrode for the zinc/bromine redox flow battery [J]. Macromolecular research, 2016 (24): 276.

[24] YANG B, HAO C, WEN F, et al. Flexible black- phosphorus nanoflake/carbon nanotube composite paper for high- performance all- solid- state supercapacitors [J]. ACS applied materials & interfaces, 2017 (9): 44478.

[25] ZHU K L, LUO Y F, ZHAO F, et al. Free- standing, binder- free titania/super- aligned carbon nanotube anodes for flexible and fast- charging li- ion batteries [J]. ACS sustainable chemistry & engineering, 2018 (6): 3426.

[26] MU X, DU J, ZHANG Y, et al. Construction of hierarchical CNT/rGO- supported $MnMoO_4$

nanosheets on Ni Foam for high-performance aqueous hybrid supercapacitors [J]. ACS applied materials & interfaces, 2017 (9): 35775.

[27] RUAN B, GUO H, HOU Y, et al. Carbon-encapsulated Sn@ N-doped carbon nanotubes as anode materials for application in SIBs [J]. ACS applied materials & interfaces, 2017 (9): 37682.

[28] MUNAIAH Y, SURESH S, DHEENADAYALAN S, et al. Comparative electrocatalytic performance of single-walled and multiwalled carbon nanotubes for zinc bromine redox flow batteries [J]. Journal of physical chemistry C, 2014 (118): 14711.

[29] MUNAIAH Y, DHEENADAYALAN S, RAGUPATHY P, et al. High performance carbon nanotube based electrodes for zinc bromine redox flow batteries ECS [J]. Journal of solid state science and technology, 2013 (2): 3182.

[30] LIU Y H, YU T C, CHEN Y W, et al. Incorporating manganese dioxide in carbon nanotube chitosan as a pseudocapacitive composite electrode for high-performance desalination [J]. ACS sustainable chemistry & engineering, 2018 (6): 3196.

[31] WANG S G, ZHAO X S, COCHELL T, et al. Nitrogen-doped carbon nanotube/graphite felts as advanced electrode materials for vanadium redox flow batteries [J]. The journal of physical chemistry letters, 2012, 3 (16): 2164-2167.

[32] LEE J, PARK M S, KIM K J. Highly enhanced electrochemical activity of Ni foam electrodes decorated with nitrogen-doped carbon nanotubes for non-aqueous redox flow batteries [J]. Journal of power sources, 2017 (341): 212.

[33] ZHANG L, ZHANG H, LAI Q, et al. Development of carbon coated membrane for zinc/bromine flow battery with high power density [J]. Journal of power sources, 2013 (227): 41-47.

[34] KIM R, KIM H G, DOO G, et al. Ultrathin nafion-filled porous membrane for zinc/bromine redox flow batteries [J]. Scientific reports, 2017, 7 (1): 10503.

[35] HU J, YUE M, ZHANG H M, et al. A boron nitride nanosheets composite membrane for a long-life zinc-based flow battery [J]. Angewandte chemie international edition, 2020, 59 (17): 6715-6719.

[36] LANCRY E, MAGNES B Z, BEN-DAVID I, et al. New bromine complexing agents for bromine based batteries [J]. ECS transactions, 2013.

[37] WU M C, ZHAO T S, WEI L, et al. Improved electrolyte for zinc-bromine flow batteries [J]. Journal of power sources, 2018 (384): 232-239.

[38] RAJARATHNAM GOBINATH P, SCHNEIDER MARTIN, SUN X H, et al. The influence of supporting electrolytes on zinc half-cell performance in zinc/bromine flow batteries [J]. Journal of the electrochemical society, 2016, 163 (1): A5112-A5117.

[39] CHENG Y H, ZHANG H M, LAI Q Z, et al. A high power density single flow zinc-nickel battery with three-dimensional porous negative electrode [J]. Journal of power sources, 2013 (241): 196-202.

[40] CHENG Y H, LAI Q Z, LI X F, et al. Zinc-nickel single flow batteries with improved cycling stability by eliminating zinc accumulation on the negative electrode [J]. Electrochimica acta, 2014 (145).

[41] CHENG J, WEN Y H, CAO G P, et al. Influence of zinc ions in electrolytes on the stability of nickel oxide electrodes for single flow zinc-nickel batteries [J]. Journal of power sources, 2010, 196 (3).

[42] CHENG Y H, ZHANG H M, LAI Q Z, et al. Performance gains in single flow zinc-nickel batteries through novel cell configuration [J]. Electrochimica acta, 2015: 618-621.

[43] CHENG Y H, ZHANG H M, LAI Q Z, et al. Effect of temperature on the performances and in situ polarization analysis of zinc-nickel single flow batteries [J]. Journal of power sources, 2014 (249).

[44] 肖涵谛，黄忍，张欢，等. Fe (Ⅱ)-Cr (Ⅲ) 电解液在石墨电极上的氧化还原动力学研究 [J]. 电源技术，2019，43 (7).

[45] SINGH P. Application of non-aqueous solvents to batteries [J]. Journal of power sources, 1984 (11): 135-142.

[46] WEI X L, XU W, VIJAYAKUMAR M, et al. TEMPO-based catholyte for high-energy density nonaqueous redox flow batteries [J]. Advanced materials, 2014 (26): 7649-7653.

[47] DING Y, ZHAO Y, YU G H. A Membrane-free ferrocene-based high-rate semiliquid battery [J]. Nano letters, 2015 (15): 4108-4113.

[48] WEI X, COSIMBESCU L, XU W, et al. Towards high-performance nonaqueous redox flow electrolyte via ionic modification of active species [J]. Advanced energy materials, 2015 (5): 1400678.

[49] DING Y, ZHAO Y, LI Y T, et al. A high-performance all-metallocene-based, non-aqueous redox flow battery [J]. Energy & environmental science, 2017 (10): 491-497.

[50] ZHANG C K, ZHANG L Y, DING Y, et al. Eutectic electrolytes for high-energy-density redox flow batteries [J]. ACS energy letters, 2018 (3): 2875-2883.

[51] ZHANG L Y, ZHANG C K, DING Y, et al. A low-cost and highenergy hybrid iron-aluminum liquid battery achieved by deep eutectic solvents [J]. Joule, 2017 (1): 623-633.

[52] HUSKINSON B, MARSHAK M P, SUH C, et al. A metal-free organicinorganic aqueous flow battery [J]. Nature, 2014 (505): 195-198.

[53] LIN K, CHEN Q, GERHARDT M R, et al. Alkaline quinone flow battery [J]. Science, 2015 (349): 1529-1532.

第3章 全钒液流电池储能系统

3

全钒液流电池技术是目前各类型液流电池技术中最为成熟的技术。因其具有优异的安全性、长寿命、绿色环保等特性被普遍认为是大规模储能技术的首选之一。自从20世纪80年代提出全钒液流电池概念以来，国内外学术界及产业界针对全钒液流电池技术开展了较为系统的研究及开发。在全钒液流电池电化学反应机理、关键材料开发、能效转换效率影响因素及规律、电堆设计及优化原则等方面已经形成了丰富的积累，为全钒液流电池技术产业化奠定了良好基础。中国科学院大连化学物理研究所张华民研究员于2015年编著了《液流电池技术》一书，针对上述内容进行了深入而详尽的阐述。如需了解上述内容相关信息，请参考《液流电池技术》专著。本书将重点围绕全钒液流电池储能系统产品构成、运行管理及优化进展等方面开展论述。

纵观国内外已经实施的全钒液流电池储能系统示范项目或商业化项目，尤其是规模较大的储能系统项目，全钒液流电池储能系统的建设通常采用模块化设计、分层分级管理的思路。根据我国国家标准《全钒液流电池 术语》（GB/T 29840—2013）的定义，全钒液流电池储能系统是与电网直接连接的可以实现储存/释放能量功能的系统，该系统包括全钒液流电池、交流/直流逆变装置在内[1]。全钒液流电池储能系统在能量管理系统的调度管理下，实现预先设置的运行模式和功能。全钒液流电池储能系统结构如图3-1所示。根据功率和容量规模配置的不同，全钒液流电池储能系统由多套单元电池储能模块、能量管理系统、并网变压器、交流母线及主变压器等构成。多套单元电池储能模块通过变压器以并联方式汇入交流母线，然后通过储能系统主变压器升压接入电网。单元电池储能模块作为全钒液流电池储能系统中可以独立调度的最小单元，即可被单一启动、停止和充放电，也可以多套储能模块同时被调度，统一启动、停止和充放电。单元电池储能模块自身运行状态接受电池管理系统（Battery Management System，BMS）的调节管理，整个储能系统的运行调度接受能量管理系统（Energy Management System，EMS）统一调度管理，BMS与EMS之间通过通信实现电池运行状态信息的上传，并接受EMS的相关指令。

EMS 接受远程指令，比如电网调度中心 AGC 和 AVC 指令，根据电网运行需求调度整个储能系统完成参与电网调峰、调频以及调压等功能，促进电力系统运行稳定和经济性，极端情况下可以作为备用电源为重要负荷提供电力，改善供电可靠性。

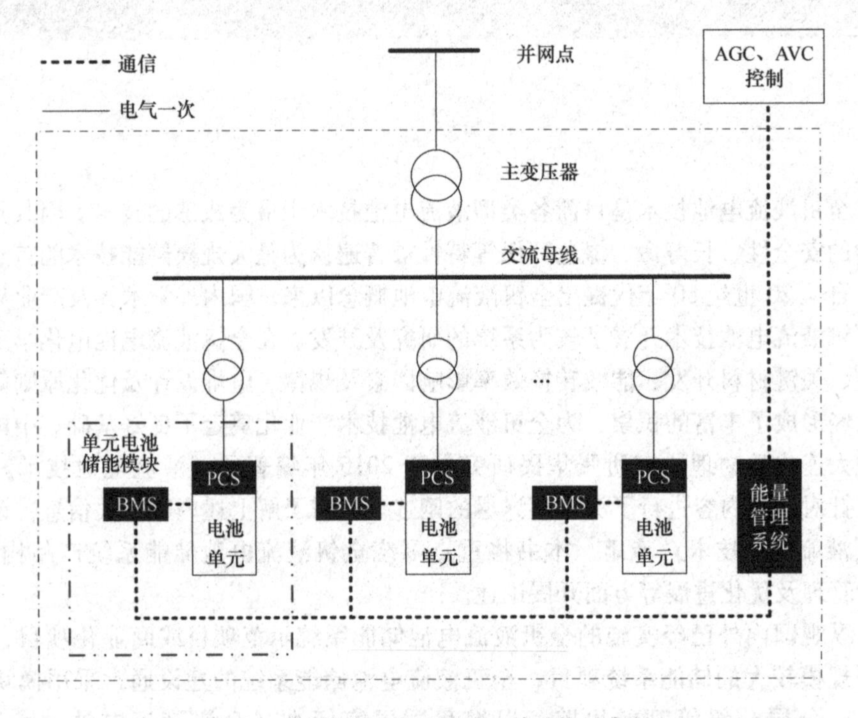

图 3-1　全钒液流电池储能系统结构示意图

单元电池储能模块是全钒液流电池储能系统的重要组成部分，也是整个储能系统实现相关功能的核心部分。单元电池储能模块由电池单元、电池管理系统（BMS）和储能变流器（Power Conversion System，PCS）构成，其中全钒液流电池单元由电堆（功率单元）、电解液及储罐（储能单元）、电解液管路以及泵阀等（电解液输送单元）构成。为了满足一定的电压及功率需求，全钒液流电池单元通常由两个或多个子单元串联构成。子单元功率单元由多个电堆串并联而成。为降低全钒液流电池单元内部的漏电损耗，根据全钒液流电池系统漏电规律和特点，每个子单元配置一套独立的储能单元和电解液输送单元。各子单元间电气串联，储能单元和电解液输送单元各自独立。子单元串联后，正负极母线接入储能变流器（PCS）直流侧。储能变流器具备整流和逆变的双向功能，其交流侧接入储能系统的交流母线，如图 3-2所示。

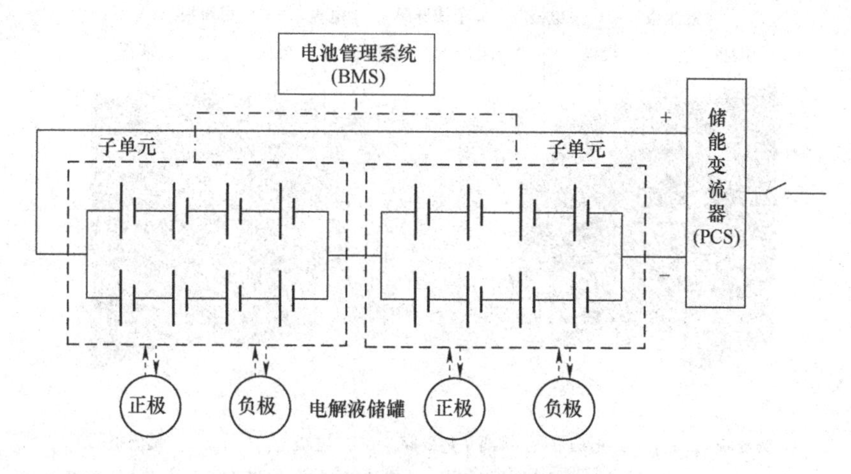

图3-2 全钒液流电池单元示意图

3.1 全钒液流电池系统

根据《全钒液流电池 术语》(GB/T 29840—2013) 规定，全钒液流电池系统主要由功率单元（电堆或模块）、储能单元（电解液及储罐）、电解液输送单元（管路、阀门、泵、换热器等）和电池管理系统等部分构成。根据以上标准规定，全钒液流电池系统指的是电池储能系统中的直流部分。

3.1.1 功率单元

电堆是全钒液流电池系统充放电反应发生的场所，是全钒液流电池系统内最为核心的关键部件。电堆是由多个单电池以叠加形式紧固的、具有多个管道和统一电流输出的组合体。单电池通常由端板、集流板、电极框、电极、离子传导膜、极板以及相关密封件构成。单电池结构如图3-3a所示。电堆由多个单电池串联的形式构成，两个单体电池之间由双极板实现连接，如图3-3b所示。

液流电池电堆分别设计了正负极电解液的进口和出口，以及电解液公共流道和分支流道，以便于正负极电解液在循环泵的驱动下将电解液在电堆内部各节单电池中均匀分配，实现多孔电极内部活性物质的循环更新，如图3-4所示。

电堆内部单体电池之间通过双极板实现连接。双极板是电子导电性材料，同时需具有液体和气体不透性，以便阻隔正负极电解液。双极板既是一个单体电池的正极，也是相邻单体电池的负极，充放电过程中，两个相邻单体电池正负极间电子的收集和传递通过双极板完成，最终实现电堆内部多个单体电池间的电子传

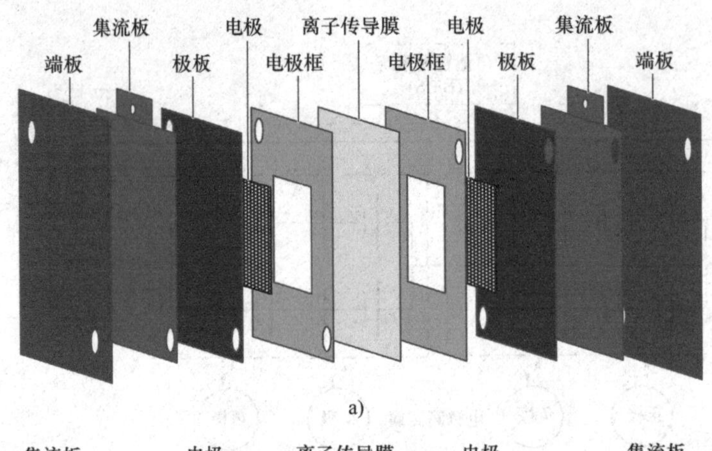

a)

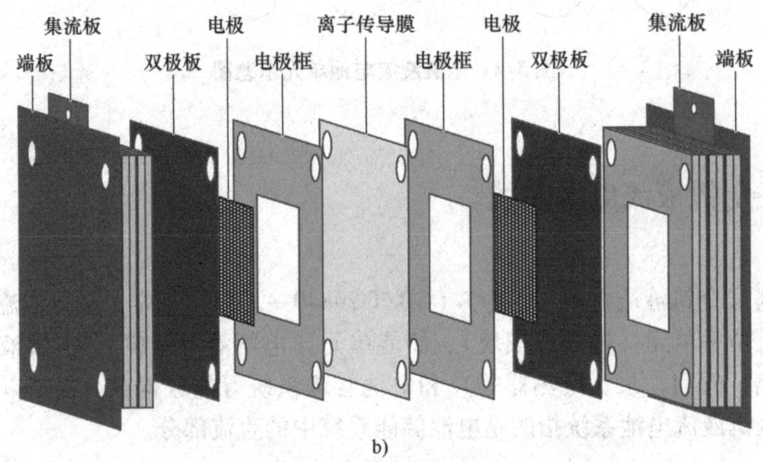

b)

图 3-3　单电池及电堆结构

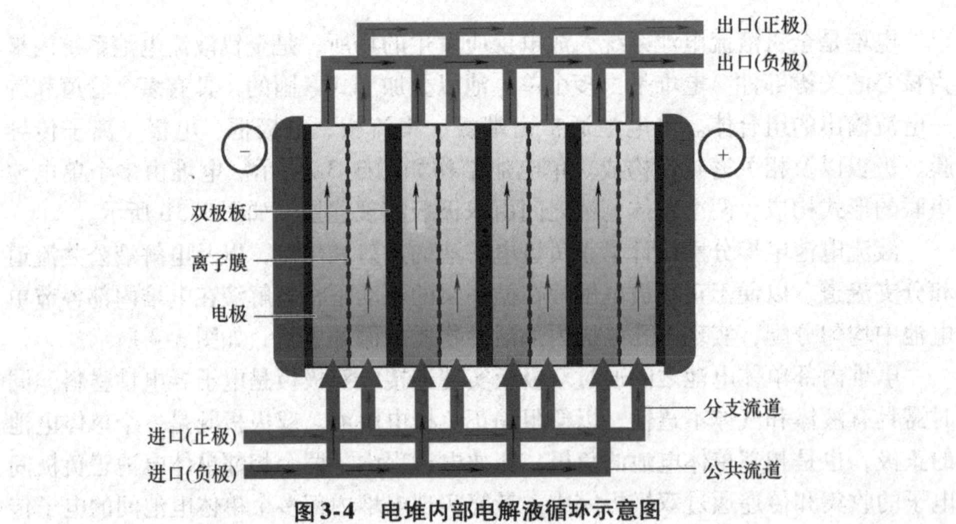

图 3-4　电堆内部电解液循环示意图

递，以保证电堆内部各单体电池电化学氧化反应的正常进行。电堆内部的电极材料通常为具有多孔结构的碳材料，比如炭毡、石墨毡等，电解液在其中流过，活性物质离子在电极材料表面发生电化学氧化或电化学还原反应，电极材料不参与反应，只是为反应提供反应界面。活性物质离子发生电化学氧化还原反应过程中失去或得到的电子均由电极材料接收和提供。电极材料需要有较高的电导率、比表面积和电化学活性，以降低充放电过程中的欧姆极化和电化学极化，提高电堆的能量转换效率。每个单体电池正负极由离子传导膜隔开。离子传导膜不仅用于分隔正负极活性物质离子，避免电池内部短路，而且要保证电池内部电解质溶液中的质子或其他离子形成离子通路，维持充放电过程正负极电解液的电中性。为防止电池正负极电解质溶液中的活性物质发生互串，要求离子传导膜具有较高的离子透过选择性。对于活性物质离子，透过率越低越好，有利于提高电池的库仑效率。对于维持充放电过程中正负极电解液电中性的质子或特定离子，透过率越高，离子传导产生的欧姆极化越低，有利于提高电堆电压效率，从而最终提高电堆能量转换效率。

在实际开发和应用电堆时，有两个技术参数指标需要重点关注，一个是标称功率指标，另一个是能量效率指标。电堆的标称功率和能量效率是密切相关的，在不同的充放电功率下，电堆的能量效率是不同的。另外，不同的充放电功率下，电堆实际运行的电流密度也是不同的。因此，描述一个电堆的性能指标需要在一定的限定条件下进行，充放电功率和能量效率缺一不可。

电堆的能量效率与其库仑效率和电压效率密切相关。库仑效率的主要影响因素涉及电堆内部离子传导膜针对活性离子的选择性、充放电过程中副反应程度以及电堆本体自身的漏电功率三方面。离子传导膜针对电解液中活性离子的选择性越高，在充放电过程中正负极活性离子通过离子传导膜的相互渗透量越低，电堆的库仑效率越高。电堆在充放电过程中，通常会在正负极电极表面发生不同程度的副反应。以全钒液流电池为例，如果出现充电电压上限过高或者电解液失衡等因素，会导致在正极电极材料表面发生析氧副反应，在负极电极材料表面发生析氢副反应。副反应的发生使得充放电过程中的电子没有得到有效利用，导致电堆的库仑效率降低。同时副反应的发生还会对电堆内部电极材料性能的长期稳定性产生不利影响。电堆正负极电解液在各个单电池内部的输送及分配由电堆内部的电解液公共管路和单电池分支管路完成。电解液公共管路的存在使得单电池之间通过具有离子导电性的电解质溶液将各自的正负极串联起来，形成了内部导电通路。多节电池串联形成的电压差，使得电堆内部产生了漏电电流。电堆因为漏电电流的存在，进一步产生能量的损耗，降低了电堆的库仑效率。

为了提高和改善电堆库仑效率，需要选择具有较高离子选择性的离子传导膜材料和较高析氢或析氧过电位的电极材料。在电堆充放电控制方面，要制定合理的充放电上下限电压，尤其是上限电压，以尽量降低副反应发生程度。为降低电堆内部漏电电流，要对其串联电压及电解液公共管路和分支管路结构和尺寸进行优化设计，提高公共管路和分支管路内的漏电电阻，降低漏电电流。同时还要兼顾电堆内部电解液在各单电池间的分配均匀性和活性物质的充分更新，最大程度降低浓差极化的产生，也会进一步降低电池副反应的产生。

电堆电压效率是在规定的条件下，电堆的放电平均电压与充电平均电压的百分比值。电压效率的主要影响因素是电堆充放电过程中的电化学极化、欧姆极化和浓差极化。电池有电流通过时，由于活性物质电化学反应进行的迟缓性，造成电极带电程度与可逆情况时不同，从而导致电极电势偏离的现象为电化学极化。电化学极化与电池电极材料的电化学活性、电流密度、温度等密切相关。电堆内部电解液、电极材料、离子传导膜、双极板等的欧姆电阻导致电堆内部欧姆极化的产生。充放电末期活性物质供应或更新的充足与否决定浓差极化发生的程度，活性物质供应不充分或更新速度较低都会导致浓差极化的产生，使得电化学反应发生的电势差更进一步加大，并促使副反应的产生。要想获得高的电压效率，需选择具有高电化学活性的物质作为电极材料，并开发与之相适应的具有高电导率的电解质体系，同时，尽量减小电堆内部离子传导膜、双极板等欧姆电阻及各部件间的接触电阻。另外，针对浓差极化，要制定合理的电解液流量策略，使得在充放电末期电堆内部保持充足的电解液流量，降低浓差极化发生的程度。

相比于固态电池，液流电池还有一个导致电堆电压损失的因素是电堆内部通过电解液公共管路产生的漏电电流。漏电电流的存在使得充放电过程中充电电压平台提高、放电电压平台降低，导致电压效率降低。因此，通过电堆内部电解液公共管路结构设计的优化，降低电堆内部电池间漏电电流也是提高电堆电压效率的有效手段之一。

提高电池的库仑效率及电压效率都有助于提高电池的能量效率。目前，针对提高电堆能量效率的研究开发工作均围绕如何改善和提高电堆的库仑效率和电压效率这两个方面开展。

电堆成本在液流电池储能系统总成本占有较大比重。如何有效降低电堆成本是目前电堆开发面向实际应用需要关注的重要问题。提高电堆充放电电流密度，开发高功率密度电堆是有效降低电堆成本的关键举措。需要说明的是，开发高功率密度电堆的前提是保持其能量效率在一定基准值的基础上。即电堆充放电电流密度的提高，不得以牺牲电堆的能量效率为代价。提出上述前提是因为电堆本身具有一定的过载能力，可以进行 2 倍和更高倍率的过载充放电，而在这种情况下的电堆能量效率会出现大幅下降。

高功率密度电堆的开发涉及较多方面的问题。随着电堆电流密度的提高，电堆内阻、电解液流量及分布、温度分布及热量管理等对电堆性能的影响敏感性都变得越来越高。为了解决上述问题，电堆设计需要从关键材料、电堆结构、流体供应与分布等多方面出发，提出降低电堆极化、改善电堆内部流体及温度分布均匀性、减小电堆内部漏电电流的解决方案，提高电堆工作电流密度的同时，兼顾电堆单电池间的一致性、可靠性等问题。

电堆的开发是国内外从事全钒液流电池技术研究的学术界及产业界的主要工作方向之一，通过技术进步，进一步开发高功率密度电堆，是提高电堆综合性价比的有效途径，相关工作概述如下。国内中科院大连化学物理研究所联合大连融科储能技术发展有限公司、上海电气有限公司、中科院金属研究所联合朝阳华鼎储能技术发展有限公司、中国工程物理研究院、北京普能世纪科技有限公司等单位均有 kW 以上级全钒液流电池电堆的报道。国外从事全钒液流电池技术产品的公司主要以日本住友公司为代表，面向全钒液流电池产品开发及应用，开发了一系列不同规格的电堆。

中科院大连化学物理研究所从 21 世纪初开始电堆的开发工作，先后开发了 1kW、5kW、10kW 电堆，其中 2007 年开发出的 10kW 电堆为国内首创，电堆充放电电流密度达到 $65mA/cm^2$，能量效率达到 80% 以上，如图 3-5 所示。

2008 年，中科院大连化学物理研究所与大连博融控股有限公司联合成立大连融科储能技术发展有限公司，电堆技术开发及工程化能力得到快速发展。为满足大规模电池储能市场针对全钒液流电池高功率储能单元需求，在电堆电极框结构设计、模拟仿真、电极材料优选等方面投入了大量人力和物力，于 2009 年开发出国内最大的额定功率达 22kW 的全钒液流电池电堆，如图 3-6 所示。该电堆工作电流密度达到 $80mA/cm^2$，能量效率达到 80% 以上。该电堆通过国家能源局科学技术成果鉴定，鉴定结论认为该电堆达到国内领先、国际先进水平。

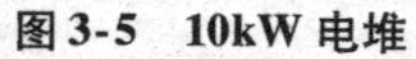
图 3-5　10kW 电堆

图 3-6　22kW 电堆

2013 年，中科院大连化学物理研究所和大连融科储能技术发展有限公司在国家重大基础研发计划——“973” 计划支持下，对于影响电堆性能的关键因素进行了深入分析，通过优化电堆结构和开发高活性电极材料，进一步降低了电堆内阻，开发出新一代 31.5kW 电堆，电堆工作电流密度达到 $120mA/cm^2$。该电堆工作电流密度相比22kW电堆，电流密度提高了50%，如图3-7所示。应用31.5kW电堆通过四串两并的方式构成250kW功率单元，目前已经在国内实施的多个微网项目中得到应用，电堆性能稳定，系统运行可靠。该电堆以及250kW功率单元也被应用在国家能源局大连200MW液流电池调峰电站项目中。

中科院大连化学物理研究所联合大连融科储能技术发展有限公司在多年电堆开发工作的积累上，在电堆工作电流密度上实现了进一步突破，于2017年开发了工作电流密度超过$180mA/cm^2$的42kW电堆，如图3-8所示。融科公司采用该型号电堆集成出了125kW/500kWh全集装箱系统。该产品主要面向室外大规模全钒液流电池储能系统。

图3-7　31.5kW电堆

图3-8　大连融科42kW电堆

目前，中科院大连化物所研究团队正在致力于更高工作电流密度电堆技术的开发，通过持续的电池结构优化设计和材料创新，电堆工作电流密度已经提高至$200mA/cm^2$，且电池能量效率达到了82%以上。该研究团队正在向工作电流密度达到或接近$300mA/cm^2$的目标而努力。

北京普能世纪科技有限公司是2007年创立的一家从事全钒液流电池储能技术研发、制造的公司。公司早期开发了5kW电堆，电堆能量效率达到75%，如图3-9所示。

图3-9　Gen1 5kW电堆

普能公司为适应全钒液流电池技术在大规模新能源领域的推广应用，开发了功率达30kW以上的新型电堆，电堆工作电流密度得到一定幅度的提高。该电堆工作电流密度达到$100mA/cm^2$，电堆能量效率达到75%以上，如图3-10所示。

上海电气有限公司于2017年开始从事全钒液流电池技术及产品的开发。致力于全钒液流电池在核能、风电等新能源与可再生能源领域的应用。目前，上海电气已经开发出了额定功率达31.5kW和50kW的全钒液流电池电堆（见图3-11），但电堆的工作电流密度及能量效率未见报道。

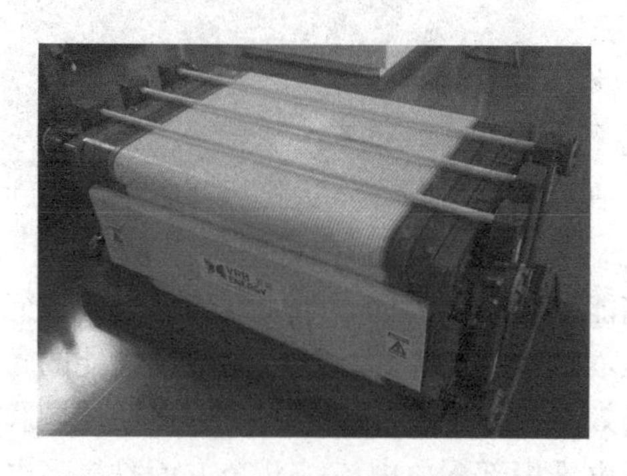

图3-10 普能30kW电堆

图3-11 上海电气研发液流电池电堆

中科院金属研究所联合朝阳华鼎储能技术发展有限公司开发出了10kW电堆，中国工程物理研究院也报道开发出了5kW电堆及10kW电堆工程化样机，但没有报道具体的工作电流密度。中国工程物理研究院电子工程研究所开发的10kW电堆工程化样机，如图3-12所示。样机运行能量效率达到71%。电堆能量效率同其他公司开发的电堆相比要较低一些。

日本住友电工从20世纪80年代开始开发全钒液流电池技术及产品，其中，全钒液流电池电堆开发是其技术开发的重点工作之一，开发了不同规格的电堆，并取得了多项电堆方面的专利。

住友电工在21世纪初开发了42kW电堆，如图3-13所示。该电堆应用在了2005年实施的4MW/6MWh风电场配套储能项目。据报道，该电堆能量转换效率达到了80%以上，工作电流密度约为60mA/cm^2。

图3-12 中国工程物理研究院电子工程研究所开发的10kW电堆工程化样机

图3-13 日本住友电工42kW电堆

2007年，日本住友电工暂时停止了全钒液流电池储能技术及产品的开发，直至2011年恢复该项工作。随后几年内，先后在横滨和北海道建设了1MW/5MWh和15MW/60MWh全钒液流电池储能系统。储能系统采用的电堆如图3-14所示。电堆标称功率为31.25kW，具备2倍过载运行能力。电堆工作电流密度的数据未见报道。

图3-14　日本住友电工31.25kW电堆

如上所述，电堆是全钒液流电池储能系统内最为核心的关键部件。其性能及成本对于全钒液流电池系统的性能及成本具有重要影响。从提高电堆性能的角度出发，电堆开发的主要方向是提高能量效率。降低电池内阻、改善离子传导膜活性物质离子选择性，改进电堆结构降低电堆内部漏电电流等几个方面是提高电堆能量效率的关键技术开发方向。从降低成本的角度出发，电堆开发的方向是提高电堆的工作电流密度。提高电堆的能量效率与工作电流密度是相辅相成的、密切相关的。同一个电堆，在不同的工作电流密度下，呈现出不同的功率输出，因此，电堆能量效率与工作电流密度的标称，或者说与电堆额定功率的标称是相互关联的，在确定一个基准能量效率的前提下，确定电堆的工作电流密度或额定功率才是有意义的。额定功率标称值过高，电堆能量效率必然降低。而从储能技术应用的角度出发，过低的能量效率是不能够得到市场认可的。目前，通常情况下，电堆能量效率的基准值设定为不低于80%（直流）。在上述基准值的基础上，工作电流密度的提高或额定输出功率的增大会降低电堆的单位kW成本，有利于性价比的提高。

除了关注能量效率和工作电流密度之外，开发大功率电堆也是全钒液流电池产品发展的需求。通过开发大功率电堆，并通过串并联一定数量的电堆组成更大功率的功率单元，可为构建独立并网和接受调度的大功率全钒液流电池储能单元奠定基础，这对于电力系统用大规模电池储能系统的运行及管理具有非常重要的意义。从国内外公司电堆开发的历程中可以明显地看到上述趋势。然而，大功率电堆的开发，除了提高电堆工作电流密度之外，还需要通过增加电堆内电池电极工作面积或增加电池节数的手段实现。为增加电池的电极工作面积，电堆的部件比如电极框、双极板、电极材料、离子传导膜、密封材料等尺寸都要相应增加，而因电极工作面积放大导致的电堆内部流量分布不均、温度分布差异增大、密封难度增加等等问题的出现也是电堆开发需要关注和重点解决的问题。上述问题的解决对于电堆运行的长期稳定可靠具有重要意义。另外，随着电堆重量和体积的进一步加大，也会给电池系统产品在安装、运维时增加一定的难度，也是产品开发需要考虑的重要方面。因此，针对电堆的开发，应该从以上各方面进行统筹考虑。

3.1.2 储能单元

根据国标《全钒液流电池 术语》（GB/T 29840—2013）规定，全钒液流电池系统的储能单元主要包括电解液和电解液储罐。

含金属钒离子的电解液是全钒液流电池的储能介质，是全钒液流电池的关键材料之一。全钒液流电池电解液中的不同价态金属钒离子作为发生电化学氧化还原反应的活性离子溶解在酸性水溶液中。其中水为溶剂，硫酸或者硫酸和盐酸构成的混合酸是目前常用的两种支持电解质。在全钒液流电池充放电过程中，活性物质只发生离子价态的变化，不发生相变化。电解液中金属钒离子的浓度以及充放电反应过程中金属钒离子的利用率是电解液能量密度的主要决定因素。目前，全钒液流电池电解质溶液中钒离子浓度一般在1.0~3.0mol/L之间，电解质溶液能量密度在15~30Wh/L之间。

从全钒液流电池系统产品开发、运行和应用的角度出发，目前，国内外针对全钒液流电池电解质溶液的关注点主要集中在以下几方面：

1）电解质溶液的低成本、规模化制备；

2）电解质溶液的稳定性；

3）电解质溶液的能量密度。

3.1.2.1 电解质溶液的低成本、规模化制备

最初，Skyllas-Kazacos[2]提出的全钒液流电池电解质溶液的方法是将硫酸氧钒直接溶于硫酸水溶液中。但由于硫酸氧钒的制备工艺复杂且价格昂贵，大大提高了电解质溶液的制作成本而难以大规模应用。为此，人们开始探索采用偏钒酸铵（NH_4VO_3）以及五氧化二钒（V_2O_5）等化合物，希望能够制备出高性能、低成本的电解质溶液。

全钒液流电池电解质溶液的制备方法主要有化学制备法和电解制备法两种。化学制备法[3]是指将钒的化合物或氧化物与一定浓度的硫酸混合，通过加热或加入还原剂的方法使其还原，制备成具有一定硫酸浓度的硫酸氧钒水溶液。此法的优点是不涉及电化学反应，工艺和设备比较简单。缺点是反应较慢，反应需要很高的硫酸浓度才可以进行。

电解制备法[4]是利用电解槽，在阴极加入含有V_2O_5或NH_4VO_3的硫酸溶液，阳极加入硫酸钠或硫酸溶液，在两极之间通直流电，V_2O_5或NH_4VO_3在阴极表面被还原，根据槽压的不同，生产的产物有四价钒（VO^{2+}）、三价钒（V^{3+}）和二价钒（V^{2+}）溶液，生成的低价钒又加速了V_2O_5或NH_4VO_3的溶解。电解法的优势是可以根据需要大批量地生产不同价态的电解质溶液。电解法制备电解质溶

液技术的文献报道很少，大部分是以专利的形式进行保护。

目前，国内针对全钒液流电池电解液的开发及生产单位及团体主要如下：①中科院大连化学物理研究所、大连博融新材料有限公司及大连融科储能技术发展有限公司研究团队；②攀枝花钢铁有限责任公司钢铁研究院；③承德万利通实业有限公司联合清华大学等。上述几家开发单位和团体所拥有的全钒液流电池电解液相关专利占据了国内该领域专利的绝大比例。

大连博融新材料有限公司是全球领先的全钒液流电池储能介质——电解液生产及服务商，致力于高效、绿色的大规模储能解决方案，实现从材料到终端产品，到解决方案的全产业链布局，构建全球高性能钒制品、储能介质领域的领军企业。近年来，该公司联合中科院大连化学物理研究所和大连融科储能技术发展有限公司，致力于高品质全钒液流电池电解液的研究和批量化生产制备工艺开发，掌握了全钒液流电池储能介质——电解液的核心制备技术，在全钒液流电池电解液生产方面具有较强竞争力。

2018 年，由大连博融新材料有限公司牵头制定了《全钒液流电池用电解液》(GB/T 37204—2018)。该标准规定电解液根据金属钒离子价态不同分为 3 个品种，分别是 3 价电解液、3.5 价电解液、4 价电解液。每个品种根据杂质含量分为两个等级，分别是一级品和二级品。标准对于电解液产品中的钒离子含量、硫酸根含量及不同价态金属钒离子比例进行了规定。同时，对于电解液产品中的杂质元素含量做出了严格规定。

大连博融新材料有限公司电解液产品的制备方法分别采用了化学制备法和电解制备法。两种制备方法结合，可以有效地对电解液产品中离子价态进行调节，以满足用户对于不同价态电解液产品的需求。目前，该公司采用上述两种制备方法已经实现电解液生产能力的大幅提高，电解液生产能力达到 1.5GWh/年以上。电解液产品实现在国内外销售。日本住友电工于 2015 年投产的北海道风电配套储能项目 15MW/60MWh 全钒液流电池储能系统的电解液就是完全由大连博融新材料有限公司提供的。多年的实际运行表明，该公司生产的电解液性能稳定，运行效果良好。

攀枝花钢铁有限责任公司钢铁研究院公开了一种全钒液流电池电解质溶液的制备方法[5]，将钒厂的钒液打入反应罐，用硫酸调节溶液的 pH 值，通入液态二氧化硫还原后，再用碳酸钠调节 pH 值，得到 VO_2 沉淀，将其溶于含有硫酸、水和乙醇的溶液中，加入添加剂，至于电解槽中电解，获得 V^{3+} 和 VO^{2+} 各占 50% 的电解质溶液。

攀枝花钢铁有限责任公司钢铁研究院还公开了一种全钒液流电池电解质溶液的电解制备方法[6]。其方法是先将浓硫酸配成 1:1 的稀硫酸，然后分别加入 V_2O_3 和 V_2O_5，反应得到硫酸氧钒（$VOSO_4$）溶液；再加入硫酸钠、乳化剂 OP

等添加剂；将此硫酸氧钒（$VOSO_4$）溶液置于电解池阴极，将相同离子强度的硫酸钠的硫酸溶液置于阳极进行电解，得到 V^{3+} 和 VO^{2+} 各占50%的电解质溶液。

承德万利通实业集团有限公司联合清华大学公开了一种高纯度电解液制备方法[7]。所述方法首先将 V_2O_5 加入硫酸溶液中进行加热活化，再加入高纯还原剂进行还原，将所得的硫酸氧钒溶液在隔膜电解池中电解还原，即可得到高纯度全钒液流电池电解液。该公司还公布了一种制备全钒液流电池负极电解液的方法[8]。该方法采用工业高纯 V_2O_3 作为原料，加入适当添加剂和还原剂，在高纯氮气的保护下，采用化学法制备负极电解液。该方法的优点是原料易得、成本低廉、反应条件简单、操作简便。

国际上进行电解液开发制备的研发机构及生产企业并不多。其中，斯奎勒尔控股有限公司公开了一种用多级不对称钒电解槽制备电解液的方法[9]。该方法采用多个串联的柱状电解槽，在阴极中加入含有 V_2O_5 的硫酸溶液循环流经每个柱状电解槽，可以直接得到含不同价态金属钒离子的电解液。

日本关西电力公司也申请了关于全钒液流电池电解液的专利[10]。该公司生产电解液采用的是化学法，采用单质硫还原 V_2O_5 直接制备三价钒和四价钒各占50%的电解液。

综上所述，电解法和化学法是制备全钒液流电池电解液的两种主要方法，而电解法制备电解质溶液因为其制备效率高而被广泛采用。大连博融新材料有限公司在电解液开发及制备方面达到国际领先水平，而且其目前生产规模大，在性价比方面具有较为明显的优势。

3.1.2.2　电解质溶液的稳定性

全钒液流电池系统预期运行寿命达到15年以上，电解质溶液的稳定性是影响电池系统长期运行稳定的关键因素之一。电解质溶液稳定性方面的问题主要反映在以下几个方面：

（1）电解质溶液中二价钒（V^{2+}）的稳定性

由于负极电解质溶液中的二价钒（V^{2+}）在空气中极易氧化，氧化后会造成系统储能容量的衰减，能否保证 V^{2+} 溶液的稳定性，是全钒液流电池储能系统能否长期稳定运行重要因素之一。

为保证电解质溶液中 V^{2+} 的稳定性，在全钒液流电池系统产品设计中，通常采取的方法是向负极电解质溶液储罐中注入氮气、氩气等惰性气体，隔绝 V^{2+} 与储罐外空气的接触，从而避免 V^{2+} 被空气中的氧气氧化。另一种方法是在负极电解质溶液储罐添加一种不溶于电解质溶液的矿物油等液体，使其平铺在负极电解质溶液的表面，厚度约为0.5mm，可以有效防止二价钒离子的氧化。同时，还要做好全钒液流电池负极电解质溶液储罐的密封。

(2) 电解质溶液中三价钒离子（V^{3+}）的稳定性

全钒液流电池负极用电解质溶液中的三价钒（V^{3+}）在低温、高质子及高硫酸根离子浓度下容易析出。全钒液流电池系统在长期充放电运行中，正负极电解质溶液中的质子浓度和硫酸根浓度都会产生与初始离子浓度产生偏移的现象。这种现象的产生不仅与电解质溶液中各种离子在离子传导膜中的迁移速率差异有关，而且也和电池系统在充放电过程中荷电状态的变化有一定关系。离子浓度发生偏移的结果会导致负极电解质溶液质子浓度和硫酸根离子浓度增加，导致三价钒离子析出风险增加。在上述情况下，当电解质溶液温度降低时，三价钒离子更容易结晶析出。三价钒晶体盐的析出，不但导致电池容量降低，而且容易堵塞电堆及管路系统，严重时会造成电池系统停机，无法充放电。因此需要提高负极电解质溶液中三价钒（V^{3+}）离子的稳定性。

中科院大连化学物理研究所致力于改善电解液的稳定性研究，联合大连融科储能技术发展有限公司申请了改善负极电解质溶液稳定性的专利[11]。专利提出，在负极电解质溶液中添加含有焦磷酸、磷酸盐、磷酸二氢盐、磷酸氢二盐、多聚磷酸盐或焦磷酸盐的钾、钠、铵盐中的一种或多种，上述物质在负极电解质溶液中的浓度控制在 0.01 ~ 5mol/L 之间，负极电解质溶液的长期稳定运行低温可达到 -20℃。含磷盐物质的加入，可以有效改善负极电解质溶液中三价钒离子的低温、高质子浓度和高硫酸根浓度的稳定性。同时，该团队从另一个角度出发，以降低负极电解质溶液中的质子浓度为目标，通过添加可溶性碱性物质的方法，来降低三价钒离子结晶析出的风险[12]。试验证明，通过该方法可以将负极电解质溶液浓度提高至 3mol/L，同时添加可溶性碱性物质不会对电池系统性能产生不利影响。

(3) 电解质溶液中五价钒离子（VO_2^+）的稳定性

影响五价钒离子稳定性的因素很多，包括：温度（环境温度和电解质溶液自身温度）、正极电解质溶液中钒离子总浓度、硫酸根离子浓度、充电状态以及添加剂等，上述因素的变化均会对五价钒离子在电解质溶液中的稳定性产生影响。

通常情况下，随着电解质溶液温度的升高，五价钒离子溶解度呈现出下降趋势。五价钒离子高温稳定性相对较差对于全钒液流电池系统温度运行窗口提出了相对严苛的要求。通过电池管理系统对全钒液流电池系统进行有效热管理、合理控制电池充电状态，避免充电过程中正极五价钒离子出现结晶析出现象，可有效保障全钒液流电池系统正常运行。以硫酸作为支持电解质的全钒液流电池系统，在运行时通常把正极电解质溶液温度上限设定为 40℃。电池热管理系统为保证电解质溶液温度不超过该上限，不仅增加了电池充放电过程中的能量消耗，同时电池系统运行可靠性也受到不利影响。控制电池充电过程中的荷电状态也是有效避免充电过程中五价钒离子浓度过高的有效措施。但是，如果充电结束时的荷电状态控制过低，无疑也会导致金属钒活性物质利用率的降低，不利于充分利用活性物质进行充放电，使得部分活性物质没有参与电化学氧化还原反应，电解质溶液能量密度也会受到不利影响而降低，在一定程度上将会使得获取相同储能容量的系统成本增加。

探索向正极电解质溶液中加入合适的添加剂，提高五价钒离子在高温情况下的稳定性，同时改善金属钒活性物质的利用率，提高电解质溶液的能量密度，是国内外研究和开发的一个重要方向。很多文献报道了利用添加剂改善五价钒离子稳定性的工作，总体来看，添加剂的选择分为两个方向，一个是选择无机添加剂，另一个是选择有机添加剂[13-15]。

参考文献［16］报道了将无机盐作为添加剂添加到全钒液流电池电解质溶液中，可起到改善五价钒离子稳定性的作用。无机盐通常为含有 Li^+、K^+、Na^+ 和 NH_4^+ 的硫酸盐、硝酸盐以及磷酸盐。然而，后续试验表明，硫酸盐和硝酸盐的添加对于五价钒离子在高温情况下的稳定性改善并不一定是有效的，甚至会起到相反的作用。比如，添加质量百分比为3%的硫酸钾后，五价钒离子稳定性反而变差，相比于原电解液五价钒出现结晶沉淀的现象由约95h减少至约18h，而且这种破坏五价钒离子稳定性的情况在 -5～40℃范围均存在。物质结构分析发现形成 $KVSO_6 \cdot 3H_2O$ 是导致五价钒离子稳定性变差的主要原因[17]。参考文献［18］研究发现，金属钠和铝的硫酸盐对于改善五价钒离子稳定性具有一定有益作用，而硫酸铵盐（$(NH_4)_2SO_4$）在各类型硫酸盐中对于五价钒离子稳定性的改善是较好的。加入硫酸铵盐后，浓度为3mol/L的五价钒离子可以在50℃情况下维持几天的稳定状态，而不会发生结晶沉淀产生。总体来看，大多数硫酸盐在电解质溶液温度大于40℃、五价钒离子浓度超过2mol/L的情况下，是很难维持五价钒离子稳定超过14天的，而五价钒离子的结晶析出对于全钒液流电池会产生致命性的严重后果。

相比于硫酸盐，磷酸盐的添加对于改善五价钒离子的稳定性效果更加明显。传统的电解质溶液，以硫酸作为支持电解质，在硫酸浓度为5mol/L，五价钒离子浓度为3mol/L，温度为30℃的状况下放置3天就会发生结晶析出现象[18]。该文献实验结果表明，向以硫酸作为支持电解质，硫酸浓度为5mol/L，五价钒离子浓度为3mol/L的电解质溶液添加质量百分比为1%的磷酸后，在30℃下，五价钒离子稳定保持时间可以长达47天以上而不产生结晶析出现象。当向溶液中添加质量百分比为1%的五聚磷酸钾、1%的磷酸钾、2%的（NH_4）$_2SO_4$ 和1%的 H_3PO_4 后，当五价钒离子浓度为2.6mol/L时，可以延长稳定时间达32天。类似的情况，焦磷酸钠的添加也可以有效地改善五价钒离子的长期稳定性[19]。磷酸盐添加剂改善五价钒离子的机理目前还没有在分子层面得到阐明，通常解释是五价钒离子与磷酸根离子（PO_4^{3-}）在溶液中形成接触离子对（CIP），形成含

HPO_4^{2-} 配体的有机金属分子，可以缓和五价钒离子沉淀的析出[20-22]。然而，磷酸根离子（PO_4^{3-}）的浓度要远远低于电解质溶液中的五价钒离子，通过生成接触离子对（CIP）来解释五价钒离子稳定性的改善也不是非常充分。Skyllas-Kazacos M 及其同事认为磷酸可以提供更多数量的质子可能是五价钒离子稳定性改善的因素之一，但是质子改进五价钒离子稳定性的机理也没有清晰合理的解释。大量具有不同质子解离常数的无机酸，比如甲磺酸、硼酸、盐酸、氢溴酸、氢氟酸、钨硅酸、磷钨酸等的添加效果表明，质子浓度的变化对于五价钒离子稳定性没有明显的相关性。因此，有关五价钒离子稳定性改善的机理还有待进一步研究。

一系列有机化合物也被用来作为电解质溶液的添加剂，被期望能够改善正极电解质溶液中五价钒离子的稳定性。然而由于五价钒离子的强氧化性，大多数有机化合物容易和五价钒离子发生反应而被氧化分解，失去阻止其沉淀析出的效果[23,24]。

中科院大连化学物理研究所和大连融科储能技术发展有限公司从全钒液流电池系统应用出发，在正极电解液高温稳定性方面做了大量工作，相关工作成果申请了专利。专利[25]公开了一种提高正极电解质溶液稳定性的方法，通过向正极电解质溶液中添加咪唑、吡啶、联吡啶、甲基橙、亚甲基蓝等有机添加剂，添加剂的添加浓度为 0.01 ~ 0.5mol/L。添加剂的加入，能够明显改善五价钒离子的配位环境，提高五价钒离子高温稳定性，并且有效地提高全钒液流电池在长期循环过程中的容量保持率。专利[26]公开了一种利用合成的外加剂提高正极电解质溶液稳定性的方法。该外加剂为有机化合物，其结构式如图 3-15 所示。其中 R_1 ~ R_6 为 H 原子或碳原子数为 1 ~3 的烃基，M 和 Q 为氢原子、钠原子或钾原子，x 为含有磺酸（盐）基团的结构单元占分子链总聚合度的比例，其值 $0 < x < 1$。外加剂在电解质溶液中的添加量为 0.05% ~3%。

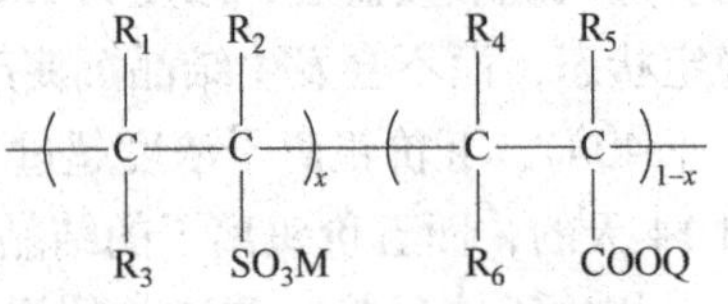

图 3-15 有机化合物外加剂

虽然在改善电解液稳定性方面做了大量工作，力求全钒液流电池系统的能量密度及高温稳定性实现突破。但是，在全钒液流电池系统运行过程中电解液稳定性问题依然是一个需要重点关注的问题，需要电池管理系统对电解液相关状态进行实时监控，以避免因钒离子沉淀析出导致系统发生故障。

3.1.2.3 电解质溶液的能量密度

电池能量密度是指单位体积或质量的电池所能释放的电能。在电池容量相同的情况下，电池能量密度越高，电池的体积越小，质量更轻。全钒液流电池不同于锂电池、铅酸电池、镍镉电池及镍氢电池等固态电池，其功率单元和储能单元是相互独立的，储存能量的电解质活性物质并不储存于单体电池或电芯内，而是储存于电解质溶液储罐中，因此通常采用电解质溶液的能量密度来表征全钒液流电池能量密度。

全钒液流电池电解质溶液的能量密度是由多方面因素决定的，其中最主要的两个因素是电解质溶液中金属钒离子的总浓度和电池在运行过程中的钒离子利用率。以硫酸作为支持电解质的全钒液流电池电解质溶液中钒离子浓度一般在1.0~2.0mol/L之间，电解质溶液能量密度在15~25Wh/L之间。由盐酸与硫酸组成的混合酸作为支持电解质的全钒液流电池电解质溶液中钒离子浓度一般情况下在2.0~3.0mol/L之间，其能量密度可达30Wh/L。相比硫酸体系全钒液流电池电解液，混合酸体系电解液通常具有更高的能量密度。

从提高电解质能量密度的角度出发，充分提高钒离子利用率无疑是有利的，然而钒离子利用率的提高又对电解质溶液中各种价态的钒离子在充电末期或放电末期的稳定性提出更高要求。因此，有效提高电解质溶液中各种价态钒离子的稳定性，是提高全钒液流电池电解质溶液能量密度的关键因素之一。

3.1.2.4　电解质溶液储罐

电解液储罐是电解质溶液的储存容器，一般采用具有较强耐化学腐蚀和抗氧化性能的材质，比如：PP、PVC、PE等。作为储存电解质溶液的容器，储罐最需要保证的是其长期运行的安全和可靠性，这也是电力系统用大规模电池储能系统在设计、运营方面特别给予关注的方面。否则一旦泄漏，不仅造成电解质溶液的损失，而且如果无害化措施执行不力，会造成一定程度的环境污染，严重情况下导致人身伤害。

全钒液流电池系统通常分为室内系统和室外系统两种类型。针对这两种类型系统，电解质溶液储罐也分别采取不同的形式，而且鉴于储罐的形式也可以根据环境空间的具体情况进行专门设计，储罐形式通常是多种多样的，具有非常高的灵活性。

从目前已实施案例来看，全钒液流电池储能系统安装在室内时，房屋建筑已经对室内环境温度、通风、照明等环节按照相关标准进行了设计和配置，所以全钒液流电池系统在维持电池系统优化运行的配置方面也进行了相应简化，电解质溶液储罐主要需要考虑的是其结构安全和可靠性。储罐选用材质及结构设计需能够满足电解质溶液强氧化还原及酸性介质环境下的长期耐受性以及必要的力学性能需求。根据项目可提供的占地面积，电解液储罐通常采用立式圆筒罐体或卧式槽罐体。图3-16分别展示了融科公司、住友公司、普能公司已经实施的全钒液流电池储能项目所采用的电解液罐体情况。

全钒液流电池系统在室外安装时，除了需要结构强度和材料耐受性等方面的

a) 大连融科公司液流电池储能项目用立式电解液储罐

b) 日本住友电工液流储能项目用立式电解液储罐

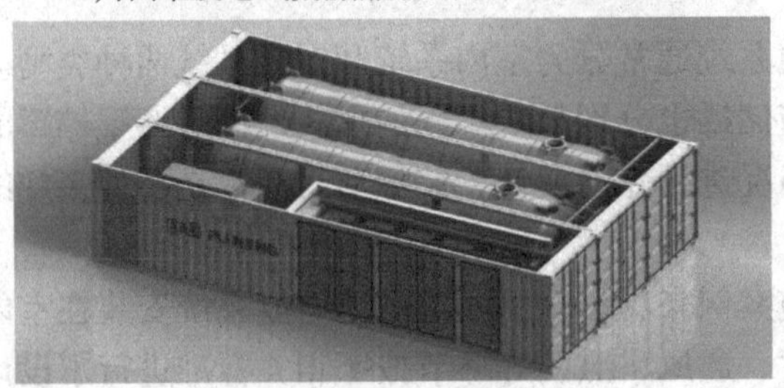

c) 北京普能公司产品卧式电解液储罐

图 3-16　全钒液流电池系统用电解液储罐

考虑以外，同室内安装最大的区别是需要考虑现场环境对于全钒液流电池系统的影响。从保持电解质溶液运行稳定性以及效率优化等方面考虑，电解质溶液的温度需要保持在一定的温度范围内，而室外的环境温度随一年四季变化有较大差异，尤其在极端低温和高温时，对于电池系统内的电解液温度有较大影响。为适应环境温度的变化，电解液储罐需要配置制冷、保温、伴热等更为复杂的电池热管理系统。电池热管理系统作为电池管理系统的重要组成部分，实时监控电池系统充放电时的电解液温度。当环境温度较高时，通过电池系统配置的制冷系统对电解质溶液温度进行控制。当环境温度较低，且出现电池系统长期静止待机的情况下，为了保持电解质溶液维持一定的合理温度，需要启动电解液储罐伴热系统，避免出现因低温严重影响电解质溶液稳定、电池启动以及效率下降等状况。

全集装箱式全钒液流电池系统是目前最为常见的一种室外用全钒液流电池产品形式。为了将电解液储罐集成到集装箱内，从充分利用集装箱内部空间方面考虑，常规的圆筒式罐体和卧式储罐不是理想的选择。全集装箱式储能产品的设计，不仅需要考虑电池系统的功率容量配置，同时还要考虑电解液输运单元的空间需求，结合集装箱内部空间进行优化设计。通常情况下，全集装箱式储能产品用的电解液储罐为了最大化利用集装箱内部空间，需要进行定制加工，不同厂家、不同容量规格的电解液储罐外形也不尽相同，形式多样。图 3-17 为大连融科储能技术发展有限公司开发的 125kW/500kWh 全集装箱储能产品内部结构示意图。从图中可以看出，正负极电解液储罐分别为定制加工的具有非规则形状的罐体，罐体上方预留了人孔、正负极电解液进出口、连通器接口等。

图 3-17　大连融科集装箱产品电解液储罐示意图

从报道来看，目前日本住友电工、北京普能世纪科技有限公司、上海电气等均开发了室外用集装箱储能产品，各公司产品所采用的电解液储罐形式各异，大小不同，但均在结构强度设计、材料耐受可靠方面给予了高度重视。

另外，据报道，日本住友电工在早期项目开发过程中，为了适应将电解液储能单元放置在楼房地下室，同时便于电解液的灌注，而开发了类似储存氨水用的聚合物树脂软包装袋。该设计对于项目现场空间具有较大限制时提供了一个选择，也体现了全钒液流电池功率单元与储能单元相互独立特性的优势。

3.1.3　电解液输送单元

电解液输送单元主要包含电解液循环泵、管道、阀门等。输送单元的主要功能和运行时有以下几个方面需要保证和考虑：

1）保证充放电过程中电解质溶液在功率单元和储能单元之间的循环，以便于实现充放电过程的连续进行；

2）根据电池充放电功率的需求，提供充足的用于参与电化学氧化还原反应的活性物质，降低浓差极化，降低损耗，提高电池能量转化效率；

3）通过优化管路设计，保证进入到每个电堆的正负极电解质溶液能够得到均匀分配，避免因为电解液分配不均而导致的电堆一致性变差，降低电堆运行风险，保证电池系统正常充放电，提高长期运行稳定性和可靠性；

4）完善电池管理系统关于电解液输送单元压力及流量等参数的监控，优化电解液循环泵运行策略，降低电池系统辅助功耗占比，提高系统能量效率。

全钒液流电池系统中含有电解液输送单元，是全钒液流电池区别于其他传统固态电池的主要方面之一。以下分别介绍电解液循环泵、管路结构、阀门等在设计和选型方面需要考虑的主要因素。

电解液循环泵是实现电解液循环的动力设备，用于克服电解液在功率单元和储能单元之间循环过程中的压力降，抽取全钒液流电池系统储能单元电解液储罐中的电解液，在循环泵的推动作用下，使其连续进入电堆，经过电堆后再经管路输送至电解液储罐，完成电解液的循环。一旦循环泵出现故障，液流电池系统因为在电堆内的电解液不能得到更新而无法进行连续充放电。由此可见，循环泵的稳定性和可靠性对于液流电池系统的重要性不言而喻。

电解液循环泵是全钒液流电池系统中主要的自耗电设备，循环泵的选型对于系统的辅助功耗及其对电池系统能量效率的损失具有非常重要的影响，选型是否合理，直接影响电池系统的自耗电率。循环泵的选型主要从以下几个方面开展工作：

1）确定电解液流体物性参数，比如密度、黏度、饱和蒸气压、腐蚀性等，根据上述特性确定泵的种类和型号，确定泵零部件的材料、密封件的类型以及防止泵腐蚀和气蚀的措施等；

2）根据全钒液流电池系统充放电对于活性物质的更新速率，计算确定电池系统的电解液流量运行范围，增加5%～10%的裕量后作为循环泵的流量；

3）计算电池系统整个管路系统在不同电解液流量情况下的流体压降，求出所需泵的扬程，增加5%～10%的裕量，作为泵扬程的选型依据；

4）结合泵压头-流量特性曲线、轴功率-流量特性曲线以及效率-流量特性曲线，选择实际电池系统流量和扬程情况下，具有较高效率点的泵。

另外需要注意的是，泵的工作特性曲线都是以水作为介质进行测量得到的，电解质溶液的密度、黏度等特性均与水有较大差异，因此在泵选型时要对工作特性曲线进行校正，以便进行更为准确的选型。

全钒液流电池系统的电解液循环泵一般采用磁力驱动的离心泵。磁力驱动泵是应用永磁传动技术原理实现力矩无接触传递的一种无密封泵。其主动轴和从动轴之间不存在机械联接，结构中不存在动密封，所以该类型泵无密封，可实现零泄漏。针对以硫酸作为支持电解质的电解液，泵头一般采用PP材质或聚四氟乙烯材质，而针对硫酸和盐酸的混合酸作为支持电解质的电解液，一般情况下采用聚四氟乙烯材质，以保证循环泵长期耐受性和寿命。

全钒液流电池系统由多个电堆经过串并联方式构成，为了保证每个电堆电解质溶液的供应和分配均匀，设计与之匹配的电解液输送管路系统至关重要。从流体管路设计角度出发，为保证电解质溶液的均匀分配，输送管路从主管路到分支管路多采取等距对分或等距多分的管道分配模式，如图3-18所示[27]。通过以上设计可以最大程度保证电池系统内每个电堆的进出液口位置的压力差（压降）基本保持一致，从而可以使得每个电堆的电解液分配均匀。

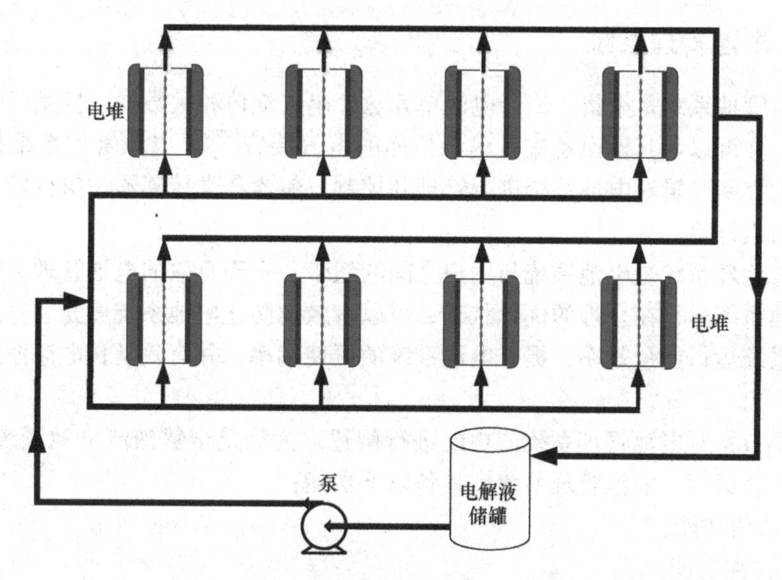

图3-18 电解液输送管道分配示意图

在电解液输送管路上，根据功能的不同，要配置不同形式的阀门。阀门的作用主要分为两大类：一是为了检修运维用；二是用于自动控制。针对检修运维用阀门多采用手动塑料球阀。正常运行时，球阀处于常开状态，不参与控制。只有当系统处于检修运维状态时，根据需要关闭部分球阀。比如当电堆需要检修时，通常将电堆进出电解液管路上的球阀关闭，使其断开与电解液管路的连通，从而为电堆拆装提供方便，并避免电堆内部电解液从电堆内泄漏出来，以免造成环境污染并对维护人员造成可能的人身伤害。控制用阀门多采用配置电动执行装置的电动阀，其开关信号上传至电池管理系统。电动阀门的开关控制主要和电池系统运行状态有关。当电池在正常充放电时，电动阀门维持当前的开关状态不变，而当电池系统状态发生变化时，比如充放电结束，电池系统停机后，电解液输送总管路上的电动阀门将在电池管理系统的调度下由常开状态自动调整为关闭状态，目的是防止电池系统停机情况下一旦管路、电堆等发生电解液泄漏后造成更为严重的漏液事故。另外，全钒液流电池系统在经历了长期运行后，根据正负极电解液体积情况，有可能需要进行正负极电解液的平衡调节，为实现上述功能，需要在电解液输送管路上设计配置一些电动阀门，通过电动阀门的开关状态组合，实现正负极电解液循环过程中进液或出液流动方向的调整，最终实现正负极电解质溶液的互混和体积调节。不同公司开发的全钒液流电池系统有着不尽相同的电池管理策略，因此在电解液输送管道设计及阀门配置方面均有着不同的设计理念，上述关于电解液输送管路及阀门相关的介绍仅供参考，供大家对全钒液流电池系统有一个初步概念的理解。

3.1.4 电池管理系统

电池管理系统是采集、记录电池单元热、电、流体相关数据，控制或管理电池单元，并可以与其他设备进行信息传递的电气装置[28]。电池管理系统按照预先制定的控制逻辑对电池系统进行管理和控制，包含各类传感器、执行器、控制器、通信组件等。

电池管理系统是电池系统与用户之间的纽带。合理有效的电池管理系统，有助于电池系统运行在合理的优化状态，可以有效地防止电池系统过充、过放，改善电池系统运行能量效率，提升电池系统的可使用率，并有效延长电池系统的使用寿命。

本小节将对电池管理系统的功能进行阐述。为满足全钒液流电池系统安全、高效、可靠运行，电池管理系统应具备以下功能：

1）通信功能；

2）检测功能；

3）评估功能；

4）诊断功能；

5）控制功能；

6）记录功能。

上述功能是全钒液流电池管理系统必不可少的，任何一项功能都是不可或缺的。下面就上述各项功能逐一进行介绍。

1. 通信功能

电池管理系统内部控制器与电池系统各类传感器、控制器等器件间信息传递以及其与外部系统，比如储能变流器、能量管理系统间的信息传递都是通过通信来完成的。通信功能是电池管理系统中最基础的功能，也是完成其他功能的基础。电池系统通信功能的快速、稳定、有效对于电池管理系统功能的实现是非常关键的。

除了电池管理系统中相关传感器、控制等器件的稳定运行之外，对于通信功能影响最大的就是电池管理系统所采用的通信架构。通信架构的合理性设计，可以使得电池管理系统保持快速响应、稳定运行。本书内容不对各种通信架构技术原理等进行详细介绍，仅对目前电池管理系统经常采用的几种通信架构进行简单描述，供读者了解。

（1）RS485

RS485 有两线制和四线制两种接线方式。四线制只能实现点对点的通信方式，现在已很少采用，现在多采用的是两线制接线方式。这种接线方式为总线式拓扑结构，在同一总线上最多可以挂接 32 个节点。在 RS485 通信网络中一般采用的是主从通信方式，即一个主机带多个从机。RS485 通信网络具有系统运行稳定、通信速率高等优点。其不足点主要表现：一是主从结构网络上只能有一个主节点，其余均为从节点。其造成的弊端为无法构成多主节点冗余结构的系统，因而对主节点的要求特别高，否则一旦主节点出现故障，整个系统将处于瘫痪状态。二是数据通信方式为命令响应型，网络上任一次数据传输都是由主节点发出命令开始，从节点接到命令后以响应的方式传给主节点，这一特点使得网络上的数据传输效率大大降低，且使主节点控制器非常繁忙，下端出现异常时，数据不能立即上传，必须等待主节点下发命令，灵活性相对较差。

（2）CAN 总线

CAN 总线是一种支持分布式实时控制系统的串行通信的局域网络，由于其高性能、高可靠、实时性好及其独特的设计，广泛应用于控制系统的各检测和执行机构之间的数据通信。CAN 总线具有如下特性：

1）总线式结构。一对传输线（总线）可挂接多台现场设备，双向传输多个数字信号，这种结构比一对一的单相模拟信号传送结构布线简单，安装费用低，维护简便；

2）开放式操作性。现场总线采用统一的协议标准，是开放式的互联网络，对用户是透明的。在传统通信系统中，不同厂家的设备是不能互访的。而 CAN 采用统一标准，不同厂家的网络产品可以方便地接入同一网络，集成在同一控制系统中进行互操作，简化了系统集成；

3）彻底分散控制。现场总线将控制功能下放到作为网络节点的现场仪表和设备中，做到了彻底分散控制，提高了数据的准确度和抗干扰性。将控制功能放到现场设备中，使风险分散，系统的可靠性提高；

4）信息综合，组态灵活。通过数字化传输现场数据，CAN 总线能获取现场仪表的各种状态、诊断信息，实现实时的系统监控和管理；

5）实时数据的周期性传输。根据实时数据的现实要求，一般为 1s 循环传送，这样进行数据处理后送后台机屏幕显示实时数据，确保 3s 内刷新。

CAN 网络中任一节点均可作为“主节点”主动地与其他节点交换数据，彻底解决 RS485 总线长久以来一直困扰人们的“从节点”无法主动与其他节点交换数据的问题，并由此而给用户的系统设计提供了极大的灵活性并可大大提高其系统性能。CAN 网络中的节点可分优先级，这也是 RS485 无法比拟的。另外，CAN 的物理层与链路层采用独特的设计技术，使其在抗干扰、错误检测能力方面的特性远远超过 RS485。

（3）工业以太网

工业以太网是应用于工业控制领域的以太网技术。工业以太网技术具有价格低廉、稳定可靠、通信速率高、软硬件产品丰富、应用广泛以及支持技术成熟等优点，已成为最受欢迎的通信网络之一。近些年来，随着网络技术的发展，以太网进入了控制领域，形成了新型的以太网控制网络技术。这主要是由于工业自动化系统向分布化、智能化控制方面发展，开放的、透明的通信协议是必然的要求。以太网技术引入工业控制领域，其技术优势非常明显：

1）以太网是全开放、全数字化的网络，遵照网络协议不同厂商的设备可以很容易实现互联；

2）以太网能实现工业控制网络与企业信息网络的无缝连接，形成企业级管控一体化的全开放网络；

3）软硬件成本低廉。由于以太网技术已经非常成熟，支持以太网的软硬件受到厂商的高度重视和广泛支持，有多种软件开发环境和硬件设备供用户选择；

4）通信速率高。随着企业信息系统规模的扩大和复杂程度的提高，对信息量的需求也越来越大，有时甚至需要音频、视频数据的传输，当前通信速率为 100Mbit/s 以太网已经广泛应用，千兆以太网技术也已投入运行应用并不断拓展，10Gbit/s 以太网也正在研究，其速率比现场总线快很多；

5）可持续发展潜力大。在这信息瞬息万变的时代，快速而有效的通信管理网络至关重要。信息技术与通信技术的发展将更加迅速，也更加成熟，由此保证了以太网技术不断地持续向前发展；

上述 3 种网络通信架构目前在电池领域均有采用，通常需根据通信协议对接、通信速率、通信距离、通信负荷、安全等因素统筹考虑，选择较为合适的网络通信架构。

2. 检测功能

全钒液流电池系统所需检测测量的信号主要包括：电压、电流、温度、管路压力、流量等。

（1）全钒液流电池系统电压信号

全钒液流电池系统的电压信号主要包括电堆电压、电池系统总电压以及电池开路电压（Open Circuit Voltage，OCV）等。电堆电压用于表征电池系统运行过程中的电堆电压一致性。如果单个电堆电压超出电堆平均电压一定程度后，可作为评估电堆是否出现异常的一种判据，为电堆检修提供依据。电池系统总电压是用于电池充放电控制的一个重要参数。当电池系统总电压达到一定限值后，电池管理系统会把该信息上传至能量管理系统，能量管理系统将根据现场工况采取停止充电或者用恒压限流的方式进行充电。比如，一旦电池系统总电压超出上限值，能量管理系统将采取停止充电动作，如果不能停止充电，电池管理系统与储能变流器之间的物理干接点功能设置可以直接令储能变流器停止充电，防止电池系统因为过充放而导致损坏。电池开路电压是表征电池系统荷电状态的重要指标，用于估算电池系统的荷电状态，同时也是电池管理系统及储能系统能量管理系统进行充放电管理的重要参数，对于电池储能系统的运行安全以及电池储能系统的有效调度非常关键。

（2）全钒液流电池系统电流信号

针对含有电堆串并联情况下的全钒液流电池系统，测量的电流信号包括电池系统直流母线总电流、电堆并联支路电流两项。电池系统直流母线总电流的检测主要用于判断充放电过程中是否出现超过电池系统充放电电流上限情况。一旦出现该情况，电池管理系统会把相关信息上传至能量管理系统，采取降功率或停机等措施，保障电池系统的安全运行。电堆并联支路电流的测量主要面向由多个电堆串并联构成的电池系统。并联支路电流的检测，可以用于判定并联支路电流分配的均匀性，为电池系统运行状况判断，增加一个判据。如果并联支路电流相差较大，意味着并联支路间电堆、电解液流量或其他方面出现了差异，需要进行检修和维护，以便确定原因，排除风险。

（3）全钒液流电池系统温度信号

电解质溶液温度信号是电池管理系统进行热管理的重要参考依据。电池管理系统设定了电解质溶液温度上限和下限，并同电池系统中的制冷和加热系统进行联动，保障电池系统电解液温度维持在合理温度范围，有利于电池系统的能效改善和系统运行长期稳定。通常情况下，电池管理系统还要监测环境温度，环境温度的测量用于对电池系统运行环境温度变化情况的记录，为电池系统运行分析提供背景数据。

（4）全钒液流电池系统管路压力及流量信号

电解质溶液的压力和流量是表征电解液输送单元工作正常与否的关键指标。全钒液流电池系统包含有正负极电解质溶液两套输送管路，管路压力及流量的测量也包括对正负极电解质溶液两套输送管路的测量。通过测量管路压力，可实时监测正负极电解质溶液管路的压力差。一旦压力差达到设定的上限值，电池管理系统会通过运行策略的调整，对压力差进行调整，避免出现电堆内部离子传导膜两侧的压力差过大，降低因为压差过大导致电堆出现膜材料破裂的风险。电解液输送单元的流量实时数据，可以为电池系统在不同的荷电状态下是否有足够的活性物质参与反应提供判据。通过调整电解液流量，尽量降低在充电末期或放电末期出现严重浓差极化的概率，改善电池系统的运行稳定性。同时流量作为判定电池系统运行状态是否正常的一种判据，电池管理系统可以用该数据指标作为辅助参数，判定电池系统运行状态。另外，管路压力和流量也可以作为相互验证指标是否正常的参考，为电池管理系统提供更加丰富的判断逻辑。

3. 评估功能

基于快速稳定的通信功能和实时检测相关数据信息，电池管理系统可以对电池系统运行状态进行评估。评估的项目主要包括：电池的荷电状态（SOC）、充放电容量（瓦时数和安时数）、电池系统内阻、电池的健康状态（SOH）等。通过对电池系统运行状态的评估，不仅可以更好地保护电池系统，而且可以为使用者提供更方便的应用信息。

1）荷电状态（SOC）是表征全钒液流电池充放电状态的重要参数。理论上，荷电状态可以通过电解液中各离子所占的比例来定义。在实际应用模式下，为保持电池系统的稳定运行，电池在充电结束后，不会将正负极电解液中的钒离子完全转换为 VO_2^+ 或 V^{2+}，放电结束后电解液中也会有 VO_2^+ 或 V^{2+} 剩余，即应用过程中不会达到理论 SOC 的 100% 或 0%。因此，理论 SOC 数值更多地应用于理论计算，而在实际应用过程中，电池系统的荷电状态（SOC）通常与电池系统可充放电能量有关。根据《全钒液流电池　术语》（GB/T 29840—2013）中的定义，SOC 是指电池实际（剩余）可放出的瓦时容量与实际可放出的最大瓦时容量的比值。对于同一全钒液流电池储能系统，通常而言，SOC 越高，表示液流电池储能系统储存的电能越多，即可以放出的电能也越多；SOC 越低，表示电池储存的电能越少，可以放出的电能越少。

全钒液流电池储能系统的荷电状态（SOC）与开路电压（OCV）有着密切的关系，如图 3-19 所示。假设液流电池储能系统运行过程中正负极电解液不发生迁移，理论 SOC_{theory} 可以通过测量正、负极中电解液的钒离子价态及浓度来计算，计算式见式（3-1）。但在液流电池储能系统运行中，由于受电解质溶液迁移、极化等因素影响，实际 SOC 都小于理论 SOC_{theory}。

$$SOC_{theory}=\frac{c[VO_2^+]}{c[VO_2^+]+c[VO^{2+}]}=\frac{c[V^{2+}]}{c[V^{2+}]+c[V^{3+}]} \tag{3-1}$$

开路电压（OCV）是全钒液流电池储能系统在不进行充、放电运行时的电压，它反映了正、负极电解质溶液之间的电势差，与正、负极电解质溶液中钒离子浓度及价态密切相关，其计算式见式（3-2）：

$$OCV = E_{cell} = E^0_{cell} + \frac{RT}{nF}\ln\frac{c[VO_2^+]c[V^{2+}]c[H^+]^2}{c[VO^{2+}]c[V^{3+}]} \quad (3\text{-}2)$$

根据式（3-1）可知，

在正极电解质溶液中：$c[VO_2^+] \propto SOC_{theory}$；$c[VO^{2+}] \propto 1 - SOC_{theory}$；

在负极电解质溶液中：$c[V^{2+}] \propto SOC_{theory}$；$c[V^{3+}] \propto 1 - SOC_{theory}$。

因此由式（3-1）和式（3-2）可得

$$OCV = E_{cell} = E^0_{cell} + \frac{RT}{nF}\ln(c[H^+]^2) + \frac{RT}{nF}\ln\frac{[SOC_{theory}]^2}{[1 - SOC_{theory}]^2} \quad (3\text{-}3)$$

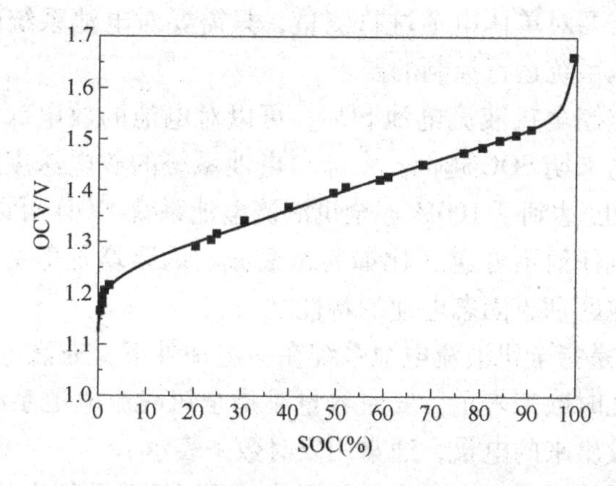

图3-19　全钒液流电池的 SOC_{theory} 与 OCV 的对应关系

由式（3-3）可知，在一定的温度下，全钒液流电池的 OCV 与 SOC_{theory} 密切相关。因此，通过测量正、负极电解质溶液中的钒离子浓度和价态，确定当前溶液的 SOC，并记录当前的开路电压，即可得到 SOC_{theory}- OCV 标准曲线。图 3-19 显示的是环境温度 25℃时，OCV 与 SOC_{theory} 的关系曲线。从图中可以看出，当 SOC 在 10% ~90% 范围内变化时，OCV 与 SOC_{theory} 基本上呈线性关系，仅当 SOC_{theory} 较高或较低时，OCV 才会出现突跃。在全钒液流电池实际运行管理过程中，利用图中的 SOC_{theory}-OCV 曲线，通过读取开路电压 OCV 值，即可以估算出当前电解质溶液的 SOC。但若要得到实际的 SOC 值，需要对电池系统进行现场测试，确定实际 SOC-OCV 曲线，利用该测量曲线，通过读取 OCV 值能够比较准确地判断此时液流电池储能系统的实际 SOC。

由于采用测量钒离子浓度的方法计算 SOC_{theory} 不具有即时性，且分析钒离子浓度需要专用的电位滴定设备，因此，研究实时观测全钒液流电池储能系统 SOC_{theory} 的方法对于其运行管理具有十分重要的应用意义。

通过上述理论分析可以看到，不同于传统固态电池，比如锂离子电池、铅酸电池、镍氢电池等，全钒液流电池系统的荷电状态（SOC）是可以进行高准确度测量的。而目前上述传统固态电池的 SOC 还不能十分准确地估算，至今目前还没有直接测量锂离子电池组 SOC 的方法，只有估算的方法，估算锂离子电池组 SOC 是模糊科学，甚至是一个猜想游戏[29]，从而在实际应用与理论之间形成较大差异，尤其是无法直接测量锂离子电池单体的 SOC（铅酸电池可以通过比重计测量单体电池 SOC），而单体电池 SOC 的准确测量对于上述固态电池系统的安全运行是至关重要的，也是目前上述固态电池尤其是锂离子电池急需解决的重大课题。全钒液流电池因为在充放电过程中活性物质是循环流动的，并在每节单电池内进行分配，且经过电堆后又在电解液储罐中汇集，混合均匀成为一体，所以全钒液流电池不需要对单体电池进行测量，只需要对电池系统整体 SOC 进行测量即能够满足电池系统运行控制的要求。

另外，通过监控全钒液流电池 SOC，可以对电池的放电深度（DOD）进行监测和控制。放电末期 SOC 越低，意味着电池系统的放电深度越大。当 SOC 为 0 时，电池放电深度达到了 100%。全钒液流电池系统 DOD 可以达到 100% 而不会对电池系统造成任何不可逆（比如容量衰减、内阻增加等方面）的损害。这也是全钒液流电池区别于固态电池的特性之一。

2）瓦时容量是指全钒液流电池系统在一定条件下，充满电后能够释放出来的能量，通常用瓦时数来表示。安时容量是指全钒液流电池系统在一定条件下，充满电后能够释放出来的电量，通常用安时数来表示。

通过对电池系统瓦时或安时容量的评估，可以用于测算电池系统的可充电容量和可放电容量。可充放电容量是调度电池储能系统较为重要的依据，可以为调度制定合理的充放电计划，以及为电池储能系统不同运行模式和功能的优化协调提供基础，具有非常重要的实际意义。

3）电池内阻：电池内阻是表征电池系统运行状态的重要参数。全钒液流电池系统内阻可以由电池管理系统通过电池系统 OCV、电压（U）、电流（I）之间的关系计算得到。其数值变化可以用于判断电池系统的健康状态（SOH）的变化。

全钒液流电池系统内阻主要由电堆内部的各种极化内阻——电化学反应电阻、欧姆内阻和浓差电阻构成。上述 3 种电阻受多种影响因素影响，因此，全钒液流电池内阻在充放电过程是动态变化的，随着电池系统 SOC、温度、电流方向（充放电）变化而变化，电池管理系统需要实时计算电池内阻。全钒液流电池系统通过以下公式对电池内阻进行计算。

$$R = \left| \frac{U - \mathrm{OCV}}{I} \right| \tag{3-4}$$

式中　R——电池内阻；

U——电池系统单电池平均电压；

I——电池充放电电流。

目前，全钒液流电池的电池管理系统既可以测得电池系统总电压和总电流，也可以监测每个电堆的实时电压和电流，所以通过上述公式可以实时计算电池系统的总内阻以及每个电堆的内阻。通过分析电池系统总内阻和电堆内阻的变化情况可以对电池系统健康状态分析提供依据。

4）电池的健康状态（SOH）：电池健康状态（SOH）用于表征电池实际可利用容量相比于电池初始可利用容量的能力，以百分比的形式存在。SOH的变化体现出电池系统可利用容量的变化，也是电池系统自身运行状态变化的外在体现。开发全钒液流电池SOH高准确度表征评估技术可有效提高电池管理水平，通过高准确度评估和预测电池的健康状态，可以及时对电池系统的充放电控制策略进行调整，对电池系统运行维护提前发出预警，针对性制定调度运行策略，是电池储能系统安全、可靠稳定运行及维持高效可调度特性的必要手段。

目前，国内外对SOH的定义并不统一，主要体现在容量、内阻、循环次数和峰值功率等等几个方面，在铅酸电池和锂电池等固态电池体系中得到相对普遍的应用。全钒液流电池容量变化规律不同于常规的固态电池体系，最明显的差异是其容量衰减中的部分容量是可以恢复的，而铅酸电池和锂电池等固态电池容量衰减后是难以恢复的。因此，利用传统电池SOH来表征全钒液流电池是不全面的，不能全面反映电池系统的实际状况。有必要针对全钒液流电池容量特性，对SOH定义进行拓展和完善。新的SOH定义将继续以容量变化作为表征指标，但对电池系统的容量衰减特性进行了区分和表征。在实际运行过程中，全钒液流电池实际可利用容量的变化体现了电池系统的表观容量衰减，根据电池系统以容量为基准进行表征SOH的方法，此时的SOH指标体现的是表观容量衰减。但是该指标不能够反映出电池系统容量衰减的可恢复部分，即不能体现出电池系统SOH的可恢复性。如果不对容量衰减的可恢复部分给予有效管理，无疑会对电池系统的运行、管理和应用产生不利影响。

后续章节将对SOC、SOH等相关重要参数进行更为详细的介绍和阐述。

4. 诊断功能

电池管理系统的诊断功能是通过对于电池系统运行状态参数的判断来实现的。根据电池系统状态参数判断电池系统是否处于正常或者故障状态，同时由电池管理系统将诊断结果上传，为用户提供准确的电池系统状态信息。

全钒液流电池管理系统通常具备以下基本诊断功能，详见表3-1[28]。

表 3-1 全钒液流电池管理系统基本诊断功能

序 号	项 目	诊断状态
1	未能正常初始化	初始化异常
2	电池管理系统未能正常通信	通信异常
3	电池单元电解液渗漏	漏液
4	正极电解液温度大于上限设定值	正极电解液温度过高
5	负极电解液温度大于上限设定值	负极电解液温度过高
6	正极电解液温度小于下限设定值	正极电解液温度过低
7	负极电解液温度小于下限设定值	负极电解液温度过低
8	电堆电压大于上限设定值	电堆电压过高
9	模块电压大于上限设定值	模块电压过高
10	SOC 大于上限设定值	SOC 过高

注：产品制造商可以自行规定相关项目、诊断状态及等级划分。

为了使用户更好地掌握电池系统运行状态，国家能源局发布的行业标准《全钒液流电池管理系统技术条件》（NB/T 42134—2017）建议电池管理系统扩展相关诊断项目，见表 3-2。

表 3-2 建议电池管理系统扩展相关诊断项目

序 号	项 目	诊断状态
1	SOC 小于下限设定值	SOC 过低
2	电堆电压小于下限设定值	电堆电压过低
3	模块电压小于下限设定值	模块电压过低
4	电堆一致性偏差大于上限设定值	电堆一致性偏差过大
5	正极压强大于上限设定值	正极压强过高
6	负极压强大于上限设定值	负极压强过高
7	正极压强小于下限设定值	正极压强过低
8	负极压强小于下限设定值	负极压强过低
9	正极流量大于上限设定值	正极流量过高
10	负极流量大于上限设定值	负极流量过高
11	正极流量小于下限设定值	正极流量过低
12	负极流量小于下限设定值	负极流量过低
13	正极液位大于上限设定值	正极液位过高
14	负极液位大于上限设定值	负极液位过高
15	正极液位小于下限设定值	正极液位过低
16	负极液位小于下限设定值	负极液位过低
17	模块充电电流大于上限设定值	模块充电电流过大
18	模块放电电流大于上限设定值	模块放电电流过大

注：产品制造商可以自行规定相关项目、诊断状态及等级划分。

基于上述诊断项目，一旦出现相关情况的异常，电池管理系统需要给出报警提示，并根据预先制定的电池管理策略对电池系统状态进行调节，并向能量管理系统或其他上级操作系统上传报警等信息。

电池系统制造商通常根据产品自身情况制定相关诊断功能。通常情况下是以满足用户正常调度使用和运行维护需求为原则。

5. 控制功能

全钒液流电池管理系统在控制方面主要体现在下面几个方向：一是保护控制功能；二是电池系统运行优化控制；三是热管理。

（1）保护控制功能

电池管理系统的保护功能分为两个层面：一是保护电池系统自身；二是保护与电池系统对接的相关设备的运行安全。电池管理系统的保护功能在控制功能中放在首位，因为电池系统在运行过程中只有保护好自身及相关设备系统的安全，才能够保证电池系统的有效控制和调度，才能切实提高电池系统设备的可利用率，为用户提供最大的效用。

全钒液流电池系统运行时，根据影响电池运行安全的因素分析，在电池系统OCV、SOC、电池系统电流和电压、电解质溶液温度、电解液循环泵电流、电解质溶液输送管路压力及流体流量等多方面设定了安全阈值。上述因素的实时数据反映了电池系统的运行状态是否正常。电池管理系统通过相关传感器和通信，实时监控上述数据，一旦某些因素数据发生变化，超出所设定的阈值，电池管理系统会根据制定的电池管理策略发出中断请求，或者降低功率运行等指令，保证电池系统自身的运行安全。

以电池系统OCV或SOC数据监控为例进行进一步的阐述。全钒液流电池是通过实际测量OCV值，并通过相应的函数关系式进行计算得到SOC。通常情况下，全钒液流电池系统充放电OCV区间控制在1.25～1.50V，相对应的SOC为0～100%。在充电过程中，电池系统OCV逐渐增加，SOC也逐渐增大。当OCV达到1.50V而电池系统还处于连续充电状态时，电池管理系统会给能量管理系统或储能变流器（PCS）发出中断充电指令，停止给电池系统继续施加电流，保护电池系统运行安全。如果上述指令因为通信故障而不能够及时反馈时，电池系统与储能变流器间的物理干接点保护功能也能够通过物理方法强行切断电池系统与储能变流器的电气连接，中断充电操作。

除了针对充放电OCV、上限电压超限后的保护措施外，为了保证电池系统安全稳定运行，全钒液流电池系统在安全保护方面还要考虑另外3方面的因素：一是电解质溶液的泄漏；二是液流电池电堆保护；三是氢气的安全防护[30]。

电解质溶液的泄漏主要表现在管路、阀件连接处以及电堆等方面。电堆的漏液一般情况下属于轻微渗漏，不会造成电解液大面积泄漏，不会对电池系统运行造成显著影响，通常情况下不需要停机处理。管路及阀件连接处是全钒液流电池系统内电解质溶液泄漏几率相对较高的环节。电池系统运行过程中，电解液管路承受一定的压强，电解液循环过程中的压强可达 0.3MPa，同时电解液温度也会随着运行环境和调度使用发生变化。在温度变化和一定压强情况下，电解液管路及阀件连接处经过一段时间运行后，发生漏液情况的概率相对较高，严重情况下会造成电解质溶液的喷溅，对电池系统运行造成的影响较大，需要采取停机措施进行处理。因此，全钒液流电池系统的电池管理系统对于电解质溶液泄漏状态监控给予较高等级。

目前，全钒液流电池系统在运行过程中对电解质溶液的泄漏制定了充分的预防、监测和紧急处理措施。首先在液流电池启动和运行过程中，应定期进行检查，提前发现可能出现的漏点，预防在先；同时设置漏液传感器对漏液进行实时监测并报警，缩短出现漏液的应对时间；最后一旦发生漏液，监测到漏液信号后，电池管理系统应及时停机，自动关闭有关阀门，避免漏液事故的进一步扩大，同时提醒工作人员及时处理。

电堆是全钒液流电池系统内进行充放电的场所，在电堆内部通过电化学反应完成电能与化学能的转换，实现电能的储存和释放。因此，实时监控电堆相关指标，为电堆性能稳定提供预先安全防护，对于电池系统正常运行至关重要。全钒液流电池系统充放电过程中，电堆电压作为判断电堆运行正常与否的一个重要指标，电池管理系统会实时监控每个电堆的电压数据。电堆内部单节电池电压是全钒液流电池系统运维过程中评估电堆状态的一项重要指标。通过电堆单电池电压巡检仪在运维过程中在线检测并收集单节电池电压。当电堆电压与电池系统电堆平均电压出现一定差异且呈现出扩大趋势时，电池管理系统会对电堆运行状态提出警示信息，需要根据维护操作规程，对电压异常电堆进行单电池电压数据采集。通过对比电堆在稳定功率输出时，某节单电池工作电压的变化，分析和判断导致这种变化的原因，并对电堆状态进行判断。在电堆性能进一步恶化发生前，采用针对性的控制及修复策略和措施，使电池电堆恢复到正常运行状态。当液流电池电堆及单电池电压偏离正常工作电压范围且无法通过修复策略和措施消除时，应采取停机，并综合分析电池系统相关参数等措施，避免电堆及液流电池系统的进一步损伤，保障电池系统运行安全。

液流电池在运行过程中，尤其在充电末期，会发生一定程度的副反应，在负极产生微量氢气，对氢气进行有效的监控和处理是保障全钒液流电池系统运行安全的一个关键环节。

针对室内全钒液流电池储能系统，为保证运行过程中氢气安全万无一失，一般采用惰性气体置换技术，及时排出电解液储罐中的氢气，并将氢气直接排至室外。同时要求全钒液流电池系统装置室内应设置可燃气体检测报警仪，并配置自然或机械通风装置，定期通风或在事故期间对装置室进行强制换风，避免氢气在储能装置室内的富集。对于小型液流电池系统，通常可采用钢瓶盛装的 N_2 进行吹扫的方式进行氢气置换。但对于大规模液流储能系统而言，不适宜采用上述措施。融科公司采用制氮机和定制的管路设计，能够自动、准确、安全地进行氢气吹扫，并将氢气排至室外，成功实现大规模全钒液流电池储能系统氢气安全的防护，如图 3-20 所示。

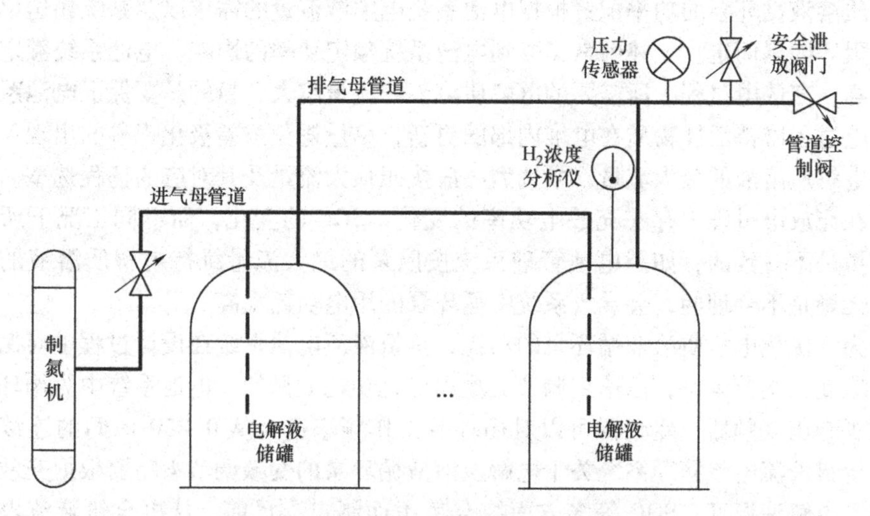

图 3-20　液流电池的氢气排出系统的示意图

针对室外全集装箱式全钒液流电池储能系统，对于氢气安全的问题同样重要。但由于电池储能系统在室外布置，不会产生氢气的集中富集，而对氢气安全问题的关切主要集中于单个电池储能单元。通常需要在集装箱内部配置可燃气体监控仪，并和电池管理系统联动，定期开启通风系统，必要时强制启动通风系统，避免氢气在集装箱内部的富集，排除安全风险。

（2）运行控制优化

运行控制优化对于全钒液流电池系统高效运行是至关重要的。全钒液流电池系统能量效率不仅受到电堆自身能量转换效率的影响，而且受到电池系统电解质溶液温度、辅助功耗（自用电）等方面的因素影响。

电解质溶液的温度对于电池系统效率及容量可利用率具有显著影响。在电解质溶液所允许的工作温度范围内，电解液温度越高，电池系统的能量转换效率越高，容量可利用率越高，电解液温度越低，电池系统的能量转换效率越低，且容量可利用率也越低。因此，电池管理系统对于电解质溶液温度的优化控制是非常重要的。

全钒液流电池系统辅助用电（自用电）主要包括电池管理系统、制冷设备、制热设备、电解质溶液循环泵等。其中，电池管理系统是一直维持通电运行的，但是能耗较低。制冷设备和制热设备一般情况下都是间歇运行的，且两种设备不同时运行，其运行频次与电池系统运行频次、充放电功率高低有关。

全钒液流电池系统中电解质溶液循环通常是由泵来驱动实现的。因此，不同于其他类型固态电池，全钒液流电池对于电解质溶液循环泵的优化控制是其独有的特性之一。电解质溶液循环泵在电池系统充放电过程中一般是要连续运行的。电解质溶液循环泵的功率配置根据电池系统电解液流量的需求以及系统输送单元的流阻等因素而定。上述因素又受到电池系统额定功率的影响。电池系统额定功率越高，充放电过程中所需要的电解质溶液的流量越大，目的是要保证电池系统充放电过程维持活性物质在电堆内部的更新，尽量避免浓差极化现象的出现。为保证电解质溶液的最大流量，泵选型一般按照最大流量及其对应的扬程选型。然而，在充放电过程中存在充放电功率的变化、SOC 的变化，而不同工况下所需的流量是不一致的，如果电池管理系统按照泵的最大流量维持电解质溶液的循环，无疑是不合理的，会导致系统中循环泵的用电功耗太高。

为了优化电解质溶液循环泵的功耗，全钒液流电池系统在设计过程中对循环泵采取变频调节策略，以达到调节流量和优化功耗的目的。电池系统中为循环泵配置了专用变频器，变频器可以对循环泵工作频率进行从 0 ~ 50Hz 间的连续调节。全钒液流电池管理系统关于电解质溶液循环泵的变频调节策略要根据充放电功率、电解液温度、SOC 等多方面综合考虑而制定。目前，从事全钒液流电池技术及产品开发的科研机构及企业均在循环泵的变频调节、降低功耗等方面投入了大量研究工作和实际测试。具体的优化运行策略各公司均处于严格保密状态，在本书中不做过多介绍，只是对其运行优化原理进行简介。

(3) 高效的热管理

热管理是电池管理系统的主要功能之一。全钒液流电池热管理系统主要由制冷设备、伴热设备、换热器、温度传感器、温控设备构成。通过有效的电池热管理，可以维持全钒液流电池电解质溶液维持在最佳的运行温度区间，不仅有利于改善电池系统充放电能效，而且还有利于保证电池系统的长期运行稳定性，提高电池系统寿命。因此，高效热管理是决定全钒液流电池系统运行能效、安全性、寿命的关键因素之一。

1) 高效热管理可保持电池系统运行在适宜的温度区间。通常情况下，当电解质溶液温度降低时，会导致电化学反应极化电阻增加，电解液离子传导率下降、电解液黏度增加使得浓差极化情况更趋严重，上述因素均导致电池系统充放电极化增大，电池效率会降低，全钒液流电池充放电容量发生衰减，并导致容量可利用率降低。当温度过低时，将导致电池系统因为电池系统内阻大幅增加，导致无法进行充放电。

2）电池系统运行温度对于其功率输出能力也有很大影响。通常情况下，在正常温度范围内，随着电解质溶液温度的升高，电化学反应活性增加，电解液离子传导率增大、电解液黏度降低使得浓差极化程度降低，上述因素均使得电池系统功率输出能力增加。而电解质溶液温度降低则相反，会导致电池系统总的内部各项极化增加，电池系统功率输出能力降低，温度低至一定情况下，会出现达不到额定功率输出的情况，严重影响用户使用。

3）电池系统能量转换效率与温度密切相关。随着电解质溶液温度的上升，因为电池系统内部电解质溶液、离子传导膜等欧姆电阻降低和电化学反应活性的增加，全钒液流电池系统能量效率呈现出升高的趋势。

4）通常情况下，电解液温度过高或过低，均会对钒金属离子稳定性产生不利影响。当温度超过40℃时，正极电解质溶液五价钒离子发生结晶、产生沉积的风险增加，容易导致电堆、管路等部位发生堵塞，电池系统无法正常充放电，严重情况下会对电池性能和寿命造成不可逆的影响；而当电解液温度过低时，三价钒离子和二价钒离子则容易发生结晶析出。

全钒液流电池系统运行时，电池管理系统会对电解质溶液温度进行实时监控，一旦出现电解质溶液温度超过上限或低于下限时，根据预先制定的运行策略启动制冷或伴热设备，保证电解质溶液温度保持在较为适宜的温度范围内。

全钒液流电池充放电过程中，能量的损耗大部分转换为热量释放在电解质溶液中。根据实际运行数据统计，如果电池系统不需要长时间停机搁置，随着电池系统充放电的进行，温度是逐渐上升的。所以在电池系统热管理中更为重要的是热量产生后的散热管理，更加侧重于防止电解液温度出现偏高的现象。全钒液流电池系统的散热方式主要分为风冷和液冷两种。风冷方式分为自然冷却和强制冷却两种，分别利用自然风或风机，使空气在风冷换热器的表面自然流过或强制流过，通过热的对流，达到降低电解质溶液温度的目的。采用风冷方式，以气体（空气）作为传热介质的主要优点有：结构简单，成本较低，无漏液风险，而且对有害气体或可燃危险气体产生通风排除作用，改善安全性。不足之处在于：与电池系统换热器壁面之间换热系数低，冷却速度慢，效率相对较低。目前，全钒液流电池系统产品采用风冷方式的公司主要为日本住友，其开发的百kW级电池单元配置强制风冷换热系统，如图3-21所示。其基本原理是将电解液循环管道分配到热交换器内部的多个小直径管道中，以增加管道的表面积，在电池管理系统的统一指令下，利用强制流通的空气吹扫电解液循环管道，实现热量的交换和排除。

液冷方式是通过低温液体通过热交换器与电解质溶液进行换热，将电池系统产生的热量带走，达到保持电解质溶液在适宜温度范围的目的。全钒液流电池系统典型电解质溶液液冷方式原理如图3-22所示。在电解液输送管路上配置管壳

图 3-21　日本住友电工全钒液流电池储能系统风冷换热器

式换热器，电解质溶液流经换热器壳程，低温液体流经换热器中的管程。电解质溶液通过管壁与低温液体进行热交换，低温液体吸取热量后返回到压缩制冷机，通过压缩直冷机将热量排到环境空间，最终实现热量的排除。

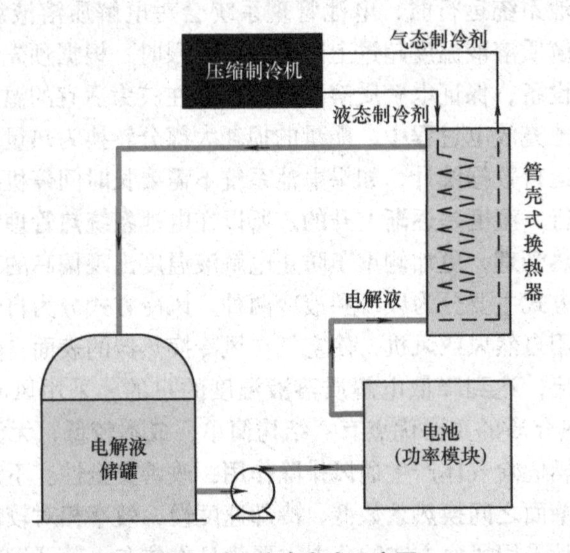

图 3-22　液冷方式示意图

液冷方式具有热交换速率高，换热器体积相对较小的特点。目前，大连融科储能技术发展有限公司的全钒液流电池储能单元通常采用液冷方式进行散热管理。

6. 记录功能

电池管理系统中包含数据存储系统，用于对电池系统中的检测量和诊断量进行存储。电池管理系统数据记录的方式可以采用上位机软件、计算机记录数据、将数据写入存储卡内等。

通过电池管理系统记录功能，除了记录上述所述的电池系统运行状态诊断量数据，全钒液流电池系统的数据记录中检测量主要包括下面基本参数：

1）电堆电压；

2）电池系统总电压；

3）电池系统总电流；

4）电池系统并联支路电流；

5）电池系统开路电压（OCV）；

6）电池系统荷电状态（SOC）；

7）电解质溶液温度；

8）环境温度；

9）正负极电解液输送管路压力；

10）正负极电解液流量；

11）正负极电解质溶液循环泵电流。

通常情况下，一般要求电池管理系统能够对电池系统的各项事件及历史数据进行存储，并具备记录不少于10000条及时间不少于30天的历史数据。

电池管理系统的数据记录可用于在线或离线分析电池性能和电池故障的诊断，为电池系统运行优化提供参考，也可以分析电池系统整个生命周期内的使用情况，对电池系统的使用状况进行统计分析。同时利用数据库，还可以形成数据报表，为用户提供日报表以及月度报表，用于分析日或月度充放电电量及能效等关键运行指标，为电池系统运行调度和状态评估提供分析依据。

3.2 全钒液流电池用储能变流器

储能变流器（Power Conversion System，PCS）是连接电池系统与电网或负载之间的，实现电能双向转换的电力电子装置[31]。PCS是储能单元中功率调节的执行设备，在能量管理系统的调度下，实施有效和安全的充电和放电管理。高性能PCS设备及对其有效控制是储能系统应用的核心技术。

储能系统PCS接入电网时，需满足以下要求[32]：

1）PCS接入电网不应对电网的安全稳定产生任何不良影响，同时，不宜改变现有电网的主保护设置。该要求为PCS接入电网的最基本要求。

2）功率控制和电压调节要求。在能量管理系统的统一控制下，PCS具备就地充放电控制功能及远程控制功能。储能系统的控制遵循分级控制、统一调度的原则，根据电网调度部门指令控制其充放电功率。同时，储能系统PCS的动态响应速度应满足电网运行的要求。

储能系统以调节其无功功率的方式参与电网电压的调节。一般情况下，PCS的功率因数应在0.98（超前）~0.98（滞后）范围内连续可调。在其无功输出范围内，储能系统PCS在能量管理系统控制下应能在电网调度部门的指令下参与电网电压调节，其调节方式和参考电压、电压调差率等参数由电网调度部门确定。

3）电能质量要求。储能系统经PCS接入电网后，并网点处的总谐波电流应满足GB/T 14549—1993《电能质量　公用电网谐波》的规定。PCS的启动和停机以及充放电状态切换不应引起并网点处的电能质量指标超出GB/T 14549—1993和GB/T 12326—2008《电能质量　电压波动和闪变》的规定范围。储能系统接入电网后，并网点处的三相电压偏差不应超过标称电压的±7%。

3.2.1　典型储能系统用PCS设备拓扑结构

1. 基于DC/AC变换器的单级式PCS

图3-23为单级式PCS的模型电路。由模型电路可以看出，PCS主要由开关器件和滤波元件构成。电池接入PCS直流端，直流电压经由开关器件按特定调制方式进行PWM斩波后输出方波电压，再经过三相LC滤波生成正弦波电压并入电网。

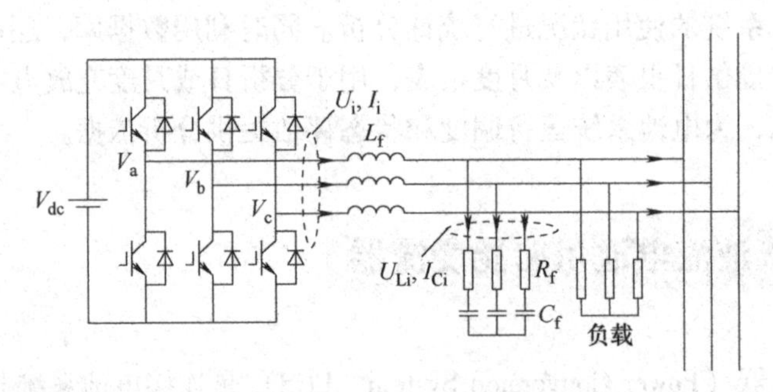

图3-23　单级式PCS电路结构图

假设滤波电感为L_f，开关器件输出的电压为U_i，电网电压为U_{Li}，电感压降为U_L，PCS通过调整U_i的大小和相位即可控制交流输出电流的大小和相位，在此基础上可以调整功率的方向实现对电池的充电或放电，此外还可进行无功补偿。并网运行时PCS交流侧矢量图如图3-24所示，当PCS运行在纯阻性模式时，交流电流与电网电压同相位，PCS对电网只发出或吸收有功功率，当运行在纯感性或容性负载模式时，PCS与电网间只有无功交换。实际运行当中，多数情况下PCS只工作在矢量图的B、D两点，或者在在这两点附近的圆弧。

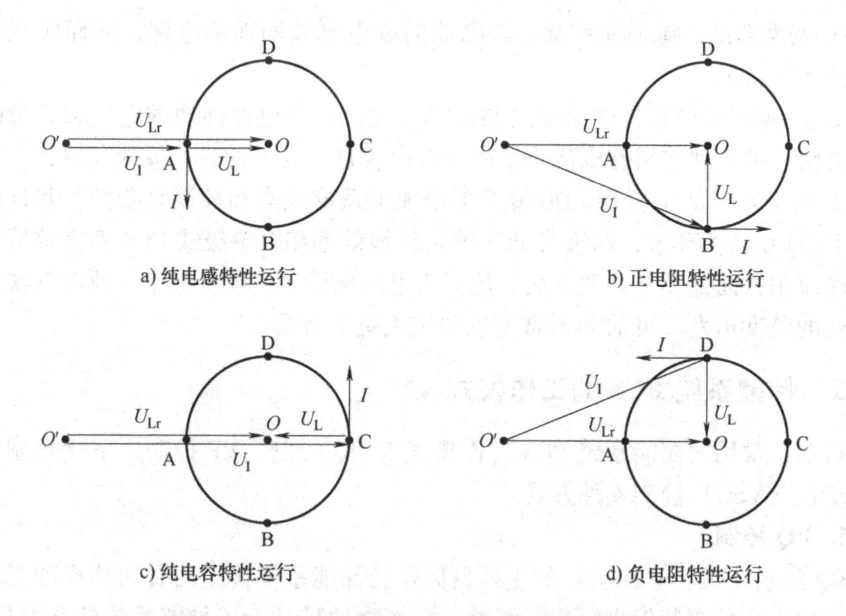

a) 纯电感特性运行　　b) 正电阻特性运行

c) 纯电容特性运行　　d) 负电阻特性运行

图 3-24　PCS 并网运行交流侧电压电流矢量关系图

2. 基于 DC/DC 变换器的两级式 PCS

基于 DC/AC 变换器的单级式 PCS 拓扑结构简单，但存在电池组电压高、电池维护控制准确度差等诸多不足，因此，对于要求较高的应用场合，可考虑采用基于 DC/DC 变换器的两级式 PCS，其拓扑结构如图 3-25 所示。

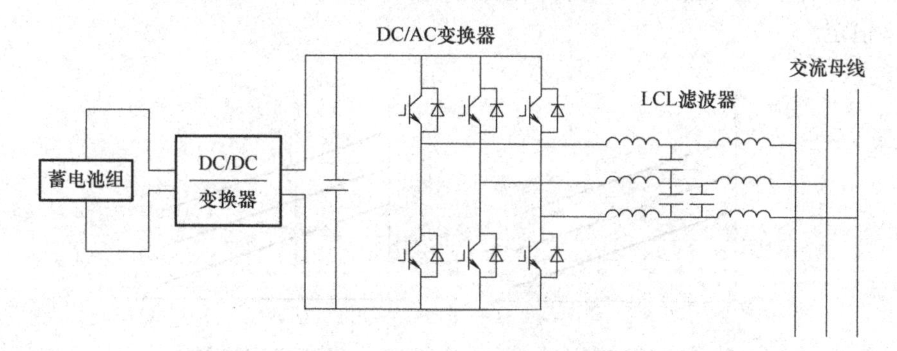

图 3-25　两级式 PCS 拓扑结构

前级 DC/DC 变换器主要是实现直流侧电压的升、降压变换，以便直流电压满足后级并网逆变器的并网控制要求，而后级 DC/AC 变换器则实现并网运行。当后级 DC/AC 变换器工作在整流状态时，电能从电网传输到 DC/AC 变换器直流侧，并通过前级 DC/DC 变压器降压后实现对电池的充电控制；当后级 DC/AC 变换器工作在有源逆变状态时，前级 DC/DC 变换器将电池电压升压后，通过后级

DC/AC 变换器的有源逆变控制，将电池的放电电能回馈给电网，从而实现电池电能的回馈放电。

基于 DC/DC 变换器的两级式 PCS 的主要优点是电池模块的电压和容量配置更为灵活，可实现多组态电池模块的充放电管理，并方便进行模块化设计。两级式 PCS 的主要不足在于 DC/DC 变换器增加了系统成本和控制复杂性，并且由于多了 DC/DC 转换环节，两级式 PCS 能量转换效率相对单级式 PCS 而言较低，这在储能应用方面是其不利的一面。从提高电池储能系统能量效率、改善系统运行稳定性的角度出发，目前 PCS 选型以单级式更为普及。

3.2.2 储能系统 PCS 的工作模式

目前，常用的储能系统 PCS 工作模式有 PQ 控制、VF 控制、下垂控制、虚拟同步机（VSG）控制 4 种方式。

1. PQ 控制

PQ 控制（恒功率控制）的主要目标是让储能系统输出的有功功率和无功功率在调度指令的调节下进行相应调整。该策略比较适合于储能系统的并网运行，相对而言技术也较为成熟。PQ 控制是储能系统并网最常用的控制方式，而且只有在储能系统并网模式下才可能运用，其控制原理如图 3-26 所示。PQ 控制的主要原理是系统设定功率指令值，通过有功和无功控制器，得到电流参考值，再由电流电压多环控制，便得到功率器件触发信号。PQ 控制策略的本质是将有功功率和无功功率解耦之后加以控制，最后实现对电池系统的电压调节，使得输出的功率恒定。

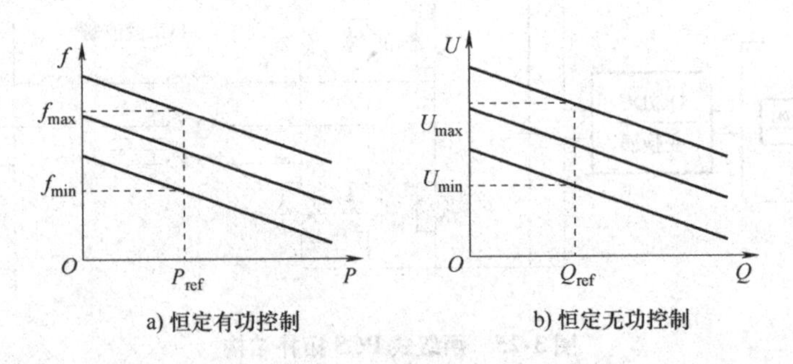

图 3-26 PQ 控制原理示意图

PQ 控制可以实现储能系统的有功功率和无功功率实时接受调度指令值。在 PQ 模式下，储能系统会跟随电网的电压和频率，不承担电网电压和频率的调节任务。只要电网的电压、频率在正常允许范围内，储能系统输出的有功功率和无功功率将会是定值不变，即为调度指令值。

2. VF 控制

VF 控制是指储能变流器维持输出电压和频率不变，而输出的有功功率和无功功率由负荷决定，其控制原理如图 3-27 所示。不论输出的有功功率和无功功率如何变化，VF 控制的储能变流器自动调整运行曲线，满足负荷随机变化，保持电压、频率恒定，因此，其外特性为电压源。VF 控制常用于微网的孤岛运行模式，用于支撑维持微网内的电压和频率。

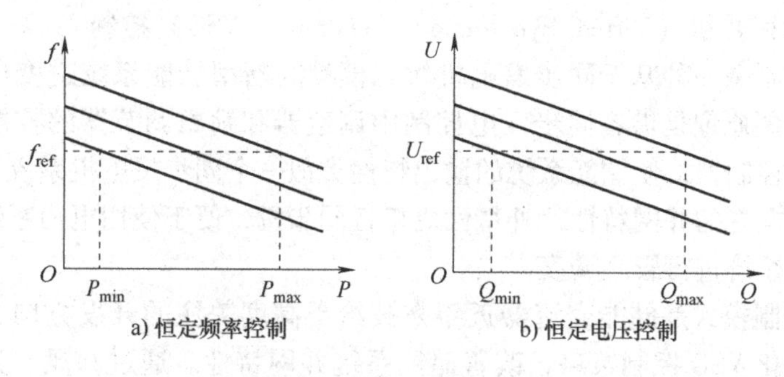

图 3-27　VF 控制示意图

3. 下垂控制

下垂控制是一种无互联线 PCS 并联均流的控制方法，这种控制方式是典型的对等控制，在有下垂控制策略的并联电池储能系统中，多个电池储能系统间地位是等同的，随着电网频率和电压的波动，该控制策略可以自动地调节储能单元中 PCS 的有功和无功功率，不需要通信设备与各储能单元进行通信，便可以实现负荷功率的自动分配，对负荷供电。

下垂控制既可以工作在独立带载的情况，也可以工作在多机并联的情况下。在组建微电网时候，可以使用下垂控制模式建立微电网的电压频率，在无上层控制的情况下，PCS 可以根据本地设置参数分配系统的负荷；在有上层控制的情况下，PCS 按照上层控制器设置的参数运行，同时还可以根据自身情况选择是否进行二次调频。

下垂控制策略模拟了传统同步发电机的一次调频特性和一次调压特性，即有功频率、无功电压之间的下垂特性，随着电网频率和电压的波动，储能系统 PCS 可以自动地调节有功和无功功率。

如上所述，PQ 控制主要运行于储能系统并网状态，VF 控制主要运行于储能系统孤岛状态。当系统遇到突发状况，如电网故障或电能质量恶化，处于并网运行的储能系统，无法维持系统的正常并网条件，必须转为孤岛运行模式。在 PQ 控制模式下，系统类似于一个电流源，在并网和孤岛切换过程中，电压会中断，影响系统正常工作。储能系统 PCS 在下垂控制模式下，最接近同步发电机运行特性，但由于其属于电力电子器件，响应快速，一旦发生扰动，系统就快速变化，不利于系统稳定。

随着可再生能源渗透率的不断增加，电网稳定性将受到越来越明显的不利影响，而采用上述3种控制模式的PCS不具备提供旋转惯量的能力，也不能提供必要的阻尼作用来提高系统稳定性。因此，如果在下垂控制的基础上加入旋转惯量以及电磁特性，使得大容量储能系统具有同步发电机特性，可更好地维持电网安全稳定。

4. 虚拟同步机（Virtual Synchronous Generator，VSG）控制

VSG控制是一种基于同步发电机暂态模型的新型储能系统逆变电源控制方法。VSG控制原理是借鉴同步发电控制中调速器和励磁调节器的控制方法来设计变流器的控制器，使储能系统的输出特性类似一个同步发电机系统，对电力系统具有更加友好的并网特性，外特性更接近同步机，便于使用电力系统中成熟的方法对储能系统进行管理调度。

VSG控制模式是储能变流器近年来被给予高度关注的开发方向，目的是通过应用和优化VSG控制策略，改善储能系统并网特性。通过和风、光为代表的新能源发电结合，能够有效促进新能源发电参与电力系统一次调频和虚拟惯量响应，更好地促进电力系统运行稳定。

3.3 全钒液流电池储能系统能量管理系统

3.3.1 能量管理系统

能量管理系统（EMS）是在不同储能系统应用场景中，通过监控和管理电池储能设备以及涉及的发电电源、负载、并网点等环节，并根据预先设计的应用运行模式，做出合理的判断，控制系统内各设备运行正常，实现包括电池储能设备等整个系统运行优化及运行模式的设备和软件的统称。

3.3.2 能量管理系统的分类及功能

电池储能系统在电力系统发、输、配、用等领域具有不同的运行模式，可以实现不同的应用功能，为满足不同应用领域的实际需求，需要开发针对性的能量管理系统。从目前国内外实际应用运行情况来看，电池储能系统主要在新能源发电、分布式发电智能微网、电力系统辅助服务3类不同领域得到比较广泛的应用和快速发展。下面就上述3类储能系统EMS的基本功能进行简单介绍。

3.3.2.1 新能源发电领域

通过配套电化学储能系统，改善以风、光为代表的新能源发电并网特性以及促进风电场和光伏电站主动参与电网系统调节，是促进新能源健康可持续发展的重大需求。近几年国内外紧密围绕上述需求，在电化学储能系统运行模式及调度方面开展了大量的探索工作，逐步形成了一些被广泛认可的运行功能和模式。通过 EMS 对储能系统进行有效管理和调度，可以运行的功能及模式如下：

1）平滑新能源发电并网功率；

2）改善新能源发电跟踪计划能力；

3）接受 AGC 和 AVC 调度指令，对储能系统进行有功和无功调度，参与调峰、调频、调压等辅助服务；

4）提高新能源场站高低电压故障穿越能力；

5）参与系统一次调频、提供虚拟惯量响应；

6）离网情况下，实现新能源场站黑启动。

上述功能及模式分别属于稳态和暂态两种情况。其中，1）~4）属于参与电力系统稳态稳定运行模式；5）和6）属于参与电力系统暂态稳定运行模式；新能源场站黑启动则是针对场站一旦因发生电力系统故障导致并网点断电情况下的新能源场站孤网运行模式。

EMS 在上述应用场景中将对新能源发电、储能系统、并网点及电网系统进行实时监测，根据电网系统运行的需求，对配套储能的新能源发电进行合理调度，促进电力系统运行的安全、经济运行。针对新能源发电领域配套储能系统的典型能量管理系统架构如图 3-28 所示。

如图 3-28 中所述，EMS 中的监控单元将对新能源发电场站并网点频率、电压信号进行监测，实时监测场站并网点功率变化情况。基于上述监控数据，针对新能源发电领域，储能电站 EMS 根据设定的相关运行模式及功能，与新能源发电 AGC 和 AVC 通信，并接受指令对储能系统进行有功或无功调度，并进行储能系统运行模式管理及储能系统运行优化等工作。

1. 储能系统的稳态运行有功调度

EMS 对于储能系统有功调度的主要目的有两方面，分别是降低新能源场站并网点功率波动度和改善新能源场站跟踪计划发电能力。

在执行新能源场站功率平滑模式时，EMS 对风电场并网点功率的数据进行实时监测，内嵌的相关滤波算法能够通过并网点功率数据计算出并网点并网功率目标值，EMS 根据目标值与并网点实际功率的差值下发充放电指令，储能系统快速响应，实时弥补该功率差值，最终实现新能源场站并网点上网功率的平滑，降低并网点功率波动幅度。为了保证储能系统有效出力，EMS 还实时监控储能系统充放电状态，其内部相关控制策略将在控制逻辑中添加充放电状态反馈控制环节，保证储能系统运行在合理的充放电状态区间，使得储能系统具有充分的有功调度响应能力。

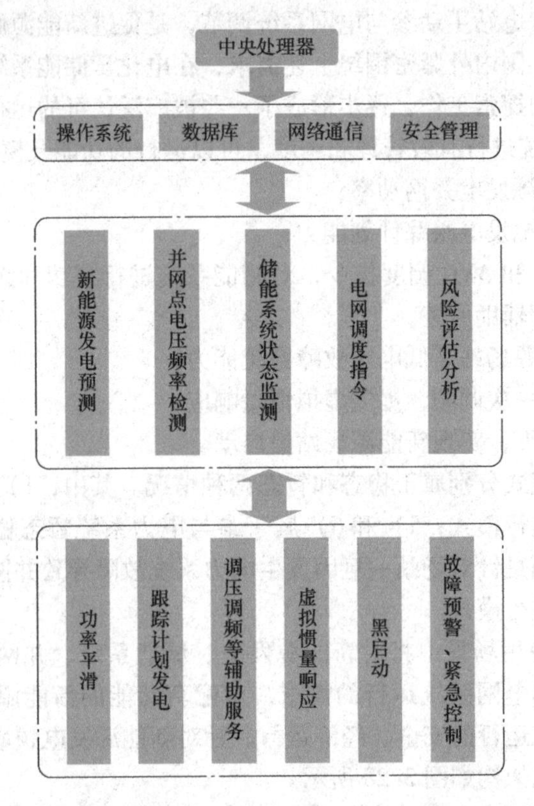

图 3-28 新能源发电领域配套储能系统 EMS 架构示意图

在执行跟踪发电计划模式时，EMS 接受新能源场站 AGC 指令，跟踪 AGC 曲线，同时根据新能源场站实时发电功率，调度储能系统出力，改善跟踪计划发电能力。

2. 储能系统的稳态运行无功调度

储能系统可以快速释放和吸收无功，EMS 既可以接受新能源场站 AVC 调度指令，对储能系统进行无功调度，实现新能源场站参与并网点电压调节，同时 EMS 也可实时监控新能源场站并网点电压，根据并网点电压的变化，结合电力系统运行需求，实时控制储能系统无功输出，实现参与并网点电压及功率因数调节的功能。

3. 储能系统的暂态运行有功调度

随着新能源发电占比的增加，电力系统运行调度对新能源发电场站参与电力系统暂态稳定控制的要求越来越高，需要新能源场站主动参与电力系统一次调频和提供虚拟惯量响应。

EMS 可实时监控新能源场站并网点频率，根据并网点频率实时值，结合电力系统运行需求，通过下垂算法，控制储能系统有功输出，实现一次调频功能。

EMS也可以实时计算并网点频率变化率，根据电力系统运行需求，通过下垂算法实时控制储能系统有功输出，为电力系统提供虚拟惯量响应。

4. 多种运行模式优化

无论是稳态工况下的有功、无功调节，还是暂态工况下的有功、无功调节，新能源发电场站配套储能的运行模式需要根据电力系统的实际需求来确定。有的运行模式可以同时运行，有的运行模式不能兼顾。通过多年来针对储能系统运行调度及示范运行情况及新能源场站实际需求来看，在EMS的统一调度下，稳态工况下的有功调度的一种运行模式、无功调度的一种运行模式以及暂态工况下一次调频及虚拟惯量响应两种模式可以同时运行。

如上所述，稳态工况下的有功调度可以实现不同的功能，因此，在实际运行中，具体按照哪一种模式进行调度，优先实现什么样的功能，需要根据新能源场站实际情况及电力系统运行需求来确定。在EMS中针对不同运行模式和功能设定运行优先级，最大程度地满足电力系统运行需求，同时还要面向新能源发电场站参与电力市场，获取最大收益的需求，统筹确定具体的运行方式。

因此，在新能源发电领域，储能系统配置的EMS需要具备不同运行模式设定功能，以优化配套储能系统的新能源场站运行方式，改善其并网特性，主动参与电力系统调节，满足电力系统多目标运行需求，为新能源发电健康可持续发展奠定基础。

3.3.2.2　分布式发电及智能微网

分布式发电配套储能系统构建智能微电网是目前风光等新能源发展的重要方向，同时通过配套热电联产、燃气轮机、柴油发电等多种电源形式，可建设形成多能互补的能源供应系统，它具有投资小、清洁环保、供电可靠和发电方式灵活等特点，不仅是我国电力系统未来发展的有效补充和完善，从全球范围来看，也是未来电力系统的重要发展趋势之一。在EMS的管理下，分布式发电及智能微网能够实现自我控制、保护和管理，可在并网模式下运行，也可在孤网模式下运行；通过多能互补，发储结合，智能调控，实现稳定可靠供电；微电网具备并网孤网运行模式自动切换，从而提高重要负荷的供电可靠性。配套储能系统，构建智能微网能够改善分布式可再生能源的随机性及接入可靠性低等问题，其实现的主要功能和运行模式如下：

1）有利于提高配电网对分布式能源的接纳能力；

2）可有效提高分布式能源的利用率；

3）有效降低配电网运行的负荷峰谷差，优化配电网运行方式，降低配电网损耗；

4）可在电网故障状态下保证关键负荷供电，提高供电的可靠性；

5）可用于解决偏远地区、荒漠或海岛的用电问题。

微电网 EMS 具有负荷调度、电源控制、储能系统管理、并离网切换、用户容量需求及参与需求侧管理等功能。该模式下的 EMS 架构如图 3-29 所示。

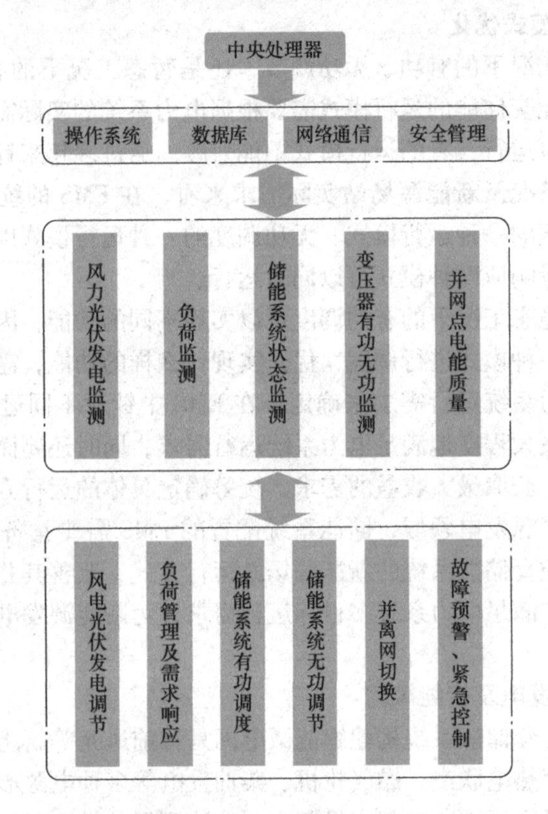

图 3-29　微电网模式下的 EMS 架构示意图

1. 负荷管理

通常情况下，EMS 对微电网内的负荷采取分级管理，分为重要负荷、一般负荷等。重要负荷为需要重点保障电力供应的负荷，而一般负荷为在紧急情况下可以适当切除的负荷。在微电网孤网运行时，在电源出力和储能装置电量不足时，能量管理系统会根据负荷分级，优先切除一般负荷，确保重要负荷的正常供电。另外，也可以通过针对重要负荷和一般负荷的管理推进需求侧管理或者参与需求侧响应，达到节省用户电费、降低电力系统峰谷负荷差的目的。

2. 电源控制

智能微网中的分布式电源是多种多样的，包括风电、光伏、热电联产、燃气轮机、柴油发电机等。根据出力特性，上述电源分为可调度电源和不可调度电源两类。风电、光伏的出力主要取决于自然环境，属于不可调度电源，其具有一定的可预测性，但目前预测误差较大。EMS基于运行安全经济、清洁低碳的总目标，对各种分布式电源功率输出进行调节。比如风电、光伏发电的预测，并根据预测，综合制定其他电源和储能系统的调度计划。

3. 储能装置的管理

EMS要实时监控储能装置的状态，比如充放电状态、开停机状态等，并根据微电网系统需求对储能装置进行充放电管理，包括储能装置的有功、无功功率，参与有功和无功调节。通过上述控制，在并网模式下，可以确保分布式电源的稳定出力，并起到削峰填谷和能量调度的作用，不仅可以促进分布式电源的利用率，也可为用户节约电费、改善用电功率因数。在孤网模式下，储能系统起到保持系统稳定运行，保障稳定供电的作用。

4. 并离网切换

EMS可以检测微电网的并离网状态。当检测到电网来电时，能够自动地将微电网由孤网运行模式过渡到并网运行模式下。当并网后发生故障且故障点在微电网外部时，通过主网与微电网相互通信以确定故障严重程度。如超出自身调节能力，微电网可以选择与主网断开，进入孤岛运行，并可实现两种运行模式的无缝切换。

5. 用户容量需求管理

微电网通过变压器与电网连接。EMS可以通过对微电网内部电源、负荷的有效调度实现对变压器与电网间容量的需求管理。从而可以充分利用现有电价机制，为用户用电降低成本，同时也可以降低电力系统容量负荷需求，对于电力系统经济高效运行具有积极意义。

3.3.2.3　电力系统辅助服务

电力市场辅助服务是指为维护电力系统的安全稳定运行，保证电能质量，除正常电能生产、输送、使用外，由发电企业、电网经营企业和电力用户提供的服务，包括一次调频、自动发电控制（Automatic Generation Control，AGC）、调峰、无功调节、备用、黑启动等。通常情况下，参与提供电力系统辅助服务的为接入电力系统的并网发电厂。随着新能源发电装机占比以及终端电能消费中新能源发电比例逐渐的提高，电力系统调峰能力日益缺乏，导致弃风、弃光、弃核现象发生。电化学储能系统可在用电低谷期作为负荷存储电能，在用电高峰期作为电源释放电能，实现发电和用电间解耦及负荷调节，削减负荷峰谷差，具有削峰填谷的双重功效，是不可多得的调峰电源。另外，电化学储能系统能够快速吸收和释放无功，且具有响应速度快、可自启动等特性，除了参与电力系统调峰辅助服务之外，电化学储能系统还适用于为电力系统提供无功调节、黑启动、备用电源等辅助服务。

电池储能系统作为独立主体参与电力系统辅助，通常直接接入电力系统不同电压等级的输配线路，其能量管理系统接受电力系统调度中心的调度，对电池储能系统下发有功和无功指令，为电力系统提供辅助服务。为完成上述功能，能量管理系统需要和电力系统调度直接通信，不仅需具备 AGC 和 AVC 管理功能，而且还要对储能系统并网点频率和电压进行实时监控。储能系统直接接入电网参与电力系统辅助服务的能量管理系统结构图如图 3-30 所示。

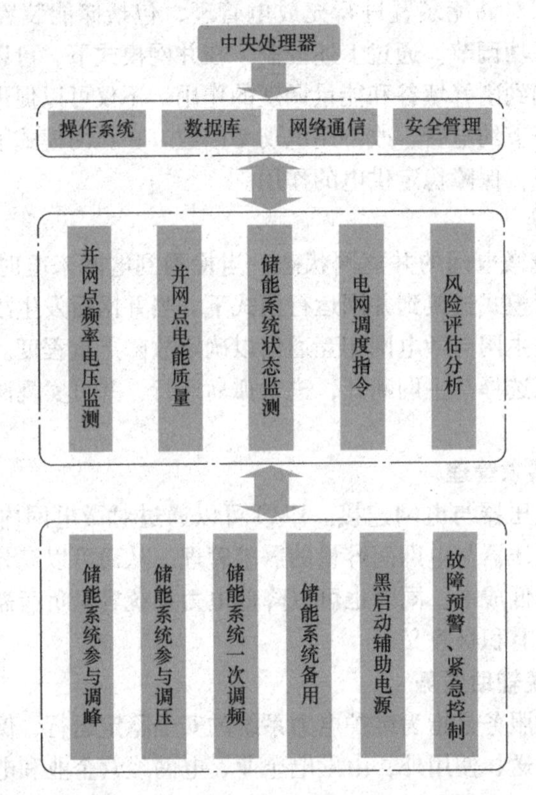

图 3-30　电力系统辅助服务的能量管理系统结构示意图

3.4　SOC 监控

3.4.1　SOC 的基础知识

3.4.1.1　全钒液流电池 SOC 的定义

在全钒液流电池系统中，荷电状态（State of Charge，SOC ）表示的是电解液中所含的电量。理论上，荷电状态可以通过电解液中各离子所占的比例来定义，如式（3-5）所示：

$$SOC_{正\text{-}理论}=\frac{c[VO_2^+]}{c[VO_2^+]+c[VO^{2+}]}\times 100\%$$

$$SOC_{负\text{-}理论}=\frac{c[V^{2+}]}{c[V^{2+}]+c[V^{3+}]}\times 100\% \tag{3-5}$$

式中 c——各价态钒离子浓度（mol/L）。

在理论的SOC定义中，若正极的VO^{2+}全部转化为VO_2^+，负极的V^{3+}全部转化为V^{2+}，荷电状态定义为100%。若正极VO_2^+的全部转化为VO^{2+}，负极的V^{2+}全部转化为V^{3+}，荷电状态定义为0%。

在实际应用模式下，电池在充电结束后，还有部分正负极钒离子未完全转换为VO_2^+或V^{2+}，放电结束后电解液中也会有VO_2^+或V^{2+}剩余，即实际应用过程中不会达到理论SOC的0%或100%。因此，理论SOC更多的应用于理论计算，而在实际应用过程中，为了更好地反映电池系统的可利用电量，在兼顾电池系统安全和充分利用活性物质等方面前提下，将理论SOC的某一段区间确定为实际使用过程中的SOC，并把该区间的上限和下限分别作为SOC的100%和0%。理论SOC与实际SOC在数值上存在一定的换算关系，需要经过大量的数据积累进行推导，在本章所述的SOC，如无特殊说明，均指实际使用过程中的SOC，简称SOC。

《全钒液流电池 术语》（GB/T 29840—2013）对SOC给出了定义，SOC是指电池实际（剩余）可放出的瓦时容量与实际可放出的最大瓦时容量的比值。SOC是反映电池剩余容量、监控电池运行状态的重要参数，其定义的范围为0%~100%，电池充满电时，SOC为100%，电池放净电时，SOC为0%。其计算公式如下：

$$SOC=\frac{E_{d1}}{E_{d2}} \tag{3-6}$$

式中 E_{d1}——电池实际剩余可放出容量（Wh）；

E_{d2}——电池实际可放出的最大容量（Wh）。

根据GB/T 29840—2013中的定义，开路电压（Open Circuit Voltage，OCV）指电池没有外部电流通过时的电压。由于电池内阻以及极化作用的存在，电池充电时，充电电压大于开路电压，放电时，放电电压小于开路电压。

在实际应用过程中，可近似认为电池的开路电压在数值上等于电动势。理论上，根据Nernst方程，钒电池的电动势与电解液中各价态钒离子活度及电解液的理论SOC成一定函数关系，公式如下：

$$E=E^{+}-E^{-}=E^{\theta}+\frac{RT}{nF}\ln\left(\frac{a[VO_2^+]a[V^{2+}]a[H^+]^2}{a[VO^{2+}]a[V^{3+}]}\right)$$

$$=E^{\theta}+\frac{RT}{nF}\ln\left(\frac{\gamma[VO_2^+]\cdot c[VO_2^+]\cdot\gamma[V^{2+}]\cdot c[V^{2+}]\cdot\gamma[H^+]^2\cdot c[H^+]^2}{\gamma[VO^{2+}]\cdot c[VO^{2+}]\cdot\gamma[V^{3+}]\cdot c[V^{3+}]}\right)$$

$$=E^{\theta}+\frac{RT}{nF}\ln\left(\frac{\gamma[VO_2^+]\gamma[V^{2+}]\gamma[H^+]^2}{\gamma[VO^{2+}]\gamma[V^{3+}]}\right)+\frac{RT}{nF}\ln\left(\frac{c[VO_2^+]c[V^{2+}]c[H^+]^2}{c[VO^{2+}]c[V^{3+}]}\right)$$

$$=E^{\theta}+\frac{RT}{nF}\ln\left(\frac{c[VO_2^+]c[V^{2+}]c[H^+]^2}{c[VO^{2+}]c[V^{3+}]}\right)+K \tag{3-7}$$

式中 E^+——正极电对电势（V）；

E^-——负极电对电势（V）；

E^{θ}——正负极标准电极电位之差，其中 $\varphi_{VO_2^+/VO^{2+}}=1.000V$，$\varphi_{V^{3+}/V^{2+}}=-0.255V$，因此，$E^{\theta}$ 通常取值1.255V；

a——各价态钒离子活度（mol/L）；

γ——各价态钒离子活度系数；

c——各价态钒离子浓度（mol/L）；

K——与活度系数相关的常数，在这里假设活度系数不随电解液浓度的变化而变化。

假设正、负极电解液的初始总浓度及配比相同，且忽略充放电过程中发生的离子迁移和副反应的影响，随着充放电过程的进行，正、负极电解液的理论SOC应相同，即

$$SOC_{理论}=SOC_{负-理论}=SOC_{正-理论}$$

将理论SOC的定义带入Nernst方程，则有：

$$E=E^{\theta}+\frac{RT}{nF}\ln\left(\frac{SOC_{理论}^2\cdot c[H^+]^2}{(1-SOC_{理论})^2}\right)+K \tag{3-8}$$

虽然在应用过程中，SOC较$SOC_{理论}$更为适用，但电池OCV与$SOC_{理论}$之间的关系为电池系统SOC的估算提供了理论上的支持，即通过电池系统的开路电压可以估算出电解液的荷电状态。由于实际应用过程中，正负极电解液的初始浓度和配比往往并不相同，在运行过程中的离子迁移、副反应等因素导致正负极电解液$SOC_{理论}$发生失衡，加之电池系统运行模式的限制，因此实际的OCV-SOC关系需要大量的数据积累进行修正，如图3-31所示。根据全钒液

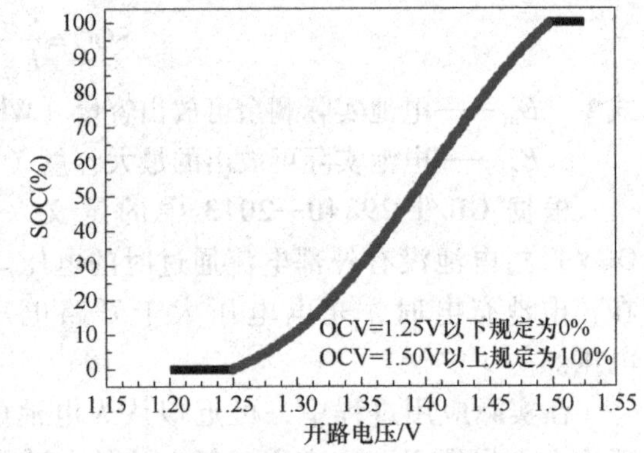

图3-31　系统SOC与OCV关系

流电池系统充放电实际经验，SOC 与 OCV 之间的关系曲线主要对 OCV 在 1.25～1.50V 范围内进行模拟。OCV 在达到或超过 1.50V 时通常规定 SOC 达到 100%，在达到或低于 1.25V 时规定 SOC 为 0%。

3.4.1.2　在线 SOC 测量的必要性

随着可再生能源的发展和电网对安全性的需求愈发强烈，大规模、高安全性的储能技术已成为各国家关注的重点，被越来越广泛地应用于电网及可再生能源发电等诸多场景中。在大规模储能技术中，不仅包括飞轮、压缩空气、抽水蓄能等物理储能方式，也包括锂离子电池、全钒液流电池、铅炭电池等化学储能方式。其中，全钒液流电池以其功率容量独立、高安全性、正负极间无交叉污染、寿命长等诸多独特的优势，在大规模储能领域占据了一席之地。

同其他电化学储能技术类似，对于其容量的监控也是全钒液流电池储能系统在实际应用中需要关注的重要指标，获得有关电池容量的准确信息对于维持电池系统的最佳运行状态及有效调度至关重要。通常，这一信息是通过电池管理系统（BMS）对全钒液流电池运行参数的采集、分析，并对 SOC 进行预测来实现的。提供实时准确的 SOC 信息是 BMS 的关键功能之一，基于 SOC 实现对电池系统的管理和控制。

与其他固态类电化学储能技术有所不同，全钒液流电池理论上可以准确地测量出其 SOC 状态。一方面，全钒液流电池系统在容量和功率上的设计相互独立，因此电池处于非充、放电状态下并不是准确测量全钒液流电池系统 OCV 的必要条件，即使处于充、放电运行状态时，也可以通过使正、负极电解液流经一个在管路系统中串联或并联的参比电池（OCV 电池）的方法连续监测电池的 OCV，并通过 OCV 预测全钒液流电池系统的 SOC，以期对电池系统进行良好的管理和控制，该方法也是目前在全钒液流电池领域中最为常用的开路电压分析法，如图 3-32所示[33]。

另一方面，全钒液流电池系统的能量储存介质是电解液而不是电极，因此可以通过对电解液进行分析，以确定电池系统的 SOC，相应的化学或仪器分析方法也应运而生，包括化学滴定、电位滴定、ICP 分析、质谱分析等。

在全钒液流电池系统的理想运行状况下，随着充放电过程的进行，正、负极的 $SOC_{理论}$数值应该是一致的。然而，在运行过程中，实际状况要远比理想状况复杂得多，正、负极的 $SOC_{理论}$数值往往会存在较大差异，这使得单一的 SOC 数值并不能够完全准确地反映出电池系统的真实状态，增加了通过 SOC 对全钒液流电池系统进行控制的难度。而造成这一问题的主要原因是正负极电解液钒离子不对称迁移及副反应的存在。

首先，电解液中的 H^+ 会在充放电过程中起到传递电荷的作用，H^+ 会以水合离子的形式存在，这就使得在充放电过程中，正、负极电解液的体积会发生变

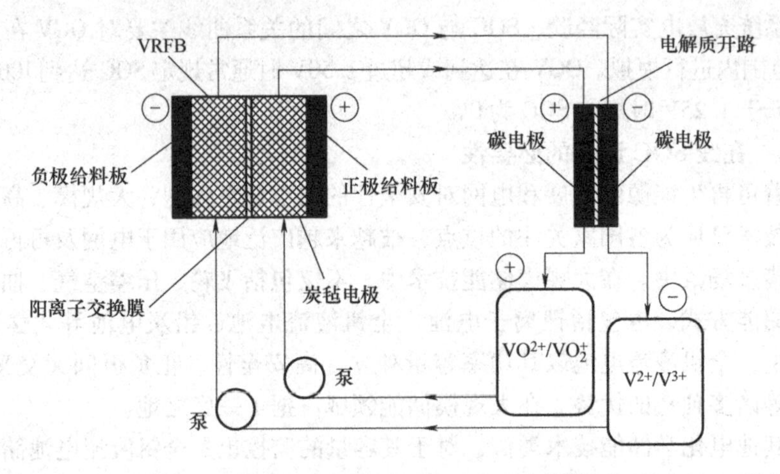

图 3-32　开路电压分析法——通过参比电池监测 OCV

化。虽然理论上只有 H^+ 在充放电的过程中传导电荷，但目前采用的离子交换膜并不能完全阻止同样以水合离子状态存在的钒离子的迁移[34]，这同样也会造成电解液在充放电过程中的迁移。此外，大量研究结果表明，不同价态的钒离子通过隔膜的迁移速率是不同的，并与离子交换膜的种类有关，且温度越高，迁移速率越快。例如，不同价态的钒离子通过 Nafion 类离子交换膜的迁移速率为 $V^{2+}>VO^{2+}>VO_2^+>V^{3+}$，这也会造成电解液正、负极体积的变化[35]。同时，一些研究结果表明，钒离子的潜移规律也会随着电场的作用发生变化[36]。电解液的迁移会造成正、负极两个半电池中电解液的体积和钒离子浓度的不平衡，增加了 SOC 准确预测的难度。

其次，全钒液流电池系统处于水性电化学体系中，水分解的电化学窗口与全钒液流电池系统充放电电位区间有重叠，因此会不可避免地受到负极的析氢反应及正极的析氧反应等一系列副反应的影响[37-39]。析氢、析氧等副反应不仅会导致正、负极电解液中离子综合价态的变化（偏离 3.5 价），还会降低电池系统的性能，影响电池系统的寿命。为了在运行的电位区间内降低全钒液流电池系统副反应的反应速率，电堆中通常会选用具有较高析氢、析氧过电位的碳材料作为其电极材料，但即便如此，其副反应的发生也并不可能完全得到抑制。正、负极两个半电池的析氢、析氧以及 V^{2+} 的氧化等副反应会进一步影响电解液综合价态的不平衡，进而影响每个半电池的 SOC，使得准确预测电池系统 SOC 的难度进一步增加。

此外，需要进一步说明的是，钒离子的迁移及副反应总是同时存在于全钒液流电池系统的运行过程中，且相互影响。一方面，只有正、负极电解液中的钒离子的总量及价态达到一定的比例才能使得全钒液流电池系统发挥其最大的容量或性能，但实际的情况是，由于钒离子的迁移及副反应的存在，所达成的最佳比例并不能长期稳定地保持下去，往往在电池系统运行一段时间后，该最佳比例便会被破坏，使得全钒液流电池系统容量不是受到正极半电池电解液状态的限制，就是受到负极半电池电解液状态的限制，从表观上表现为电池系统容量的衰减[40,41]。另一方面，最佳比例被打破后，会出现正、负极某一侧SOC或钒离子浓度偏高的现象，这一现象随着电池充放电的过程而不断加剧，最终会影响电池的性能或寿命。例如，负极侧SOC过高会导致析氢过程的加剧以及V^{2+}氧化速率的增加，正极侧SOC过高或VO_2^+浓度过高会导致电极材料的腐蚀或者五价钒的析出。

全钒液流电池系统对SOC进行预测，并基于SOC状态对电池系统进行控制及管理运行的目的是确保电池系统处于一个相对稳定的运行状态中。然而，钒离子的迁移及副反应的发生均会反过来增加准确预测全钒液流电池系统SOC的难度。为此，研究人员在解决钒离子迁移及副反应问题方向上做了大量努力，如通过将正、负极电解液进行定期的混合，恢复因钒离子迁移导致的容量损失[42,43]，通过消除副反应产物或通过重新纠正系统的平均价态使得系统回到电化学初始状态[44,45]。这些方法均体现了全钒液流电池所具有的独特特征。但这些方法均属于事后改进的方法，在采用这些方法时，因钒离子的迁移和副反应导致的结果已经发生，虽然容量的恢复是可逆的，但有对电极材料造成的不可逆劣化的风险。随着循环次数的增加，电极材料进一步劣化的风险增加。因此，能够实时、在线、准确地预测全钒液流电池系统的SOC，并通过所预测的SOC对系统进行控制和管理，以提前抑制钒离子的迁移及因副反应导致的平均价态的变化便显得尤为重要。

传统的SOC预测方法，包括开路电压分析及化学、仪器分析的方法均有其应用的局限性。全钒液流电池OCV是正极电解液电化学势与负极电解液电化学势的差值，并不能准确反映出电解液因钒离子迁移或副反应导致的失衡状态，即使电解液失衡状态已经非常严重，但OCV显示的数值有可能仍是正常的，因此并不能通过OCV准确判断出正、负极电解液的各自状态是否正常。化学、仪器分析的方法虽然可以较为准确地判断出正、负极电解液的状态，然而该方法涉及大量的操作，测试周期较长，并不适合在线的实时预测。因此，本节着重对能够在线监测且能够区分正、负极电解液状态的全钒液流电池SOC监测方法进行了探讨，并对其各自的优缺点进行了分析和比较。

3.4.2 在线SOC测量方法概述

3.4.2.1 UV-Vis光度分析

全钒液流电池系统中，不同价态的金属钒离子电解液会显示为不同的颜色，VO_2^+为黄色、VO^{2+}为蓝色、V^{3+}为绿色、V^{2+}为紫色。在较高浓度下，全钒液流电池系统的电解液通常显示为不透明的蓝黑色或墨绿色，通过稀释电解液，其本征颜色便可以显示出来。溶液呈现不同颜色的根本原因在于溶液中的分子或原子对光的选择吸收性，即当一束光通过溶液时，溶液中的分子或原子会选择性吸收特定波长范围的光，使得溶液呈现吸收波长光颜色的互补色。基于这一原理，采用 UV-Vis 光度分析方法分析全钒液流电池系统电解液的浓度组成便成为可能。实际上，非在线应用的 UV-Vis 光度分析方法早已应用于对钒离子浓度的检测。20 世纪 90 年代，便有了采用 UV-Vis 光度分析方法区分 VO_2^+ 与 VO^{2+} 的混合溶液中各自浓度组成的报导[46]。2011 年 Maria 的研究团队利用 UV-Vis 的分析方法跟踪全钒液流电池系统电解液在充、放电期间的颜色变化，并得出在 750nm 波长下负极电解液的吸光度与 SOC 呈线性关系的结论，即可以通过 UV-Vis 方法分析负极电解液中 V^{2+} 与 V^{3+} 的浓度组成[47]。2016 年，Roznyatovskaya 等人采用 UV-Vis 方法对不同浓度比例的 V^{3+} 与 VO^{2+} 电解液进行了研究，研究结果表明，总钒浓度的变化可以通过 600nm 处等吸光点的吸光度得出，V^{3+} 与 VO^{2+} 的浓度比例可以通过 401nm 处 V^{3+} 的吸收峰强度及 760nm 处 VO^{2+} 的吸收峰强度及其比例计算得出，如图 3-33 所示[48]。随着检测设备和检测手段的进步，采用 UV-Vis 光度分析方法检测的准确性大大提高，应用领域逐渐拓宽，作为一种有可能实现在线预测 SOC 的方法吸引着研究人员的兴趣。

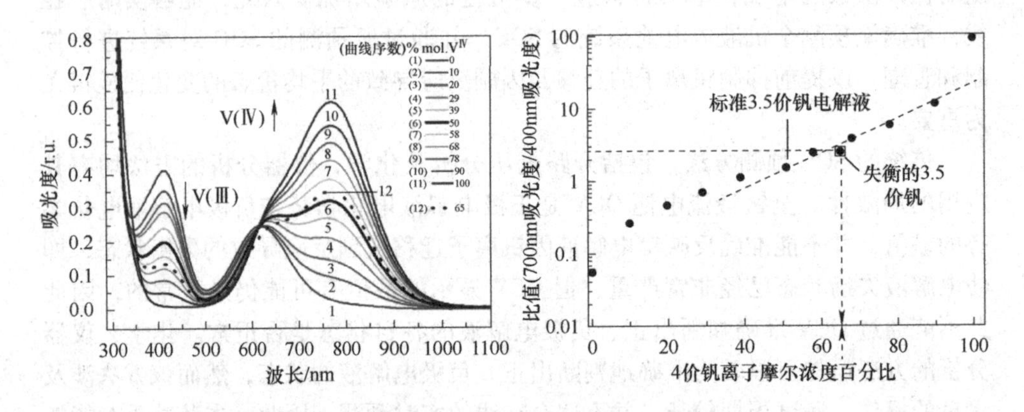

图 3-33　V^{3+} 与 VO^{2+} 的吸光度曲线（左）及 V^{3+} 与 VO^{2+} 吸收峰强度比例与 VO^{2+} 占比的关系（右）

采用 UV-Vis 光度分析方法分析钒离子浓度的困难，一方面在于是否有能够进行在线分析的设备，这一困难目前已经通过检测设备的技术进步得到初步的解决，然而目前在线检测设备的成本依然较高。另一方面在于高浓度条件下，由于 VO^{2+} 和 VO_2^+ 离子间的相互干扰，正极电解液的吸光度并不符合 Lambert-Beer 定律，即电解液的组成与吸光度不符合明显的线性关系。

Liu 等人[50]对此进行了一系列的研究。首先采用透射光谱代替吸收光谱的形式以获得更好的信号噪声比，并且为了解决光谱与 SOC 之间的复杂关系，研究团队利用标准样品全波长范围下曲线的形状代替某一特定波长下的数据建立了正极电解液 0~100% SOC 范围内的数据库[49]。随后，该研究团队针对正、负极电解液的在线监控提出了透射光强度校正的相关系数，并通过该相关系数开发出一套算法，通过将电解液透射光谱的归一化数据与数据库中的光谱数据进行比较，分别获得电解液的 SOC、钒离子浓度、H_2SO_4 浓度等参数信息。

2015 年，Liu 又继续开发出一种在线电解液光谱监测系统，用于对充、放电过程中电解液的 SOC 进行长期预测。该系统选择全白色 LED 作为光源，以确保其连续使用寿命。一个 25 倍物镜收集来自 LED 的光并将其聚焦到 0.5mm 微孔中，来自光源的平行光束被分束器分成两束，反射光束由工业相机记录下来，以监视光源强度的波动，透射光束通过吸收池，然后进入光栅光谱仪中。吸收池具有两个入口和两个出口，以及两个光程为 0.5mm 的石英玻璃窗，并可以通过上下滑动选择光需要透过的石英玻璃窗。光栅光谱仪由入射光管和 50mm 的狭缝光栅组成，分散的光束由工业摄像机捕获，如图 3-34 所示。该在线电解液光谱监测系统可以每秒 3 次测量正、负极电解液的透射光谱，并通过光谱准确分析电解液的 SOC 状态[51]。2017 年，在前期工作的基础上，通过对全钒液流电池系统正极侧副反应的研究，在 98%~100% SOC 范围内，该团队将光谱法预测全钒液流电池系统 SOC 的分辨率提升至 0.002%[52]。2019 年，该团队对其传感系统进一步进行改进，以三棱镜的折射方式代替光栅的透射方式开发出一种不带传感膜的

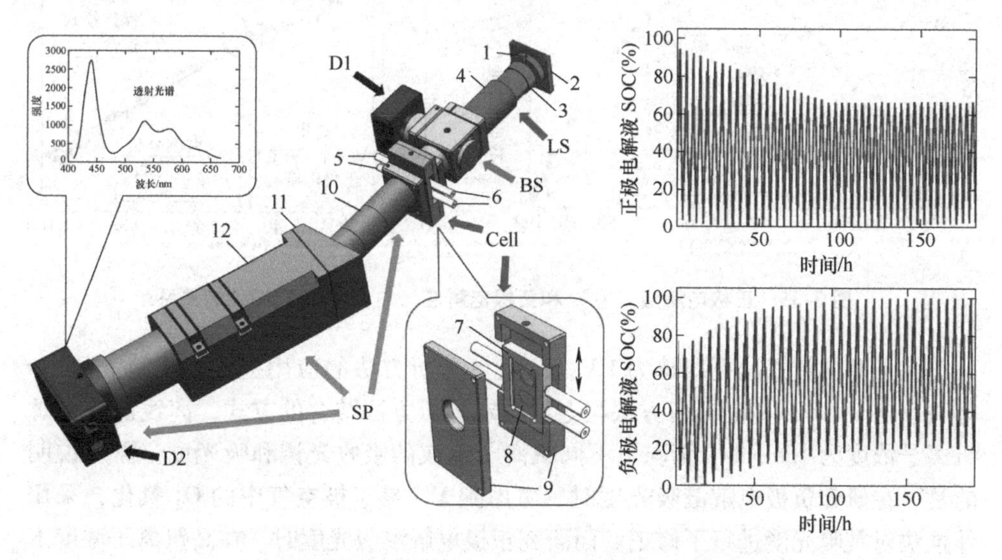

图 3-34 在线监控设备构造（左）及 SOC 状态的实时在线分析（右）

全内反射传感系统，用于实时监测全钒液流电池系统的SOC。该系统为了平衡工业相机的像素灵敏度和系统噪声，对传感器芯片与工业相机之间的距离和角度进行了优化，以获得最佳折射分辨率[53]。

Shin等人[54]对正、负极电解液的动态充、放电过程进行了UV-Vis研究，提出了一种SOC在线监测方法。该方法同样采用三棱镜折射及传感器接收光信号的方式对电解液的UV-Vis光谱进行了测量。为解决正、负极电解液钒离子浓度过高的问题，与其他解决方案类似，研究人员缩小了光在电解液中传播的光程差，使用了光程仅为0.1mm的石英玻璃比色皿。在测试波长上，该方法选用575nm对正极电解液进行研究，选用410nm对负极电解液进行研究，也与其他基于UV-Vis的方法类似。与其他方法不同的是，该方法并未引入空白样品的测试，取而代之引入了差异吸光率（A_{diff}）的概念，即充、放电过程中每一次UV-Vis的吸光度不与空白样品相比较而与充、放电上一状态（可设置时间间隔）的电解液吸光度相比较。采用这一方法，在测试过程中完全放弃了对空白样品吸光度的测试，既避免了因仅参照一组固定空白样品吸光度数据带来的误差，又避免了实时测量空白样品吸光度的麻烦，使得测试过程大大简化，准确率也有所提升。研究结果表明，正、负极电解液的A_{diff}与SOC的关系曲线均具有独特的特征，负极电解液的A_{diff}与SOC呈线性关系而正极的A_{diff}与SOC呈抛物线关系，如图3-35所示。

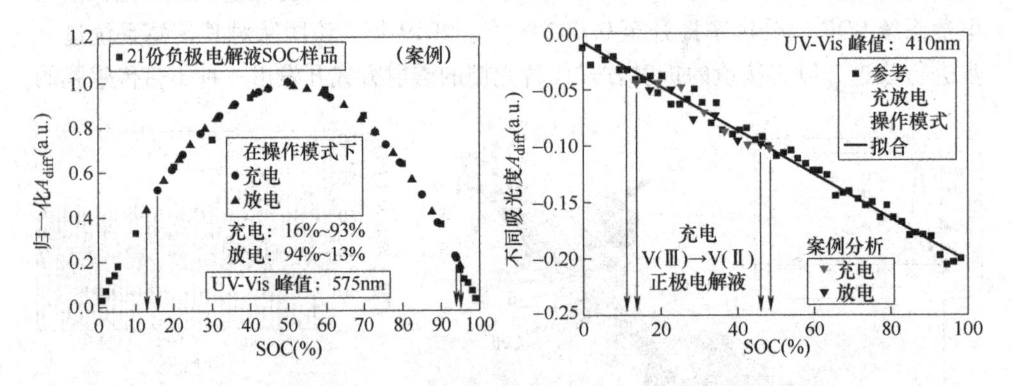

图3-35　正极电解液（左）和负极电解液（右）A_{diff}与SOC的关系

大量基础数据的更新也为UV-Vis光度分析方法的应用提供了支持。Geiser等通过将UV-Vis光度分析方法与电位滴定分析方法结合的方式，离线研究了总钒离子浓度为1.6mol/L情况下不同钒离子组成的吸收光谱和吸光度。需要说明的是，在研究负极电解液吸光度时，考虑到V^{2+}易于被空气中的O_2氧化，采用外推法对其吸光度进行了修正。而研究正极电解液吸光度时，在高钒离子浓度下形成的VO^{2+}-VO_2^+络合物会造成等吸光点的缺失。该研究为采用UV-Vis光度分析方法分析不同价态的钒离子浓度提供了大量的数据支持，钒离子浓度为 1.6mol/L 时不同组成电解液的吸光度曲线如图 3-36 所示，V^{2+}、V^{3+}、VO^{2+}、VO_2^+ 的吸收峰位置及 V^{2+}/V^{3+}、V^{3+}/VO^{2+}、VO^{2+}/VO_2^+ 电解液的等吸光点位置分别如表 3-3、表 3-4 所示[55]。

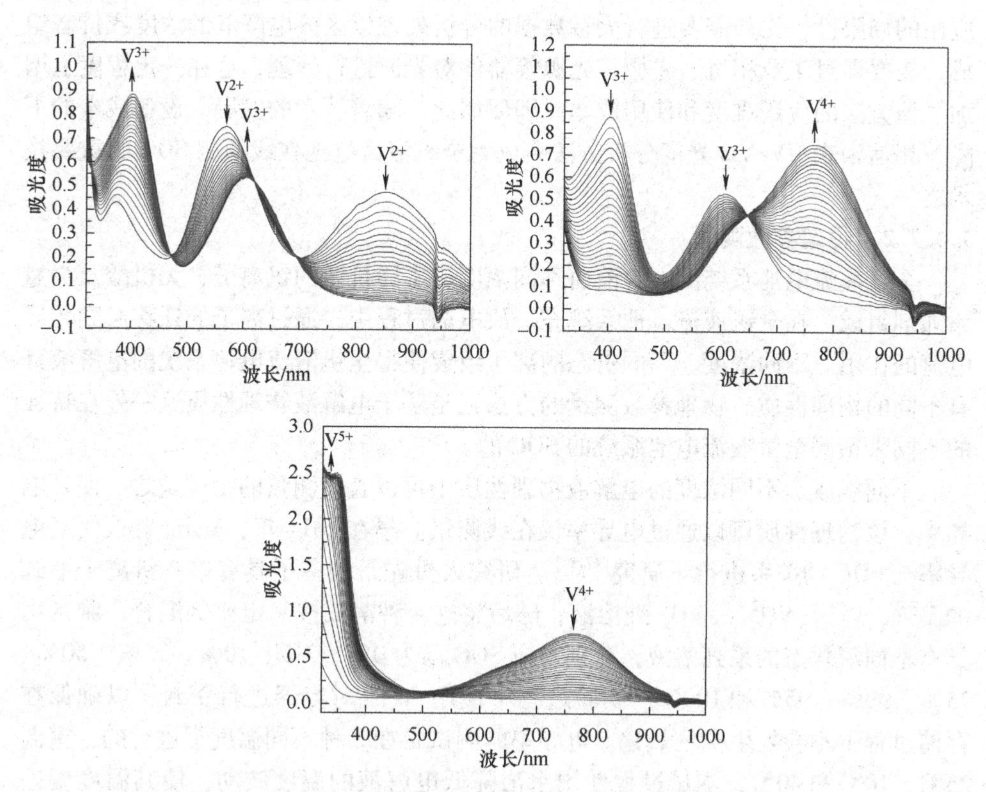

图 3-36　钒离子浓度为 1.6mol/L 时的 V^{2+}/V^{3+}（左）、V^{3+}/VO^{2+}（中）、VO^{2+}/VO_2^+（右）电解液的吸光度曲线

表 3-3　V^{2+}、V^{3+}、VO^{2+}、VO_2^+ 的吸收峰位置

电解液	V^{2+}	V^{3+}	VO^{2+}	VO_2^+
吸收峰	570nm、850nm	400nm、600nm	760nm	≤350nm

表 3-4　V^{2+}/V^{3+}、V^{3+}/VO^{2+}、VO^{2+}/VO_2^+ 电解液的等吸光点位置

电解液	V^{2+}/V^{3+}	V^{3+}/VO^{2+}	VO^{2+}/VO_2^+
等吸光点	330nm、470nm、620nm、690nm	640nm	无

总之，UV-Vis 光度分析方法可应用于全钒液流电池系统 SOC 的在线预测，含有 V^{2+}、V^{3+}、VO^{2+}、VO_2^+ 的电解液在紫外光区、可见光区或近红外光区有其

特征吸收光谱曲线，且有较为明显的吸收峰。同时，作为一种光学检测技术，UV-Vis 光度分析方法有其独特的优势，即通过 UV-Vis 光谱检测并不受到温度等环境因素的影响，电解液的 UV-Vis 光谱性质与温度等环境因素无关，仅与电解液的浓度和电解液中的离子价态组成有关。然而，UV-Vis 光度分析方法也有其应用的局限性，比如需要进行大量数据的分析处理以区分电解液的浓度或价态组成，需要通过工业相机、光栅、光源等器件对光源进行处理，这在一定程度上增加了该方法的应用难度和使用成本。即便如此，随着技术的发展，设备成本的下降，相信未来 UV-Vis 光度分析方法会成为全钒液流电池在线预测 SOC 的重要技术之一。

3.4.2.2 物理参数测量

全钒液流电池系统的电解液由不同浓度、不同价态的钒离子、无机酸及少量添加剂组成，在全钒液流电池系统充、放电的过程中，通过离子的迁移起到传导电荷的作用。不同浓度、不同价态的离子组成使得全钒液流电池系统的电解液具有不同的物理性质。物理参数测量的方法正是基于电解液物理性质这一外在特征的不同来预测全钒液流电池系统的 SOC 的。

不同组成、不同浓度的电解液物理性质中可以直接测量的物理量之一便是电导率。该物理性质可以通过电导率仪在线测量。早在 2011 年，Maria 等人便对电导率与 SOC 的关系进行了研究[47,56]。研究人员先是制备了具有单一钒离子形式的 V^{2+}、V^{3+}、VO^{2+}、VO_2^+ 纯溶液，随后将这 4 种溶液按一定比例混合，制备出具有不同氧化态的系列溶液，分别对应 $SOC_{理论}$为 0%、5%、10%、25%、50%、75%、90%、95%和 100%。实验过程中使用 Ar 气对容器进行密封，以确保在存储过程中不会发生空气氧化。电导率的测试是在 3 种不同温度下进行的：室温 25℃、10℃和 40℃，测试过程使用水浴降低电解液的温度波动，使其温度偏差不超过 ±1℃。研究结果表明，电解液的电导率随 SOC 线性变化，如图 3-37 所示。研究同时发现，温度对电解液的电导率也有显著的影响，对液态电解液而言，随着温度的上升，电解液的电导率增加，SOC 的变化并不是影响电导率变化的唯一指标。此外，由于全钒液流电池系统中发生的副反应也可以使得电解液 SOC 与电导率的关系偏离原有规律，因此通过测量电解液电导率的方法预测电解液的 SOC 通常需要借助其他的辅助手段。

密度是电解液中另一种可以直接在线测量的物理性质，该物理性质与电解液的浓度和组成有着直接关系，并可以通过密度计或密度传感器进行在线测量。通过电解液密度判断电池 SOC 的做法并不是全钒液流电池的首创，商业化的铅酸电池早已开发出通过电解液密度预测 SOC 的方法。对于全钒液流电池系统，Maria在其对电解液的综述中提及了电解液密度与 SOC 的关系[57]。Ressel 等人给出了一种基于密度预测电解液 SOC 的方法，该方法采用商业化的密度传感器，

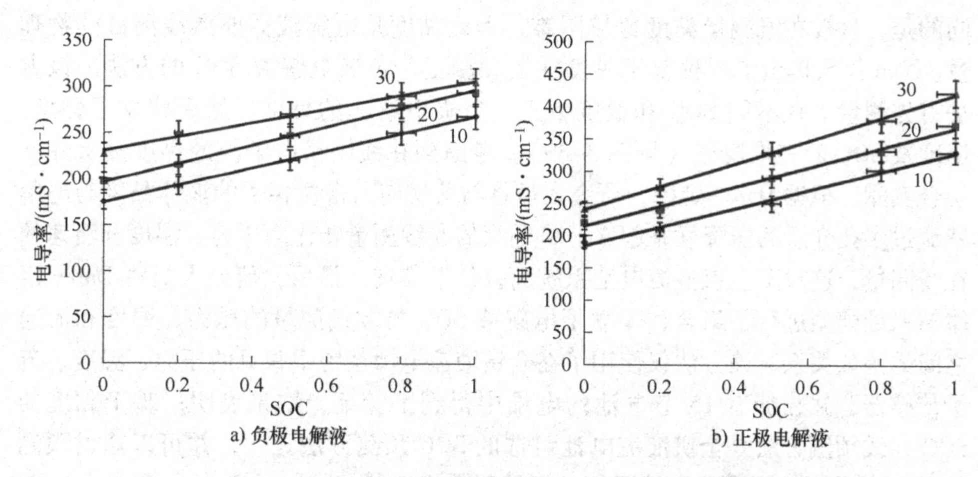

图 3-37　电解液电导率随温度及 SOC 的变化趋势

原位在线测量电解液的密度，并根据测得的密度数值对全钒液流电池系统的 SOC 进行预测。与电导率类似，电解液的密度不仅受到电解液浓度和组成的影响，还受到温度的影响，因此研究团队对电解液密度的温度依赖性进行了研究，得出了电解液密度与温度的线性关系，并通过此线性关系对实际运行过程中电解液的密度进行了修正，从而提高了 SOC 预测的准确度[58]，如图 3-38 所示。需要说明的是，除温度外，副反应、正负极间电解液的交叉扩散同样会影响电解液的密度，因此在采用密度方法对 SOC 进行预测时，需要对温度与密度的关系以及密度与 SOC 的关系定期校准，或者与其他 SOC 预测手段结合使用。

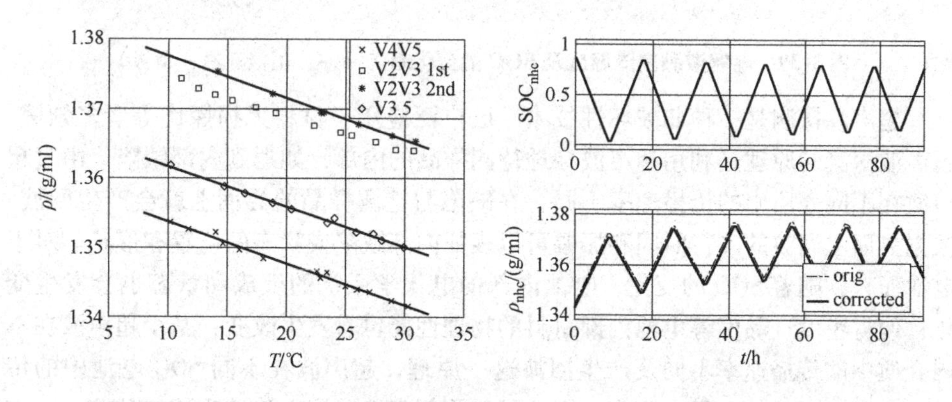

图 3-38　电解液密度随温度的变化趋势（左）及 SOC 与密度的关系（右）

与电解液的电导率、密度等物理性质类似，黏度的数值随着电解液的组成、浓度的变化而变化，根据该性质，可以建立全钒液流电池系统 SOC 与电解液黏度的关系，从而有可能开发出 SOC 的在线预测方法。然而，与电导率、密度不同的是，直接在线测量黏度比较困难，因此黏度是电解液需要离线测量的物理量。Yan 等人提出了一种基于黏度在线预测正、负极电解液 SOC 的方法。该方法首先测量了在不同 SOC 和温度下正、负极电解液的黏度，然后建立了黏度、温度及 SOC 的三维模型（见图 3-39）。考虑到在线测量电解液的黏度测量并不切合实际，根据 Darcy 定律，研究人员将与剪切应力密切相关的液体黏度与电解液流过多孔介质的压降联系起来，将黏度的在线测量转化为压力、温度和流速的在线测量，这对于全钒液流电池系统而言易于实现。最后，研究人员将 Darcy 定律与三维模型进行了组合，建立了电解液 SOC 与在线测量的压力、温度和流速之间的函数关系。该方法仅使用了在全钒液流电池系统中常见的压力、温度、流量传感器，并在拥有 15 节电池的电堆中得到了验证，结果表明，基于黏度的 SOC 在线预测方法是全钒液流电池可选的 SOC 预测方法之一，并可以通过预测的 SOC 数值对全钒液流电池系统进行控制和管理[59]。

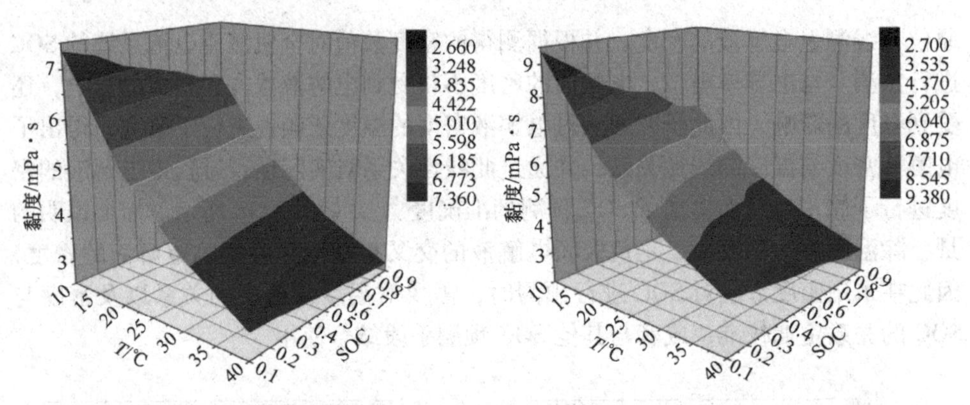

图 3-39　电解液黏度随温度及 SOC 的变化趋势（左：正极；右：负极）

超声波探测是一种非破坏性技术，已广泛应用于材料无损探伤等诸多领域。超声波探测的原理是利用超声波穿透待测样品的内部，如遇到内部缺陷，由于超声波在不同介质中的传播速率不同，在缺陷与检测样品的界面上就会产生回波，根据界面上回波的飞行时间和振幅可以表征内部缺陷或状态的位置和形状。对于电池而言，随着 SOC 的变化，电池内部的电化学系统的组成和状态也会发生变化，使得密度、黏度等电池内部材料的物理性能也将发生改变，基于超声波在不同介质中的传播速率不同及产生回波这一原理，超声波在不同 SOC 电池中的传播速率及回波信号会发生改变，因此可采用超声波预测电池的 SOC。目前，该方法已成功应用于预测锂离子电池的 SOC 和健康状态（SOH）的过程中[60]。对于全钒液流电池系统，Chou 等人对 SOC 变化与超声波在电解液中传播速率的关系进行了研究，发现超声波在正极电解液中的传播速率随着温度和全钒液流电池系统 SOC 的变化而显著变化，并给出了 SOC、温度、超声波传播速率的经验公式和三维模型，如图3-40所示[61]。但是，由于超声波的传播速率对电解液的温度非常敏感，实际应用过程中，温度变化是不可避免的，因此仅通过超声波传输速率预测电解液的SOC是不准确的。为此，Wang等人开发出一种基于超声脉冲回波衰减系数的在线监测方法和系统，来表征电解液的声学特性，通过在线测量全钒液流电池系统电解液的超声回波衰减系数，来预测全钒液流电池系统的SOC。与单一测量超声波在电解液中传输速率的方法相比，通过超声回波衰减系数预测SOC的方法显示出了更高的准确性和更低的温度敏感性。通过滴定法进行分析，依据超声回波衰减系数的SOC预测方法准确度误差最大仅为4.8%，而采用超声传输速率预测SOC的方法准确度最大误差可达22.5%。此外，采用超声回波衰减系数预测SOC的方法和系统无需从电解液储罐中取出电解液样品，可直接在电池运行时实时预测SOC[62]。

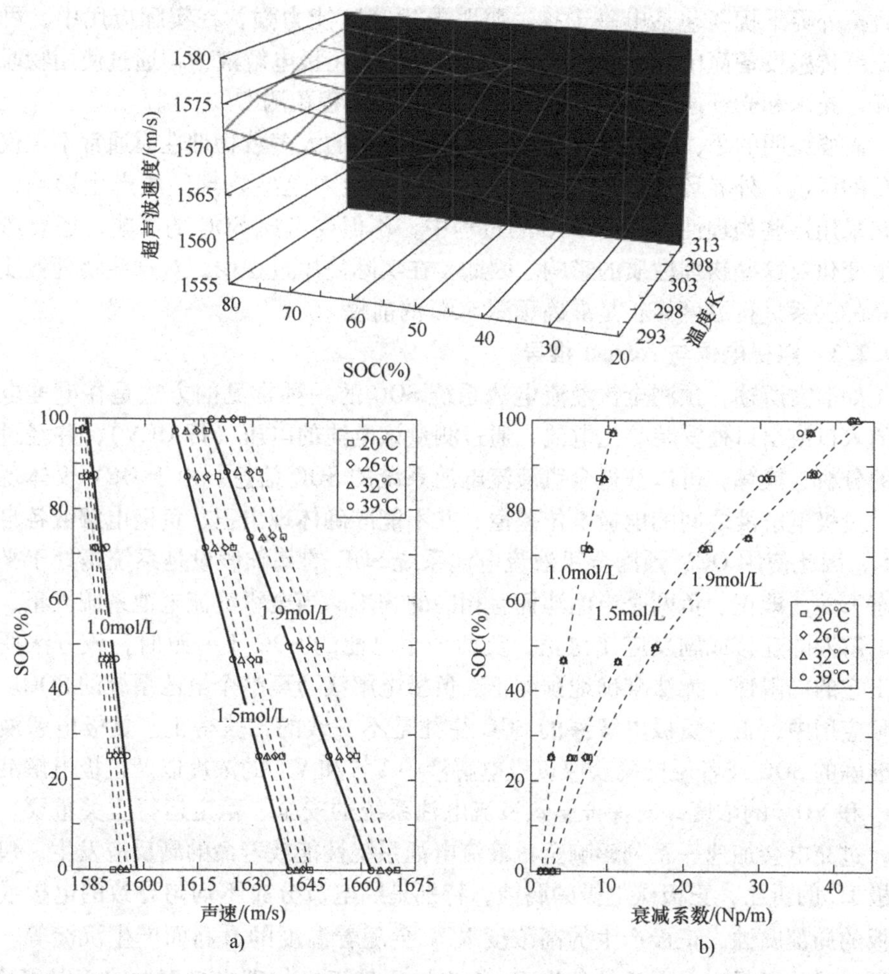

图3-40　声速、SOC、温度的三维模型及声速与衰减系数对SOC预测准确度的比较

此外，Ma 提出了一种基于光学干涉特性的 SOC 预测方法，虽然该方法也是一种光学方法，但由于此方法所关注的是光学干涉特性这一物理性质而不是对光谱的分析，因此被归于物理参数测量方法分类之中。研究人员采用了一种具有气体缝隙的光纤干涉仪作为传感器，该传感器由两条端面开裂良好的单模光纤组成，光纤在 V 形槽支架上精确对齐，端面之间预留长度为 43μm 的气体缝隙，反射只能在两个低反射率光纤与气体界面处发生。研究采用的光波长扫描范围为 1500～1600nm，并考察了温度、SOC 数值对干涉光谱的影响，得出了电解液温度、电解液 SOC 与波长偏移均存在线性关系的结论，根据电解液温度与波长偏移的关系，可以通过经验公式对波长偏移量进行校准，根据电解液 SOC 与波长偏移的关系，可以对 SOC 进行预测。研究同时指出，这种基于光纤传感设备的 SOC 预测方法在实际应用中具有许多优点，如：精确、轻巧，具有强耐酸性，并且抗外界干扰（包括电磁干扰、照明干扰等）能力强，在实际应用中，可将该光纤传感设备简单地浸入全钒液流电池系统的正极电解液中，通过使用物联网（IoT）技术和光纤通信系统，实现 SOC 的在线远程预测[63]。

需要说明的是，物理参数测量方法中所采用的大多数物理性质通常不仅仅是 SOC 的函数，外界环境，尤其是温度的变化也会对这些物理性质产生影响，因此在采用这些物理性质预测 SOC 的过程中，不但要考虑 SOC 的影响，还要考虑温度变化对这些物理性质的影响。因此，在实际使用过程中，对这些物理性质与 SOC 的关系进行温度修正是准确预测 SOC 的前提。

3.4.2.3 电极电位与 Nernst 推导

如前文所述，预测全钒液流电池系统 SOC 的一种常见的方法是在电堆电解液的入口或出口处安装参比电池，通过测量该电池的电压（即 OCV），并经过相应的分析、换算，可以获得全钒液流电池系统的 SOC 信息。由于 OCV 仅体现了正、负极电解液之间的电极电位差值，并不能准确体现出正、负极电解液各自的 SOC，因此使用 OCV 预测全钒液流电池系统 SOC 的基础假设是系统是处于平衡状态下的，即正、负两个半电池拥有相同的 SOC。当全钒液流电池系统因正、负极电解液的迁移或副反应使得正、负两个半电池的 SOC 不一致时，该方法便体现出它的局限性，无法准确地预测正、负极电解液乃至整个电池系统的 SOC。在实际应用中，正、负极电解液的 SOC 往往是不一致的，获得正、负极电解液各自准确的 SOC 或者说准确获取负极电解液中 V^{3+} 和 V^{2+} 的浓度以及正极电解液中 VO_2^+ 和 VO^{2+} 的浓度，对保证全钒液流电池系统的安全、稳定运行至关重要。例如，过充电会加速一系列影响全钒液流电池系统性能或寿命的副反应发生，包括负极 H_2 的析出，正极碳电极的腐蚀，特别是因电流分布不均匀导致的电极或双极板的局部腐蚀，正极产生的高浓度 VO_2^+ 会随着温度的升高而产生沉淀等。以上所描述的副反应，无论是负极 H_2 析出，还是正极的碳电极腐蚀或 VO_2^+ 沉淀，均与电极电位有着密切的相关性，也就是说，通过控制正、负极电解液的电极电位可以有效减缓上述副反应的发生。因此，一些研究成果便聚焦在如何独立测量正、负极电解液的电极电位上，以同时确定全钒液流电池系统的容量衰减状态和正、负极各自的SOC。与基于参比电池的开路电压分析方法类似，单极侧的SOC的预测理论基础也是基于Nernst方程，只不过将正、负极整体$SOC_{理论}$的估算转化为单极侧$SOC_{理论}$的估算，实际分析过程并无明显差异。

早在2012年，Ahmad等人便提出了一种测量单极侧电解液SOC的参比电池结构，研究人员在参比电池中嵌入了参比电极，可以连续检测全钒液流电池系统的OCV以及正、负极各自相对于参比电极的电极电位[64,65]。采用参比电极方法测量全钒液流电池系统单极侧电解液的电极电位的方法目前已有很多报道，但是该方法所遇到的挑战之一就是如何使得参比电极自身的电极电位保持稳定，其原因是全钒液流电池系统的电解液与参比电极的参比溶液之间会发生离子交换，使得参比电极电位逐渐偏离原有电位，长期使用会发生所测得的正、负极电解液电极电位不准确的现象。

Weidlich等人采用了在正、负极电解液管路中增加额外流通池的方式测量正、负极电解液的电极电位。两个容积为5mL的流通池分别接入电堆正极和电堆负极的电解液出口处，配有经电化学预处理和抛光过的玻璃碳棒作为工作电极，$Hg/HgSO_4$电极作为参比电极分别接入流通池中，以测量正、负极电解液的电极电位。参比电极通过装有浓度为2mol/L H_2SO_4的毛细管与待测正极或负极电解液相连，以降低钒离子对参比溶液的污染，如图3-41所示[66]。研究人员研究了上述结构在电池开路状态以及充放电过程中正、负极电解液电极电位测量的稳定性，并使用Nernst方程对电解液的SOC进行了预测。研究结果表明，OCV和单极侧的电极电位测量可用于SOC的预测，而测量单极侧的电极电位相比于传统开路电压分析方法对OCV的测量明显可以获得更多的正、负极电解液状态的信息，因此可以更加准确地预测出正极侧电解液和负极侧电解液在充放电过程中SOC的变化趋势，此方法可更加有效地应用于全钒液流电池系统的运行管理、重新混合和重新平衡等诸多过程中。

Ngamsai等人开发出一种全新的参比电池结构，该结构并未采用参比电极测量全钒液流电池系统正、负极的电极电位，而是在原有参比电池的基础上进行了改良，开发出一种具有3个半电池的参比电池新结构，如图3-42所示。与常规的含2个半电池的参比电池不同的是，新结构的参比电池在原有的正、负极半电池之间增加了一个参比半电池，该半电池中储存有参比溶液，通过在正、负极半电池和参比半电池之间的电压测量，可以得到正、负极电解液相对于参比溶液的电极电位[67]。通过使用Nernst方程分析所获得的正、负极电解液相对于参比溶液的电极电位，可以预测出正、负极电解液的SOC和价态偏移状况。该研究团

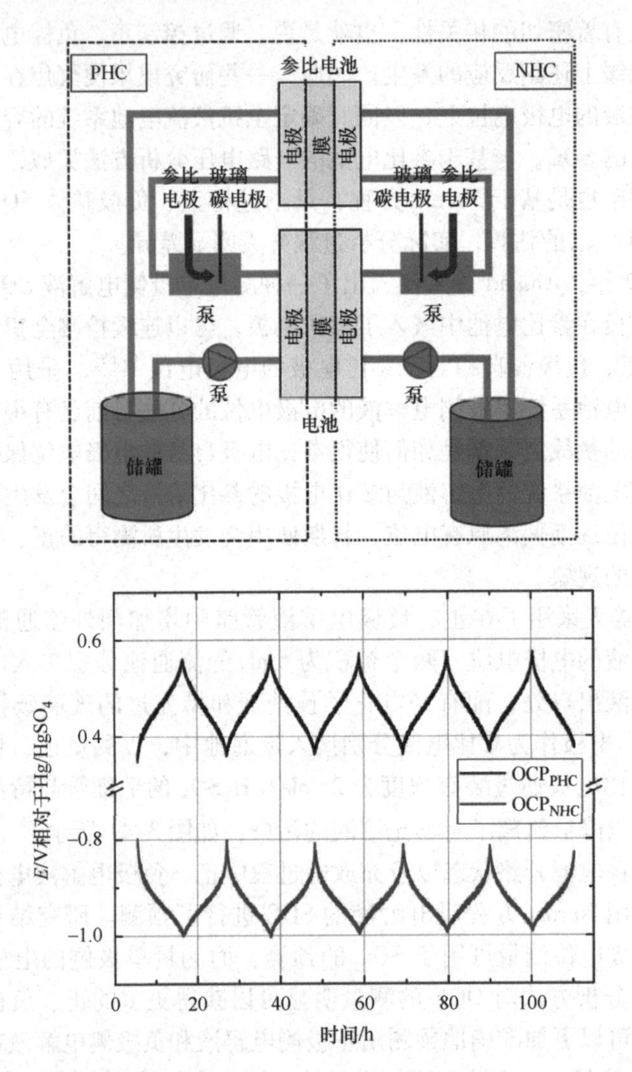

图 3-41　配有额外流通池的参比电池结构（上）及正极电位、负极电位（下）[66]

队的一大重要研究突破是采用与正、负极电解液有着类似组成的平均价态为 3.5 的钒电解液作为参比溶液，该方法有效地解决了因钒离子的扩散而导致的参比溶液污染问题，使得参比溶液的电极电位能够在长时间内保持相对稳定，在长时间保持 SOC 预测准确度方面优势非常明显。

Yang 等人也提出了一种新型参比电池设计，该设计可以测量出液流电池正、负极电解液各自的电极电位，并采用更新酸溶液的方式抑制钒离子的扩散对氢参比电极电位的影响。参比电池由 3 个独立的腔室组成，分别为电解液腔室、酸溶液清洗腔室以及氢参比电极腔室，3 个腔室间仅通过离子交换

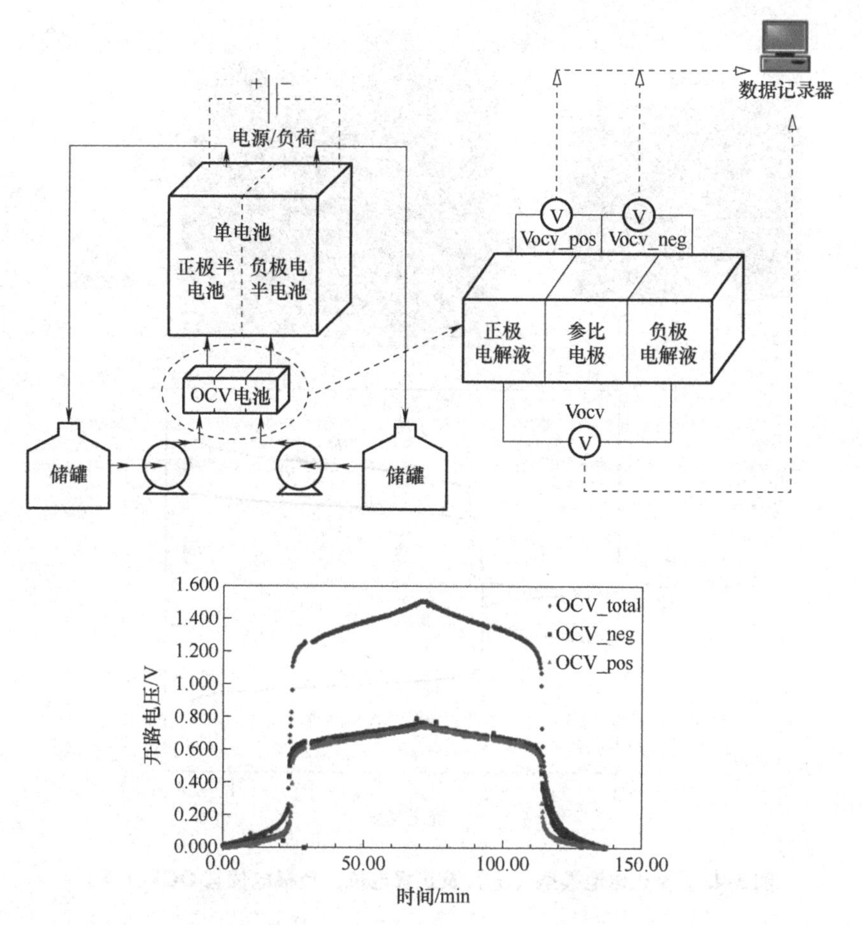

图3-42 具有参比半电池的参比电池结构（上）及测得的电极电位（下）[67]

膜相连接，如图3-43所示。为了使得电解液腔室与酸溶液清洗腔室以及酸溶液清洗腔室与氢参比电极腔室之间钒离子的扩散速率，对连接两个腔室之间的离子交换膜进行了缩小尺寸处理，即采用尽可能小尺寸的离子交换膜连接相邻的腔室。在使用过程中，电解液流经左侧电解液腔室中，硫酸流经右下角酸溶液清洗腔室中，H_2 流经右上角的氢参比电极腔室中，通过测量电解液腔室与氢参比电极腔室间的电压差，可以获得电解液相对于氢参比电极的电极电位。研究人员通过对所测得电极电位进行校准，并根据正、负极的电极电位的测量结果利用 Nernst 方程进一步计算出正、负极电解液的各自组成。这一方法已在恒电流充、放电循环过程中得到了应用，可监测到正、负极电解液的成分变化[68]。

准确的SOC信息对于全钒液流电池系统安全、稳定地运行至关重要。常规的用于开路电压分析方法的参比电池具有价格便宜，与实际进行充、放电的电堆

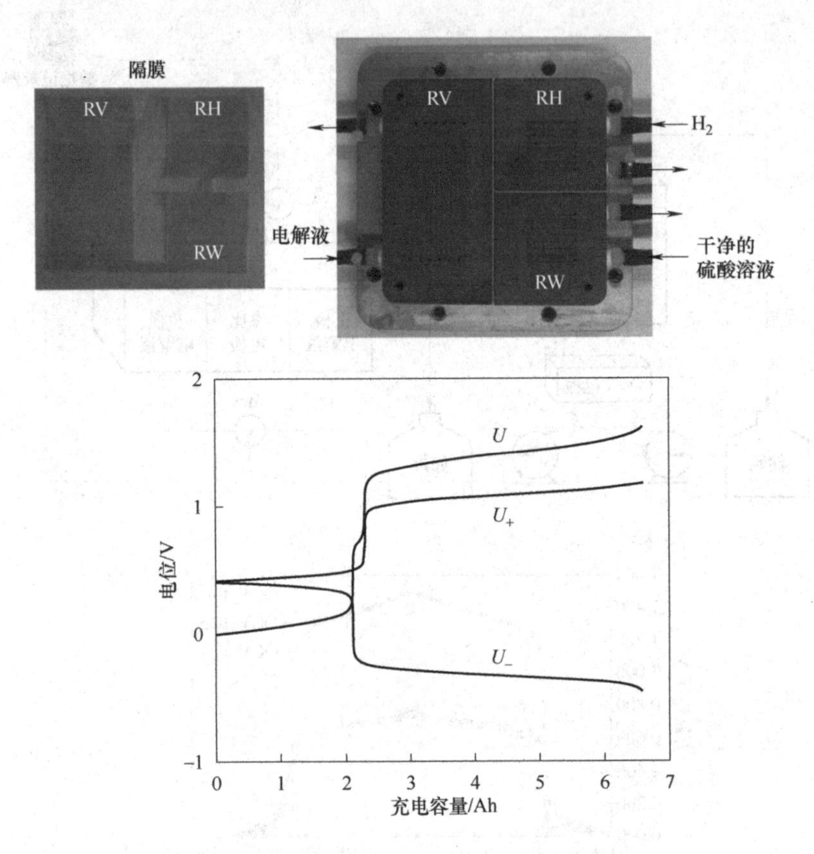

图 3-43　参比电池模型（上）及正极电位、负极电位与 OCV（下）

结构相同，对系统几乎无不良影响等诸多优点，但是其仅能测量正、负极电解液间电极电位的差值，不能准确反映正负极电解液的价态失衡，所以，获取信息有限，并不能达到预测正、负极电解液各自浓度或组成的目的。利用 OCV 估算 SOC 的准确度会随着电解液价态的失衡而产生越来越大的误差。因此，直接获取正、负极电解液的浓度或组成状态，以获取更为准确的电池系统 SOC，是研究开发需要解决的问题。针对上述 SOC 预估存在的问题，研究人员对常规参比电池的结构进行了诸多尝试和改进，以期在保持原有参比电池优势的基础上可以准确地获得正、负极电解液的浓度或组成，并通过 Nernst 方程推导出正、负极电解液各自的 SOC。此方法有望在全钒液流电池系统实际应用场景中得到推广，然而，如何进一步保证参比电极或溶液自身电极电位的稳定，如何根据 Nernst 方程采用合适的回归算法，以及如何通过算法对确定全钒液流电池系统正、负极电解液钒离子浓度或组成这一过程进行校准或修正，仍将是此方法在推广应用过程中需要重点考虑的问题。

3.4.2.4　建模与滤波算法

采用建模与算法相结合的方法也是 SOC 的重要预测方法之一。该方法已经在对锂离子电池 SOC 和 SOH 预测领域得到了应用。通常这一方法分为两个步骤。首先，建立一个相对准确的等效电路模型来模拟电池的暂态行为；然后，选取适合的算法对所采集到的数据进行优化及滤波处理，以分析出模型参数及其他想要获得的参数。采用的算法包括自适应滤波-递归最小二乘算法、扩展 Kalman 滤波算法、无损 Kalman 滤波算法、粒子滤波算法等。这种基于等效电路模型的方法摆脱了原有的 SOC 与 OCV 之间的关系。然而，该方法在初期使用的过程中并不能保证期望的准确度，其原因是等效电路模型的参数通常通过理论数据设置，或者需要离线测得，但是在电池系统的实际工作过程中，模型参数不仅与理论推导相关，更与电池系统所在的工作环境及工作状态相关，通过理论数据推导或通过离线测得的单一参数设置模式大大地降低了该方法的适用性。另一方面，滤波算法会涉及偏微分、积分、矩阵等一系列大规模复杂运算，也增加了该方法的应用难度。因此，开发出简单但又准确的等效电路模型，在线识别模型参数，以及开发出相对简便的算法已成为通过建模与滤波算法预测 SOC 的研究热点。

从 2014 年起，新加坡南洋理工大学的研究团队与 Maria 等人一起对通过建模与滤波算法预测全钒液流电池 SOC 的方法进行了一系列的研究。Xiong 提出了一种基于温度补偿的等效电路模型来描述全钒液流电池系统的充电与放电特性，通过测量电堆的端电压和施加的电流以及扩展 Kalman 滤波算法来预测 SOC（见图 3-44）。

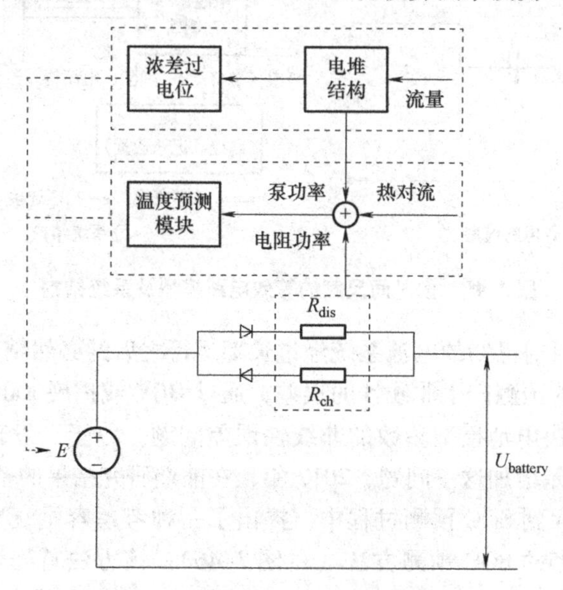

图 3-44　基于温度补偿的等效电路模型

为了提升预测的准确性，该模型综合考虑了温度和流速的影响。试验结果表明，所提出的模型在大电流密度和 SOC 范围内显示出较高的准确性。研究团队将该方法与常规的开路电压分析方法进行了比较，认为扩展 Kalman 滤波的方法是基于等效电路模型，利用库仑计数方法建立起来的，其对 SOC 的预测仅根据全钒液流电池系统前一状态进行计算，其优点可以归结为不需要参比电池，初始值独立设置，快速收敛，抗噪声性强，节省计算资源等；但其缺点也很明显，在于算法的复杂性和对电路模型准确性的依赖上[69]。

2016 年，Wei 提出了一种新颖的多时间尺度分析方法，用于实时预测全钒液流电池系统的模型参数和 SOC，如图 3-45 所示。与其他传统方法不同，该方法对所测得的 OCV、电流、电压等数据采用了不同的时间间隔尺度，通过递归最小二乘算法进行了独立的分析或计算，获得了 OCV 数据和模型参数 R_s、R_p、C_p 等数据，有效降低了模型参数间的交叉干扰。此外，该方法还具有如下优点：采用不同时间间隔计算的模型参数可以准确地在线自适应，避免了频繁的校准过程；可以将根据模型预测的电池电压与实际测量的电压数据进行比较，对模型进行自修正；该方法具有收敛速度快，准确度高，对不确定性的适应性强的优点；所提出的多时间尺度分析方法对于电池不同工作状态下的 SOC 预测也具有适应性[70]。

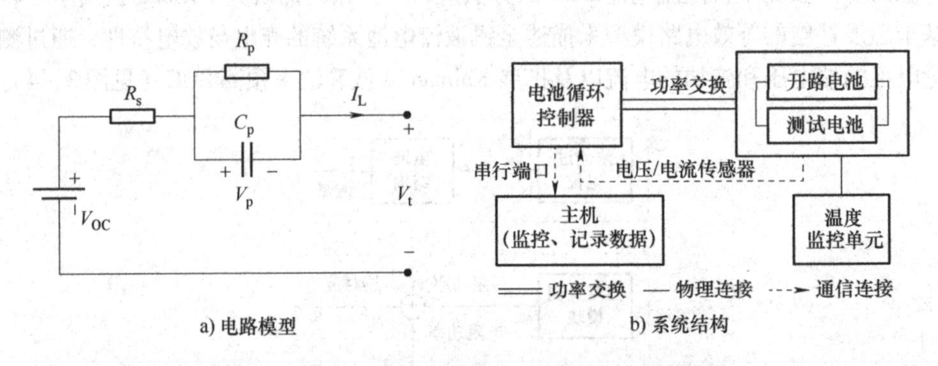

图 3-45　多时间尺度的等效电路模型及系统结构

容量衰减是目前已知的电池系统经过长期运行之后的必然结果，这一现象将造成对模型参数的预测产生非线性的误差，通过 OCV 或扩展 Kalman 滤波的方法预测 SOC 无法解决电池模型参数的非线性误差问题。鉴于已发现的容量衰减将导致 SOC 预测误差增加这一问题，2017 年，在前期研究结果的基础上，Xiong 将容量衰减因子加入到 SOC 预测过程中，提出了一种考虑容量衰减因子的基于非线性等效电路模型的 SOC 预测方法（见图 3-46）。该方法首先通过在不同 SOC 上施加脉冲电流曲线，获得端电压的暂态响应数据，以获取模型参数。然后采用递归最小二乘法对实验数据进行拟合，以降低 SOC 预测过程中的误差。根据实验，在连续充电和放电 200 个循环后，估计会有 13.9% 的容量损失，考虑容量衰减因子后的预测容量与实际测得的容量之间的差值仅为 0.14Ah[71]。

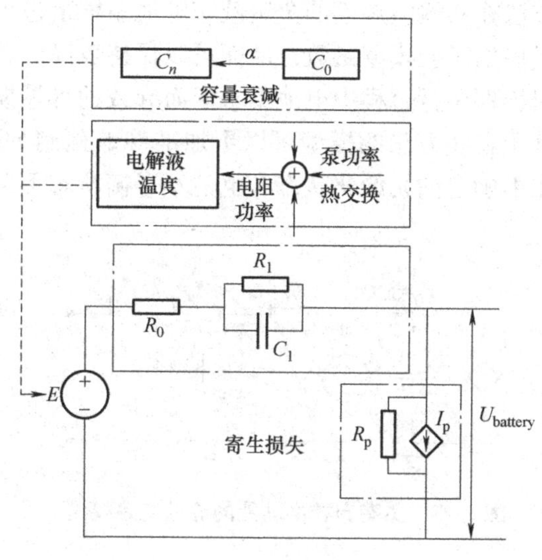

a) 等效电路模型

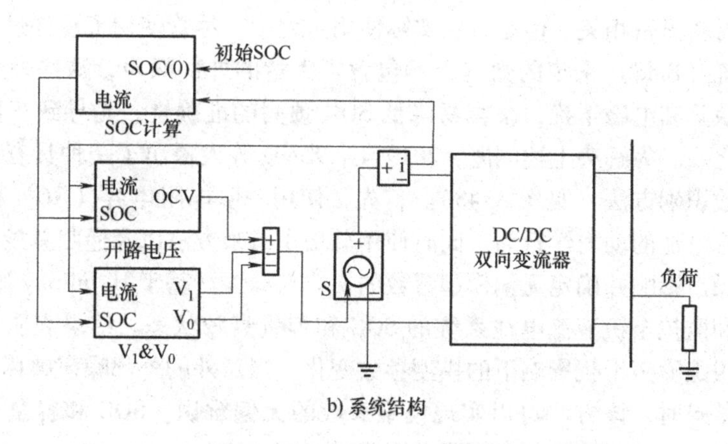

b) 系统结构

图 3-46　考虑容量衰减因子的等效电路模型及系统结构

2018 年，Wei 对模型参数的准确性问题开展了进一步研究，提出了基于一阶等效电路模型的两种自校准方法（见图 3-47）。第一种方法是提出了一种含有外生变量的自回归模型，在此基础上研究了基于模型的 SOC 和容量损失预测。研究将基于遗传算法的离线参数与基于递归最小二乘的在线参数进行了对比。结果表明，提出的具有外生变量的自回归模型可以准确模拟全钒液流电池的动态行为，并且与基于离线模型的方法相比，基于在线自适应模型的方法在建模的准确性、SOC 预测准确度和容量损失监测方面均具有优势[72]。另一种方法是对在线测量信号通过递归最小二乘法分析识别模型参数，并基于扩展 Kalman 滤波方法的集成协同分析框架在线更新模型参数，预测 SOC 并实时监测全钒液流电池系统的容量损失。该方法在实验室规模的全钒液流电池系统上进行了验证。结果表明，该方法可以在线识别时变模型参数，从而可以保持较高的建模准确度，能够非常准确地监测到因长期运行过程中电池不平衡而导致的容量损失。与基于离线参数的模型相比，基于在线方法的模型可以更加准确地预测 SOC 的准确度和监测容量损失，即使在不确定的初始化状态和电池不平衡状态下也表现出较高的收敛速度和适用性[73]。

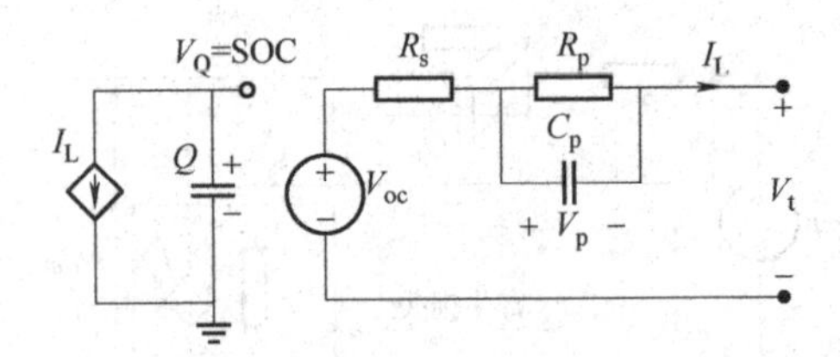

图 3-47　具有自校准功能的等效电路模型

采用模型分析方法的准确性与模型参数直接相关，而模型参数又与电解质成分和所用材料紧密相关。但是，在实际使用过程中，尽管使用了硬件过滤，但电池管理系统（BMS）采集的数据仍然包含了大量的外部噪声，这些外部噪声源于传感器缺陷和电磁干扰，很容易降低 SOC 预测的准确性，是导致算法失效的主要因素之一。为解决上述问题，2019 年，Xiong 等人提出了一种具有高抗扰度的无偏参数识别方法（见图 3-48）。首先，使用一阶电阻电容（RC）模型来模拟全钒液流电池的动力学行为，同时使用总最小二乘方法以及递归总最小二乘方法来补偿噪声影响并确定无偏模型参数的在线与离线。基于 H-Infinity 滤波方法，实时预测和监控全钒液流电池系统的 SOC 和容量衰减状态。结果表明，该方法能够准确跟踪噪声干扰影响下的模型参数变化，当意外的外部噪声破坏电流和电压的测量结果时，该方法可以实现模型参数的无偏辨识，SOC 和容量衰减状态也可以通过模型实现准确地预测或监测[74]。

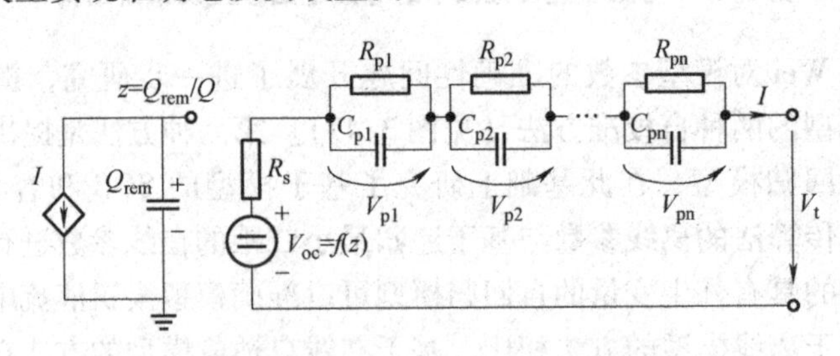

图 3-48　高抗扰度的无偏参数识别模型

采用模型与滤波算法的方法虽然不能准确地区分出正、负极电解液各自的SOC，但该方法可以实时在线地预测或监测全钒液流电池系统的整体SOC与容量衰减状态，因此这一方法也拥有广泛的应用前景，与其他SOC预测方法结合应用将是一个不错的选择。模型与滤波算法在预测全钒液流电池系统SOC的研究中经历了如下过程：首先确认了等效电路模型的参数与电流、电压、流速、OCV、SOC等一系列参数的相关性；然后提出了容量衰减对模型参数和SOC预测准确度的影响，并同步开展了对在线自校准、自适应方法的研究；现阶段研究又开始聚焦于数据信号的噪声处理方向上，以期获得更加准确的模型参数。虽然，该方法的推广应用仍然存在模型选择、高准确度参数的更新以及计算复杂等问题，但随着对此方法的研究愈发深入，上述问题预期可以得到优化或解决，更重要的是，模型与滤波算法的在线分析优势使得该方法有着进一步推广应用的前景。

3.4.3 在线预测SOC方法的未来发展趋势

除以上描述的方法外，在线预测SOC还有一些其他的方法，例如，根据SOC的定义，测量全钒液流电池系统的实际剩余可放出的容量以及实际最大可放出的容量是计算SOC最直接的方法。但是，SOC的最大作用是预测，用于预测电池系统实际剩余可放出的容量以及实际可充入容量，因此这一方法会使得SOC失去其应用价值，并不具备实际的应用价值。

基于电量计量这一原理，库仑计数法也是一种可以在电池系统运行过程中粗略预测SOC的简单方法。然而采用库仑计数法存在以下问题：首先库仑计数法在应用过程中仅产生粗略计量，由于全钒液流电池系统存在正、负极电解液间的离子扩散，这使得因自放电过程造成的容量损失很难被计量到，很容易产生较大的分析误差；其次，库仑计数法是一种开环的测量方法，系统并不能通过测量到的电量结果进行自我修正，很容易受到初始参数的设置和测量错误的影响；最后，虽然库仑计数可以通过低成本微控制器实现，但由于库仑计数是一种累积的计量方法，测量噪声和灵敏度高以及随时间累积的长期误差也会影响测量结果的准确度。所以该方法在全钒液流电池系统中的实际应用并不广泛。

不同的SOC预测方法在全钒液流电池系统中的应用体现出不同的技术特性和优势。例如，开路电压分析方法在在线测量和经济性方面优势明显，但其在准确性和环境适用性方面不具备明显优势；UV-Vis光度分析方法虽然在测量准确性和环境适用性方面占据明显优势，但是在经济性方面的劣势又严重地制约了其大规模的使用。不同分析方法的优势与劣势分析见表3-5。

表 3-5　不同 SOC 预测方法优劣势比较

SOC 预测方法		在线性	准确性	环境适用性	经济性
已使用	库仑计数	√	×	√	√
	开路电压分析	√			√
	仪器分析（电位滴定、ICP 等）	×	√		×
开发中	UV-Vis 光度分析		√	√	×
	物理参数测量	○	○		○
	电极电位与 Nernst 推导	○	√		
	建模与滤波算法	√	○		○

注：√：有较大优势；○：有一般优势；×：劣势明显。

鉴于每种 SOC 的预测方法均有其优缺点，适用于不同的应用场景，因此，在线预测 SOC 的方法未来可能有两大发展趋势。

首先，根据具体的应用场景选择适合的 SOC 预测方法。例如，在全钒液流电池系统稳定运行的场景中，即容量衰减速率不高，环境变化不明显的情况下，对 SOC 预测的准确度要求不高，一些高准确度、高成本的分析方法便显得没有必要；而在全钒液流电池较大规模、调度频繁等的应用场景下，对全钒液流电池系统运行的安全性要求较高，需要选择准确度较高的 SOC 预测方法。

其次，不同的 SOC 预测方法均有其应用的优势和局限性，因此从提升预测准确性的角度考虑，多种预测方法的结合也是未来的发展趋势之一。目前，针对这一应用趋势的研究也有相关的报导，例如，库仑计数法与物理参数测量分析方法的结合[58]，开路电压分析与 UV-Vis 光度分析方法的结合等[75]。

3.5　电池系统热管理

3.5.1　全钒液流电池系统的产热原理

全钒液流电池在充放电时，随着电化学反应的发生，伴随着吸热和放热过程，导致电池系统储能介质电解质溶液发生温度的变化。在上述过程中，热量的产生和吸收主要体现在以下几个方面：

1. 反应热

全钒液流电池在充放电过程中的总反应式如下：

$$VO^{2+} + V^{3+} + H_2O \underset{\text{放电}}{\overset{\text{充电}}{\rightleftharpoons}} VO_2^+ + V^{2+} + 2H^+$$

在以上充放电反应过程中，充电过程发生吸热反应，放电过程发生放热反应。

2. 极化热

全钒液流电池在充放电过程中，为保证电化学反应的进行，会产生一定的极化，包括电化学极化和浓差极化，当反应发生有电流通过时，极化内阻会产生一定的压降，从而产生一部分热量。

3. 焦耳热

全钒液流电池系统的电堆内部包括集流板、双极板、碳电极材料、离子传导膜、电解质溶液等都存在一定的电阻，当电流通过的时候，就会因焦耳效应而产生热量。焦耳热在充放电过程中均为放热反应。

4. 自放电热

自放电热主要体现在两个方面：一是由于正负极钒离子经离子传导膜互串发生自放电产热；二是电堆内不同的电池之间、同一电池模块（共用储罐及循环系统的一套电池）内不同的电堆之间，存在互相连通的公共流道与分支流道，在电池充放电过程中或停止充放电期间，富含导电离子的电解液在上述流道中形成导通的电流回路，从而在以上流道中形成了漏电电流[76,77]。漏电电流的存在，使得一部分电能转换为电解液的热能。

5. 机械能转化为热能

为保证全钒液流电池系统内电解质溶液的持续循环，电解液循环泵需要为电解质溶液提供动力。电解液循环泵在不断为电解液做功的同时，一部分机械能将转换为热能而储存在电解质溶液中。

以上热量的绝大部分都将直接进入电解液中，从而引起电解液温度的升高。在电解液的循环流动中，部分热能也将通过导热、对流、辐射的方式传递到外界环境中。

此外，电池系统在电能的升降压变换、交直流转换、电池管理与自动控制系统运行、电池热管理设备运行中，也因线路阻抗、功热变换等产生一些热量。该部分热量基本不会进入到电池本体的电解液中。

目前，全钒液流电池的直流侧充放电效率达到75%~80%，能量损失率为20%~25%。根据对典型的全钒液流电池实际运行数据的测量和统计，约有15%的充电能量，即全部损失能量的60%~75%，会转换为热能并储存在电池系统的电解质溶液中。

3.5.2 全钒液流电池系统热风险分析

全钒液流电池系统中热量的产生及随之带来的电解液和其他部件温度的变化，将对电解液的稳定性、容量利用率、电池效率等产生影响。

根据既有的理论分析、实验研究和实际应用情况看，在一定的温度范围内，温度对电解液稳定性和电池效率的影响，存在一定相互矛盾的现象。比如在一定的温度范围内，随着电解液温度的升高，电池效率和容量性能均有不同程度的改善，而当电解液温度超过一定范围时，电解液运行稳定性将会面临较高风险。保证全钒液流电池储能系统设备的安全稳定和运行在较高的能量效率和高的容量可利用率状态，寻求综合效果最优的控制目标与控制方法，是全钒液流电池系统中热量管理的核心问题。

1. 温度对电解液稳定性的影响

全钒液流电池电解液通常以水作为溶剂，硫酸作为支持电解质[30,78]。近年来也有研究人员开发和应用了以盐酸、硫酸共同作为支持电解质[79,80]的混合酸体系电解液。无论采用何种体系的电解液，全钒液流电池都存在因受电解液中不同价态的钒离子在不同温度下溶解度的制约而构成的电解液稳定性的挑战。

钒离子在以上各类体系电解液中的稳定性存在如下规律：二价钒离子、三价钒离子和四价钒离子在电解液中的溶解度随温度升高而增大，而五价钒离子则相反。前三者与硫酸根离子结合形成硫酸盐沉淀，在温度较低时更易发生。当运行温度较低，电解质溶液中二价、三价和四价钒离子与硫酸根离子的离子积超过其溶度积时，就会有金属钒的硫酸盐结晶析出。析出的硫酸盐会在电池系统内管路、电堆、电解液储罐等部位沉淀。而严重的沉淀和析出，将会对电池系统的性能和寿命产生很大的危害；五价钒离子在电解液中形成 V_2O_5 的反应为吸热反应，温度升高将促进 V_2O_5 的生成和沉淀[81]。

为了保持全钒液流电池系统具有较高的能量转换效率，通常需要保持电解液温度在25℃以上，因此钒离子在高温情况下的稳定性，特别是5价钒离子在较高温度下的稳定性是全钒液流电池技术开发的重要方向。研究人员一直致力于通过改进电解液成分，提升电解液的高温稳定性，以便可以提升钒离子的利用率，并获得更高的能量密度。

从电池的设计、运行来看，需充分掌握电解液的高温稳定性，确定电解液温度控制的上限，制定合理的控制策略，确保电解液的稳定和电池的安全可靠。

2. 温度对电池系统充放电效率的影响

以温度对电堆运行效率的影响为例，说明温度对电池运行效率的影响规律，如图3-49所示。从图中可以看到，随着电解液温度的升高，电堆的库仑效率呈现缓慢下降的趋势，电堆电压效率和能量效率则呈现出相反的趋势，随着温度的升高，电压效率和能量效率呈现出明显的上升趋势。

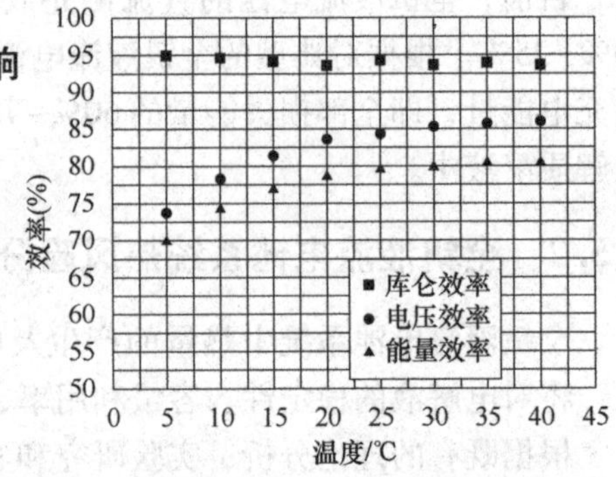

图3-49 电解液温度对电堆能量效率的影响[30]

温度对于电池系统充放电效率的影响变化规律原因是多方面的，主要体现在其对电解液、膜材料以及电化学反应极化3个方面。

当温度升高时，电解液的黏度将随之下降（见图3-50）。电解液黏度的变化使得当电池系统循环泵的转速和功率不变的前提下，电池系统内电解液的流量将增大，从而加快了电解液在电池内电极表面的更新速度，对于充放电过程的浓差极化的降低，尤其是在充放电末期阶段的浓差极化的降低具有较为明显的效果，有利于电池电压效率的提高。

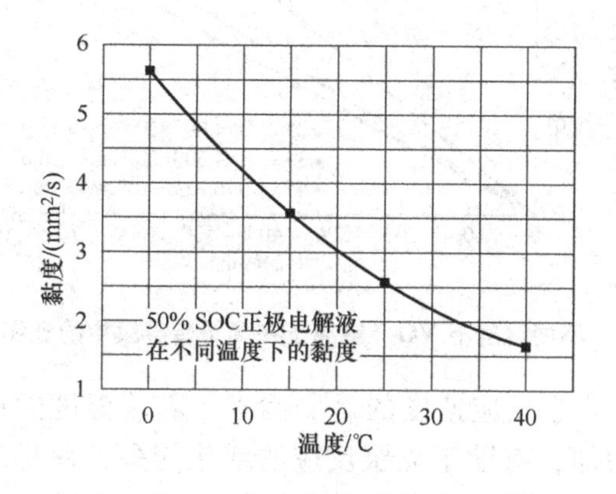

图3-50 温度对电解液黏度的影响[30]

电解液电导率随着温度的变化如图3-51所示。从图中可以看出，不同浓度配比的正极电解质溶液随着温度的上升，电导率均呈现出增加的趋势。负极电解液随温度变化，电导率也呈现出相同的变化规律。所以，电解液温度的升高可以降低电池充放电过程的电池欧姆内阻，有利于电池电压效率的提高。

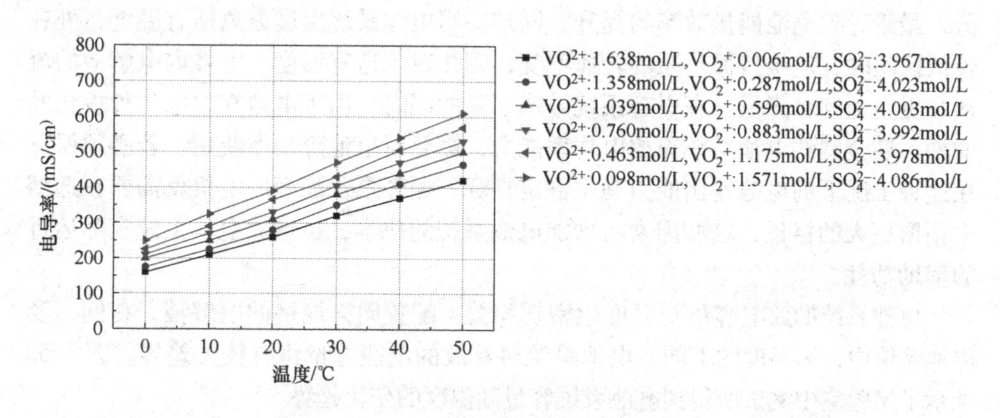

图3-51 温度对于电解液电导率的影响

电解液温度升高时，金属钒离子热运动加快，使得金属钒离子在离子传导膜中的迁移速率增加，导致充放电过程中通过离子传导膜发生互串程度提高，使得电池的库仑效率降低（见图3-52）。

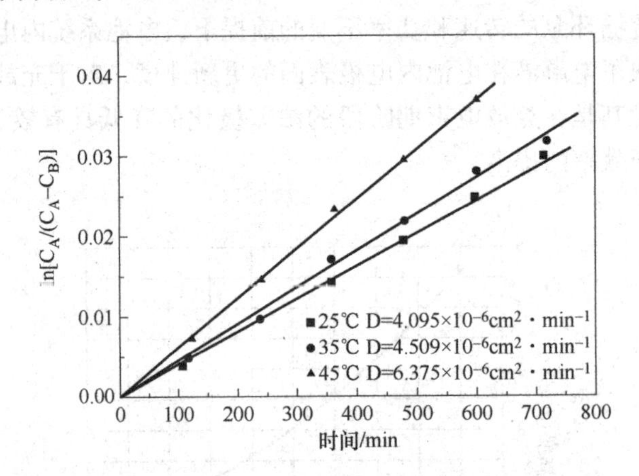

图3-52　不同温度下 VO^{2+} 钒离子在离子传导膜中的迁移速率[82]

温度是影响电化学反应速度的重要因素。随着温度的提高，电解液中金属钒离子的能量增加，有助于克服反应的活化能垒，使得反应速度加快，电化学反应极化降低，反之，电化学极化增加。因此，随着温度的增加，全钒液流电池发生充放电反应的电化学极化降低，从而有效提升电池的电压效率。

综上所述，电压效率随着温度的升高，其增加幅度要大于库仑效率降低的幅度，使得电堆能量转换效率出现随温度升高而增加的规律。

3. 温度对电池功率与容量的影响

如前所述，温度的上升将带来电解液黏度的降低和电池充放电各种极化的降低，最终导致电池能量效率的提升。同理，当电池系统温度偏离适宜温度，处在较低区间时，若维持循环泵的转速不变，则相对于适宜温度，电堆内电解液的流动和更新速度将降低，在引起系统效率下降的同时，由于电池充放电各种极化的增加，还会制约电池系统充放电功率能力，需要对电池降功率使用。若必须保证在这种工况下的电池输出能力满足额定指标，循环泵及配套的电机就需要在选型中预留更大的裕量，这些因素将增加电池系统的成本，也增大电池系统实际运行的辅助功耗。

电池系统的放电容量与温度也密切相关：配置同样规格的电解液，在同一套电池系统中，因温度的不同，电池系统可释放的电能总量将有较大差异。图3-53展示了实验室中测试所得到电池系统容量随温度的变化趋势。

电解质溶液中活性物质钒离子的利用率，对电池系统电解液用量的选取至关

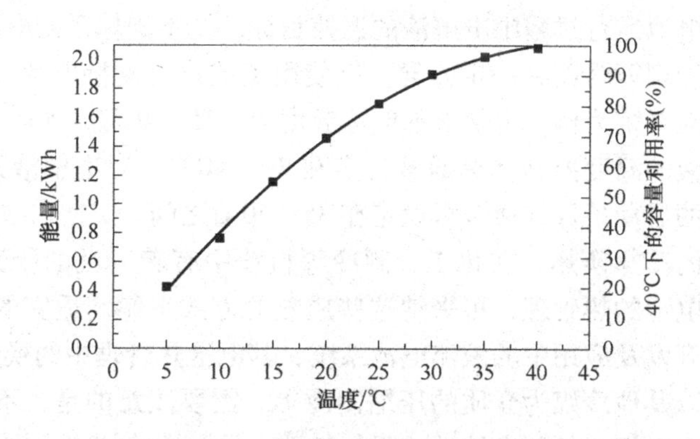

图3-53　不同温度下电解液的利用率

重要，电解液的用量也直接影响电池成本。将电池系统实际运行温度稳定地控制在较优的区间，尽可能提高活性物质利用率，充分利用电解液的容量，对电池系统的成本控制、运行效果，都有十分重要的意义。

综上，在保证系统安全性的前提下，同时考虑各种热管理工况的经济性后，应尽可能控制液流电池电解液温度处于较高的水平，以提升系统效率、功率输出能力及可利用容量。目前，全钒液流电池系统运行对电解液温度控制的理想目标，通常设定在30～40℃的区间内。

值得说明的是，全钒液流电池因为热管理失效等故障导致电解质溶液的温度超限时，从电池的应用角度来看，会对产品寿命、能量效率与运行效益等性能指标产生不利影响。从电池的运行机理上看，全钒液流电池不存在因上述故障而导致系统热失控，不会引发气体挥发、燃烧、爆炸等安全事故的风险，其对于外界依然是安全的。这与锂离子电池、钠硫电池等电化学电池热失控所可能引发的燃烧、爆炸的情况[83-85]具有本质的区别。

3.5.3　液流电池系统热量的管理措施

基于以上关于全钒液流电池产热的原理、热管理失效的风险及热管理的控制目标的讨论，可以看出，开发和优化全钒液流电池系统的热管理措施、调节电解液温度处于最优工作区间是十分重要的。

在全钒液流电池运行过程中，产生的热量主要储存和富集于电解液中，热管理的对象为液态的、流动的，且温度近乎均一的电解液[86]。实际上，对于目前全钒液流电池产品而言，通过一定的保温隔热措施，充分利用电池充放电过程中释放的热量完全可以满足低温环境工况下的升温和保温的需求。因而，全钒液流电池热管理的技术措施，主要是考虑采用何种可靠、高效的技术手段，对充放电过程产生和积累的热量进行散热管理，避免超出电池系统温度控制上限限值。

全钒液流电池运行过程中电解液的温控目标，视不同体系的电解液、不同电池厂商的电池管理策略而有一定差异。以使用硫酸作为支持电解质的电解液[76]的全钒液流电池系统为例，电解液的储运温度为 -15 ~ 40℃，实际运行的电池系统中，对电解液的温度控制目标通常设定在 30 ~ 40℃。对电解液采取强制降温的热管理系统的启动条件，通常可设定在 35 ~ 40℃之间。

针对流体的冷却换热，在化工、制冷等行业中有着广泛的研究与成熟的实践。全钒液流电池的热管理，可采纳这些成熟的方式来制定适宜的方案。目前，国内外研究、开发及应用中的液流电池系统，其电池热管理中的换热方案主要有空冷、水冷或以其他冷媒为介质的压缩制冷等。需要注意的是，不同换热方案，均需要妥善考虑电解液的强腐蚀性、强氧化性、导电性等特点，在设计热管理系统时，材料选择、运行安全等方面应满足耐腐蚀、抗氧化和绝缘方面的系统需求。

3.5.3.1 空冷

空冷指的是将液流电池的电解液引至空冷换热器，通过空气的强制对流，实现电解液降温的冷却方式（见图 3-54）。空冷换热器，可以为管束、管箱等常见结构型式，需冷却的电解液在换热器的管束内流动，配以鼓风机或引风机来进行空气的强制循环，实现管束内外电解液与空气的热量交换。

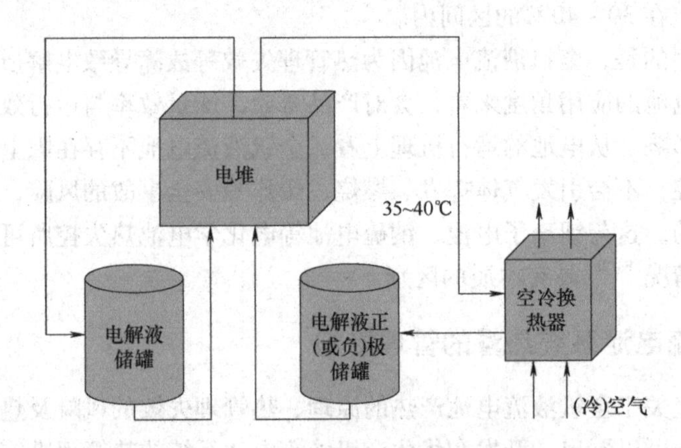

图 3-54 直接风冷工艺流程示意图

全钒液流电池系统电解液为钒离子的酸溶液，溶液中的 5 价钒离子有强氧化性，2 价钒离子具有强还原性，电解液具有很强的酸腐蚀性和氧化还原性。空冷换热器的管束，通常采用聚氯乙烯、聚丙烯[87]或聚乙烯等材料，或耐腐蚀金属材料（如金属钛、哈氏合金等），或者考虑采用具备同等耐腐蚀能力的涂层（环氧脂、聚四氟等）的管材。

采用空冷的方式，冷却系统结构简单，功耗相对较低，但因换热系数较低，大功率的电池系统中为了满足散热需求需要配置较大的换热面积，换热器的体积偏大。采用空冷的冷却方式，冷却效果易受环境温度的影响。比如在全年或夏季气温较高的地区，空冷方式很难满足电池系统高负荷、长时间运行的需求。

3.5.3.2 水冷

水冷指的是将液流电池的电解液引至水冷换热器，通过循环流动的低温水在换热器内对电解液降温的冷却方式（见图3-55）。经换热器升温的水，经闭式或开式的冷却塔将热量最终传递至外界环境中。电解液的冷却和循环冷却水的冷却，可以不完全同时同步进行。比如，在循环水冷量充足时，经冷却塔降温的循环水可储存入储水罐中，以提高系统运行的灵活性。冷却水需要采用软化水、除盐水或添加药剂处理的水，以保证换热器的换热效率与可靠性。

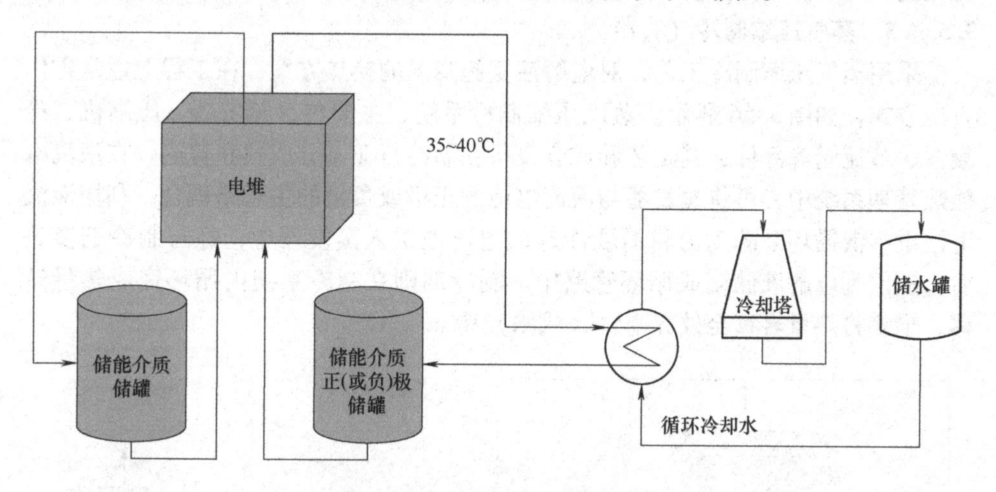

图3-55 水冷工艺流程示意图

在以上系统中，若采用开式冷却塔，因循环水的大量蒸发，水耗相对较高，且冷却水的水质不易控制，需对电池系统安装地点的用水来源、耗水量做完善的考虑和设计。闭式冷却塔中，循环水的水质可不受外界影响，水耗也小；但闭式冷却塔内多采用铜制换热管，其初投资要比同等规模的开式冷却塔高数倍。

在实际使用中，电池系统内部热量的产生主要集中在放电时段。以额定功率放电时长为4～5h的电池系统为例，SOC从0至100%完全充电需要6～8h，若系统运行在最常见的24h内充放电一次的模式下，实际系统需要低温循环水冷却的运行时长不超过4～5h，故循环水在冷却塔和储水罐（如有）中的降温过程有相对充足的时间，可通过自然散热或塔内强制循环散热，控制进入到电解液水冷换热器的循环冷却水的温度即使在夏季高温天气下依然满足电池的换热需求。

如前文所述，电解液的腐蚀性、强氧化还原性，且在电池运行中电解液将带有一定的对地直流电压，而冷却水具有导电性，故水冷方式中应使用满足防腐和抗氧化需求且不导电的换热器，如可考虑采用聚四氟乙烯、聚氯乙烯、聚丙烯[88]或聚乙烯等材质。

在实际设计和使用中，需高度关注换热器的可靠性问题，以免水冷换热器的泄漏损坏而将造成的电解液对冷却水甚至外部环境的污染。

在规模化的储能系统中，还可以将多个电池模块、电池单元系统的水冷换热系统合而为一，即多个电池模块或单元系统可以共用同一套循环冷却水系统的冷却塔、储水罐、主要管路、循环水泵等部件[89]，在运行中进行统一、协调的优化控制，进一步降低热管理系统的复杂性。

3.5.3.3 蒸气压缩制冷（直冷）

采用蒸气压缩制冷工艺，对电解液实施降温的换热方案，在工程上通常称作直冷方式，如图 3-56 所示。蒸汽压缩制冷系统，主要包含蒸发器、压缩机、冷凝器、节流阀等部件，其工艺和成套设备在制冷行业十分成熟和普遍。在液流电池热管理系统中，可将蒸发器与液流电池的正极或负极的主管路耦合，利用液流电池电解液循环泵的动力将需要冷却的电解液送入蒸发器中，经与制冷剂换热后，返回到电解液储罐或循环管路中。制冷剂则在制冷系统内循环完成热量转移，最终将热量转移至外界空气（或水）中。

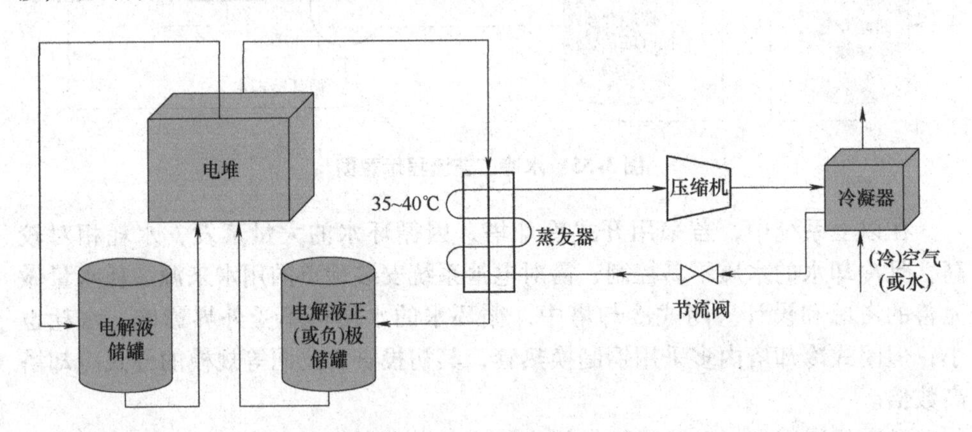

图 3-56　直冷工艺流程示意图

用于液流电池蒸气压缩制冷方案的循环介质，通常采用符合制冷行业标准、普遍易得的制冷剂（如 R134a 等），可满足电池热管理系统的防腐、稳定、绝缘等要求。

为满足传热效率与耐腐蚀、抗氧化的需求，液流电池的直冷设备中，蒸发器内部热交换冷媒循环管路为采用耐腐蚀金属材料的管路（如钛金属、哈氏合金等），或者采用外衬耐腐蚀材料（PP、PVC、复合陶瓷）以及其他具备同等耐腐蚀能力的涂层（环氧脂、聚四氟等[90]）的管材。此外，因工作状态下蒸发器与带电的电解液直接接触，应在蒸发器的材料选择与设计、加工及安装中采取必要的绝缘措施，使蒸发器能够与制冷设备其他部件实现电气隔绝。

直冷的方式，具有换热效率高、设备体积小、环境适应性强等优点。直冷设备的能效 COP 可达到 3 ~4 以上。通过借鉴制冷行业成熟的精准测温、变频调节等手段[91]，还可对制冷系统进行优化运行控制，达到降低功耗的目标。

目前，大多数液流电池产品及项目中，大都采用了直冷的方式。以大连融科储能技术发展有限公司额定功率为 125kW 集装箱电池模块为例（见图 3-57），电池系统内部在正极储能介质与电堆连接管路上配置电解液换热器，即制冷系统的蒸发器，而制冷系统其他部件集成于电池集装箱顶部或侧面。

图 3-57 125kW 集装箱全钒液流电池产品制冷装置外观

3.5.3.4 热量回收

在蒸气压缩制冷的应用方案中，大多采用环境中的空气对流经冷凝器的制冷剂冷却，而原理上，也可用水为介质吸收制冷剂的放热量（见图 3-58）。当采用适当的制冷剂、适当压缩比的压缩机及蒸发器、冷凝器后，蒸汽压缩制冷的循环，则转变为热泵循环[92-94]：实现从 30 ~40℃的电解液中提取热量，并将热量最终释放到介质水中，形成高温水（如 70 ~90℃）中。此时，电池热管理系统对电解液的强制冷却，就兼具了回收热能、制取热水的功能。经以上冷凝器加热后的70 ~90℃的热水，可直接外供，也可与带有蓄热功能的储罐等装置结合，实现热量存储和批量外供。在以上工况下，热泵设备的制热能效 COP 或可达到 4 ~5 以上。

对电解液制冷、回收其热量并最终获取热水的方法，并不局限于使用压缩机的热泵（制冷）设备，还可以考虑化工和直冷行业常见的吸收式热泵。在具备条件的场合，甚至可以考虑采用时下较为前沿的太阳能热泵[95]来实现上述过程。

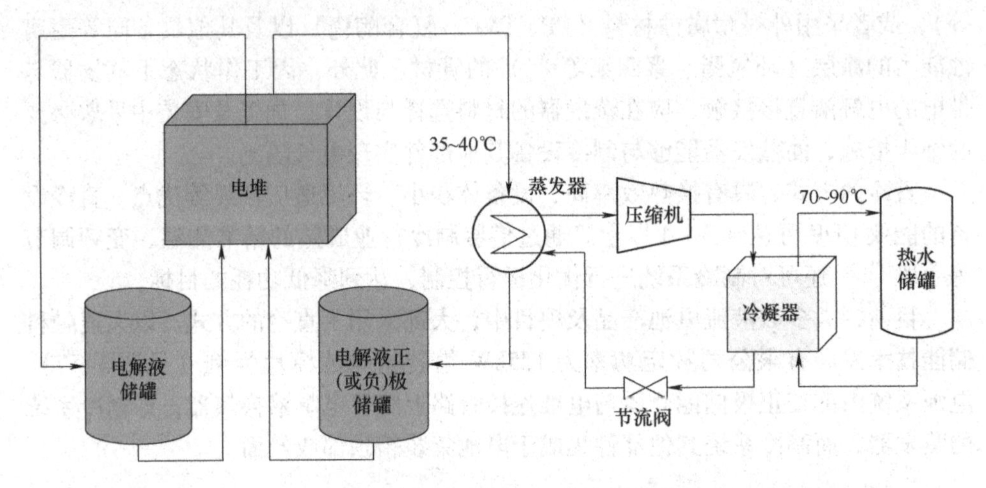

图 3-58 电池热量回收工艺流程示意图

太阳能热泵，实际也是采用太阳能集热器，利用太阳能加热导热油，再驱动吸收式热泵机组运转。

电解液制冷 + 回收热量的方式，将在一定程度上将增加系统的复杂度和设备的总造价；从能量利用率来看，可大幅提升液流电池系统的能量利用率，有望将电池系统的能量利用效率由 70% 左右提升至 85% ~90%，通过对热水的有效利用，有助于提升电池系统的经济效益。从实际应用角度，电解液制冷 + 回收热量的热量管理方式，比较适宜于针对大规模电池储能系统，因为可回收热量达到一定的规模，具备了综合利用价值。采用该热量管理方式，可达到实现提高综合能效的目标，有助于进一步丰富大规模电池储能系统运行模式和拓展应用领域。

3.5.4 冷却设备的工作模式

蒸气压缩制冷方式是目前全钒液流电池系统应用最为广泛的冷却方式。制冷系统通常在电池放电时段工作，这种工作模式的优点在于能够最大程度地控制电解液温度处于较高的水平，提高全钒液流电池系统本身的效率和容量利用率，但也存在制冷设备自耗电占用电池放电功率、削弱电池系统整体输出功率的问题。在电力调峰、调频等应用场合，将影响储能系统的出力效果。

近年来，在液流电池的实践应用中，也有研究者对制冷系统在充电时段运行的工作模式进行了探索。这种工作模式，适用于储能系统参与电力系统调峰等场景中，电池系统具备长时间连续充放电的运行规律，若在充电时段对电解液提前降温，可确保电解液在放电时段不超温。这种工作模式的缺点在于难以实时控制电解液处于最佳的工作温度，电池本体的充放电效率将受到一定影响；但对储能系统总体而言，可在一定程度上减小制冷设备的配置功率，提升电池储能系统在放电时段的有功输出能力，同时提升在充电时段的吸收电功率的能力，从而更好地契合了电力系统的调峰需求[96,97]，有利于提升电池储能系统整体的出力水平。

3.6 液流电池健康状态（SOH）

电池系统的安全性和可靠性是电池储能系统应用，特别是大规模电池储能应用最为关注的问题。SOH 指标的准确表征有利于掌握电池系统可利用容量，提高电池系统的可调度特性和电池系统运行的经济性。

电池系统 SOH 是判断电池故障、老化及当前可用容量的一个重要指标。业内普遍比较认可的 SOH 定义为蓄电池当前最大可用容量占标称容量之间的百分比。业内普遍认可的 SOH 定义为

$$SOH=\frac{Q_{aged}}{Q_{rate}}\times 100\% \tag{3-9}$$

式中　Q_{rate}——电池出厂时的额定容量或标称容量；

Q_{aged}——投入使用后电池实际的可用容量，其值随着时间或充放电循环次数的增加会不断减小。

电池 SOH 用于表征电池实际可利用容量相比于电池初始可利用容量的能力，以百分比的形式存在。SOH 的变化体现出电池系统可利用容量的变化。目前，国内外对 SOH 的定义并不统一，主要体现在容量、内阻、循环次数和峰值功率等等几个方面，在铅酸电池和锂电池等固态电池体系中得到相对普遍的应用。

3.6.1 SOH 的意义

电池系统 SOH 的准确评估和预测可有效避免电池系统过度使用以及安全事故的发生，对于提高电池系统运行的安全性和可靠性具有重要意义。

1. 提升电池储能系统安全、可靠运行水平

通过对容量衰减规律的分析及 SOH 评估算法的建立，可以为实时判断电池储能系统的可利用容量提供依据。在电池运行过程中，SOH 指标的变化，即容量衰减的速率或幅度，能够反映出电池系统本体内部（比如电阻、电解液价态等）发生了变化。一旦 SOH 指标下降到一定值，或者出现加速变化的趋势时，就可以为电池系统运行提出预警，为及时采取维护措施，保障电池系统安全可靠运行提供了条件。

SOH 指标的变化可有效反映出电池内部包括内阻、电解液价态等相关指标的变化，这是目前电池系统 SOC 指标不能够反映和提供的信息。因此，SOH 表征评估工作的开展，将对电池系统运行管理提供更为丰富和有价值的信息，从而

可制定更为有效的电池管理策略，减少或避免电池系统的过度使用，促进电池系统长期安全、可靠运行。

2. SOH 准确表征可有效提高储能系统利用率

电池系统 SOH 的准确表征有助于科学有效调度电池系统。电力系统在运行过程中，发电和负荷是实时平衡的，一旦这种供需平衡被破坏，电力系统的安全性和稳定性就受到威胁。电池系统具有快速响应能力，通过快速充放电有助于维护电力系统发电和负荷的实时平衡，有利于电力系统的运行稳定。为保证电池系统的有效调度，在电池系统 SOH 不明确的条件下，调度指令会选择较低的保守值，确保指令能够完全被电池系统执行，这将导致电池系统部分可用容量不会受到调度，降低了电池系统利用率。

通过电池系统 SOH 的准确表征，调度系统可准确掌握当前电池系统的实际可用容量信息，并根据需求充分调度当前的可用容量；同时，根据电池系统 SOH 数据，可及时对电池系统进行容量恢复，改善和恢复电池系统 SOH，相当于增加了系统的可用容量，电池系统容量利用率将得到进一步提高。

3. SOH 的准确表征可有效提高储能系统经济效益

随着储能系统在电力系统调峰调频相关政策的出台，储能系统的盈利模式也逐渐丰富。储能系统参与调峰调频的计量有两个指标，即参与调节的功率及容量。在电池系统 SOH 准确表征的前提下，储能系统可以以最大功率、最大可用容量参与到电力系统调峰和调频工作中，提高储能系统收益，这对电池储能技术的发展与推广也具有十分积极的作用。

3.6.2 SOH 估算方法

SOH 受众多因素影响，其中很多参数都难以实时测量，因此，相对于电池荷电状态（SOC）而言，SOH 估算的复杂性和难度更高。目前，SOH 估算方法主要可分为两大类[98]。

1. 特征法

特征法 SOH 估算是依据电池老化过程中所表现出的特征参量的演变，建立特征量与电池 SOH 之间的映射关系，进而对 SOH 进行估算。常用的特征法包括：

（1）内阻分析法

内阻分析法最常见的是基于电池直流内阻或交流阻抗对 SOH 进行分析。内阻分析法以电池内阻作为电池寿命主要表征，随着电池老化和容量的下降，电池内阻通常会有一个逐渐增大的过程。因此，为了估算 SOH，首先建立内阻与 SOH 的对应关系，进而通过对内阻的精确测量或估算来估算电池 SOH。实际应用中，常用的内阻获取方法是脉冲法，即采用电流脉冲对电池进行脉冲激励，根据电流和电池端电压的变化结合欧姆定律及极化曲线拟合，对电池内阻进行估算。另外，离子滤波、递推最小二乘法或卡尔曼滤波等算法常用于电池的内阻辨识。

应用内阻分析法进行 SOH 估算的难点在于 SOH 与电池内阻映射关系的建立和提取，尤其是在考虑 SOC、温度和倍率因素时，特征映射关系的提取难度会显著增大。此外，所提取的特征关系仅适用于某一规格电池，不同规格电池之间的通用性较差。

（2）电化学阻抗谱分析法

电化学阻抗谱是在不同频率下测得电池的交流阻抗谱，该阻抗谱可以模拟出电池内部电化学参数，通过对参数的变化进行监测，可以估算出电池的剩余寿命及 SOH。该方法的基本思路是：首先在电池的不同老化阶段测量阻抗谱曲线，而后将阻抗谱曲线与电池等效电路模型参数联系起来，再根据模型参数与 SOH 的关系对 SOH 进行定位。

电化学阻抗谱曲线能够给出详细的电池阻抗描述，适合用于估计电池的老化状态及 SOH，但电化学阻抗谱测量复杂且需要专用仪器，一般只能离线应用。此外与内阻法类似，电化学阻抗谱法通用性也较差，仅适用于电池生产、设计与工艺改进过程，不适合于应用在实际电池产品中。

（3）微分分析法

电池的直流电流（DC）或直流电压（DV）特性与电池微观电化学机制联系密切，如 DC 曲线的峰值电势、峰值尖锐度、不对称度及峰值面积等特征与电池内部电极反应的可逆程度及活性物质含量直接相关，依据电池在不同老化状态下的 DC 曲线集，即可提取出电池的老化特征表，进而实现对 SOH 的估算。

还有一种思路是针对不同老化状态电池的充电或放电曲线，计算电压检测数据中不同电压数值点及对应出现的次数，并绘制出概率密度曲线。概率密度曲线中会出现多个峰值，同等条件下，某电压值出现次数越多，则峰值越高。随着电池老化，该峰值所对应的电压数量也会发生变化，因此可以建立曲线峰值点电压与电池 SOH 之间的映射关系，最后根据电池的部分充放电特性结合查表法对电池 SOH 进行估算。

2. 模型法

（1）老化机理模型法

用于 SOH 估算最根本的模型就是老化机理模型。老化机理模型是对电池内部微观的物理及电化学过程进行分析，而且主要侧重对电池衰老过程的分析。

目前，电池老化机制的识别手段可分为破坏性和非破坏性两种。破坏性手段主要将老化程度不同的电池进行拆解，获得电池内部材料的样本并对其老化程度参数与电池剩余容量间的关系进行分析，通过所获取的大量数据归纳出电池老化机制，并进行数据组合，建立客观实际的电池老化模型。该方法工作量大、耗时长、模型较为复杂、专业性强，多数只能在实验室中进行，在实际工程中难以应用。

非破坏性的识别方法侧重于寻找恰当的老化程度表征参数，并建立这些参数和电池老化程度之间的对应关系，进而获得老化机理模型。此方法与特征法类似，其SOH估算精度较破坏性方法差一些，但工作量小，是目前主流发展方向之一，技术难点是特征参数的定位与获取。

（2）概率模型法

概率模型法是通过电池等效电路模型与概率分析方法相结合来描述电池的老化及容量衰减过程，并通过实验对模型进行验证，从而实现对电池SOH的诊断。概率模型法具有两点优势：一是只需要对电池进行部分充放电测试即可实现SOH估算；二是该方法相对简单易行，便于工程实现，只是特征映射关系的提取需要考虑多种因素，工作量较大。

除了以上两种方法外，SOH估算还有数据驱动类方法和统计规律法两类。但上述方法存在通用性不强、估算准确度较差等缺点，没有被广泛认可。

综述所述，电池老化及容量衰减的本质是复杂的、多因素的电化学及物理过程，且电池内部的实时电化学参数大多难以准确测量，对该过程进行准确的、复杂的、适当的数学描述具有较大难度。当前的SOH估算主要针对电池在特定工况下的测试来实现，而实际工况可能相当复杂，且随机性较强，这使得SOH估算难度剧增。同时SOH估算技术通用性也较差。

3.6.3 SOH研究现状与应用

当前大多关于SOH的研究都主要集中于锂离子电池方面。锂电池SOH的评估测量方法以内阻分析法最为常见。基本思路是通过应用各种方法或算法，对电池SOH和锂离子电池等效内阻之间的关系进行分析，在数据和分析的基础上实现对SOH的估算。

对于铅酸蓄电池SOH评估方法研究相对较少，准确度较高的检测方法是通过离线放电试验获得SOH数值，但在使用过程中不易实时获得电池的SOH数据。有研究通过试验的方法建立SOH和蓄电池等效电路模型中某些参数之间的对应关系，通过在线估计这些参数的数值从而达到在线估计SOH的效果。也有研究建立了浮充时内阻均值与SOH的关系模型及核容时电压下降率与SOH的关系模型，但该模型要求铅蓄电池的运行状态为浮充，难以推广应用。总体来讲，目前锂电、铅酸电池估算技术的通用性都相对较差，很难将这些技术应用在其他类型电池技术和产品中，而且全钒液流电池自身的技术特点也使得其在SOH方面有其独特特性。

同传统铅酸蓄电池和锂电池相比，全钒液流电池技术发展时间相对较短。目前，在SOH估算方面的研究成果也十分有限。有研究将卡尔曼滤波法应用于全钒液流电池的SOH估算，但该研究所述的SOH还是基于传统定义，不能完全反映全钒液流电池体系的容量特性，

全钒液流电池容量变化规律不同于常规的固态电池体系，最明显的差异是其容量衰减中的部分是可以恢复的，而类似铅酸电池和锂电池等固态电池容量衰减后是难以恢复的。因此，利用传统电池SOH定义和评估方法来表征全钒液流电池是片面的，不能全面反映电池系统的实际状况。需根据全钒液流电池容量特性，对SOH定义进行拓展和完善，并开发基于全钒液流电池容量特性的SOH评估方法。

新的SOH定义将继续以容量变化作为表征指标，但对电池系统的容量衰减进行了区分和表征。在实际运行过程中，全钒液流电池实际可利用容量的变化体现了电池系统的表观容量衰减，根据电池系统以容量为基准进行表征SOH的方法，此时的SOH指标体现的是表观容量衰减。但是该指标不能够反映出全钒液流电池系统容量衰减的可恢复部分，即不能体现出电池系统SOH的可恢复性。如果不对容量衰减的可恢复部分给予有效管理，无疑会对电池系统的运行、管理和应用产生不利影响。作者根据对全钒液流电池容量衰减机理的深入研究和理解，提出全钒电池系统可恢复SOH和不可恢复SOH两个指标，从而可以给电池系统的运行提供更加丰富完善的信息，更好地服务于全钒液流电池系统的运行、维护等相关管理。

全钒液流电池容量衰减的影响因素主要包括电池内阻、副反应、离子迁移互串、温度、充放电速率等。而上述因素对于容量衰减的影响是不一致的。有些因素导致实际容量的不可逆衰减，是不可恢复的，导致电池系统SOH的下降；有些因素导致的衰减是表观容量的衰减，是可以恢复的，即电池实际运行表现为SOH的下降，但是通过一定的措施，这部分SOH是可以恢复的。有些因素的变化，比如温度，会导致电池容量的变化，但是容量的变化是可逆的，即恢复至同一状态后，不需要采取措施，容量也会得到恢复。因此，全钒液流电池的SOH表征在概念方面需要进一步拓展和丰富，可以分解可恢复SOH和不可恢复SOH。科学有效地对可恢复SOH和不可恢复SOH进行估算，是全钒液流电池储能技术发展的重要方向。两种类型SOH的精确估算，可以为电池系统的运行提供更加丰富完善的信息，更好地服务于全钒液流电池系统的运行、维护等相关管理。

下面结合全钒液流电池容量特性，就影响其容量变化的因素并针对可恢复

SOH 和不可恢复 SOH 进行阐述。不同于传统固态电池，运行温度、充放电倍率等因素对于全钒液流电池的影响是可逆的。全钒液流电池充放电过程只发生离子价态的变化，没有固相和液相的转化，温度的变化虽然会导致电化学极化电阻、电解液电阻和离子传导膜电阻的变化，但是不会导致电极材料表面形态及晶态结构的变化。温度恢复后，电池内阻也会恢复，所以其对电池容量的影响是可逆的，不会造成电池系统 SOH 的变化。充放电倍率的变化会影响到欧姆极化及电化学极化程度的变化，充放电倍率越大，电池系统可利用容量越小。类似温度的影响规律，充放电倍率对于容量的影响也是可逆的。

电池内阻的变化是导致全钒液流电池 SOH 变化的一个重要因素。全钒液流电池的内阻主要由 3 部分内阻组成：欧姆内阻、电化学反应极化电阻和浓差极化电阻，其中，欧姆内阻包括电解液电阻、电极和双极板材料电阻和离子传导膜电阻构成。电池系统在充放电过程中，电极双极板材料由于老化或局部发生电化学腐蚀，或者离子传导膜材料长期运行老化都会导致电池内阻的增大，造成电池系统在充放电循环过程中欧姆极化的增加，电压效率降低，可利用容量降低。电极材料的腐蚀还会使得电化学反应极化电阻增大，电池可利用容量也进一步降低。上述电池可利用容量的降低也只是针对在相同充放电倍率下的容量变化，而电解质溶液中活性离子实际可利用数量确实不会发生变化，通过降低充放电电流的方法，电解质溶液中的活性物质依然可以被利用，实现电池系统充放电。因此，准确地说，电池内阻的变化影响了不同倍率下电池系统的可利用容量，表现出电池系统容量的衰减，而通过降低充放电电流的方法，还可以使得电池系统容量得到充分利用，一定意义上说，电池系统的可利用实际容量是没有发生衰减的。

全钒液流电池电解液中 4 种不同价态的金属钒离子在离子传导膜中具有不同的迁移速率。随着充放电过程的进行，由于不同价态的金属钒离子在离子传导膜中的迁移速率的差异，不仅会导致正极和负极电解液金属总钒离子浓度的变化，而且还会导致正负极电解液的理论 SOC 出现差异。当这种变化和差异积累到一定程度后，电池系统可利用容量就会出现一定程度的衰减，变化和差异严重到一定程度时，会发生电池可利用容量的急剧衰减。上述原因导致的容量衰减是可恢复的，可以通过正负极电解质溶液的相互混合和体积再分配而实现电池系统 SOH 的恢复。

充放电过程中副反应的发生是导致全钒液流电池系统容量发生衰减的另一个重要因素。副反应使得全钒液流电池正负极电解液综合价态发生变化。电池系统在投入运行之初，电解液价态一般控制在 3.5 价。通常情况下，全钒液流电池正极副反应的发生会导致电解液价态的降低，负极副反应的发生会导致电解液价态的升高。充放电过程中，发生副反应的结果是使得电解液价态出现升高或降低现象。无论电解液综合价态升高还是降低，都会造成电池系统可利用容量出现衰减。副反应导致的容量衰减也是可恢复的。根据电解液综合价态的变化，通过向电解质溶液中添加一定量的氧化剂或还原剂，就可以调整电解液价态至初始状态，即电池系统的SOH可以恢复到初始的状态。目前，大连融科公司已经利用该项专有技术在其运行已9年的国电龙源卧牛石风电场配套5MW/10MWh全钒液流电池储能项目上成功实施了储能电站的容量恢复。实际测量结果表明，储能电站容量得到了全面恢复，容量达到储能电站的初始容量，容量恢复工作显示出良好效果。

3.7　液流电池系统漏电特性建模及仿真

3.7.1　漏电电流产生机理

全钒液流电池的标准开路电压为1.259V，电池实际运行时，因为电解质溶液浓度及充放电状态变化，电池开路电压可以提升到1.5~1.6V。然而，单电池无法满足电力储能所需的电压条件。为了提高电池系统的直流电压，需要将一定数量的单电池串联组成电堆模块，并且将多个电堆模块通过串并联构成电池单元模块，达到一定的电压等级，满足电池系统并网需求。全钒液流电池系统运行时，电解质溶液通过泵、管路等输送系统均匀分配进入每个电堆和每个电堆的单电池中，并且在电解质溶液储罐间连续循环。在这种情况下，不断循环的电解液输送到每一节串联的单电池的同时，也连通了电池系统中不同的电位点，由于电解液是离子导体，因此，在电堆模块间公共管路和电堆模块内部的公共流道内，电解液会形成导电通路，产生漏电电流。

漏电电流的产生使得电堆内部及电堆间产生漏电损耗，导致系统效率下降。漏电损耗会转化成热量，导致电池单元模块内产生局部温升，不仅会加速材料的老化，甚至会造成局部电解液析出沉淀，影响电堆及系统的使用寿命，同时漏电功率产生的热量还会增加热管理系统负担，导致辅助制冷功耗增加，进一步降低系统能量效率[99,100]。研究和掌握液流电池漏电规律，优化电堆、系统设计，降低漏电损耗是液流电池技术开发工作的重要内容。

3.7.2　液流电池结构及漏电等效电路模型[77]

全钒液流电池的单电池主要包括双极板、电极框、炭毡电极和隔膜，其结构如图3-59所示，单电池经过串联，并在两侧加装端板、进液板、集流板等，组成电堆。在运行过程中，电解液在电极泵的作用下通过进液板下方进液口进入电堆公共流道，将电解液输送至每一节单电池；在单电池内部，电解液通过电极框分支流道均匀分配到炭毡电极上，然后通过电极框上方分支流道汇流，经上方电极框公共流道流出，最后经出液口流出（见图3-60、图3-61）。

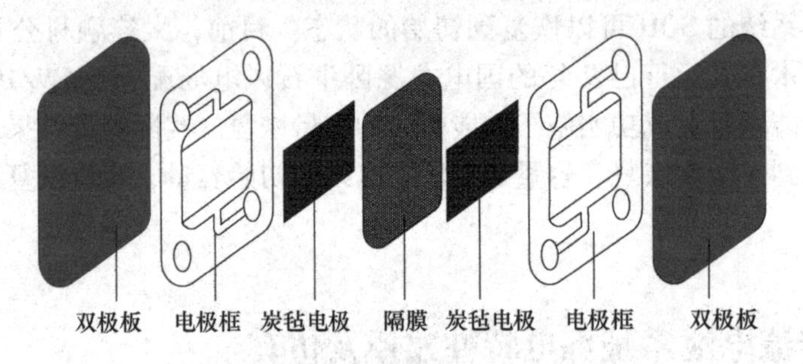

图3-59　单电池结构

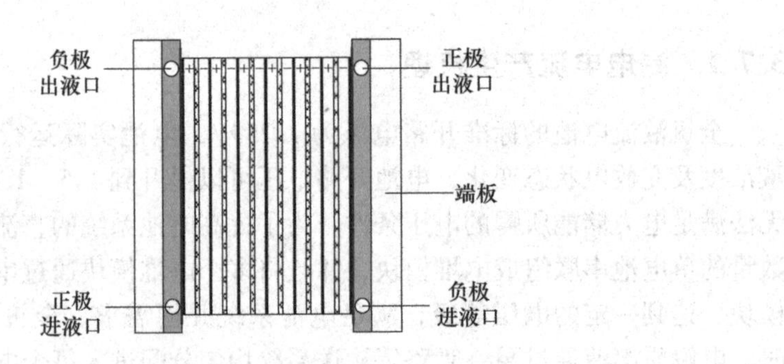

图3-60　电堆结构

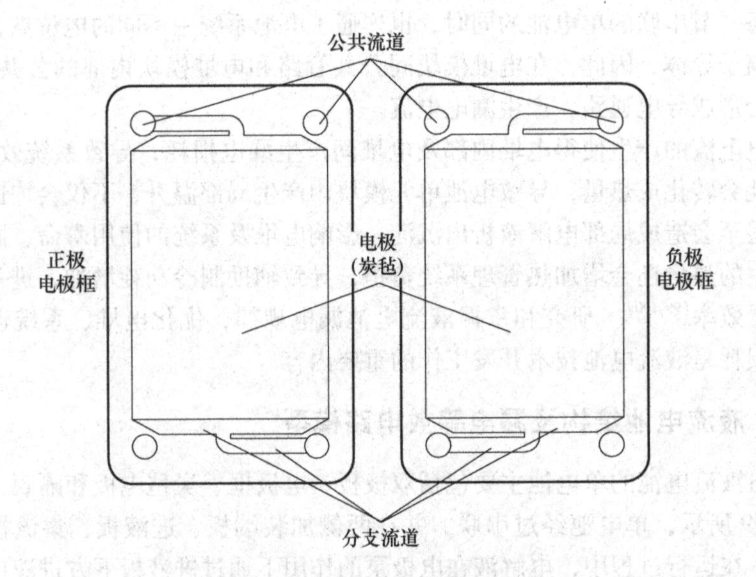

图3-61　电极框公共流道与分支流道

全钒液流电池在应用时，为达到一定的直流侧电压等级，通常是将电堆进行串联，组成单元电池系统，系统结构如图 3-62 所示。其中，S1～S8 代表电堆编号，虚线线路为主电路，实线线路代表电解液输送管网，电解液通过主管道、盘管分配至电堆中，并通过盘管和主管道进行收集，输送至电解液储罐。与电堆直接相连的管路为盘管。两个圆柱体分别代表正、负极电解液储罐。

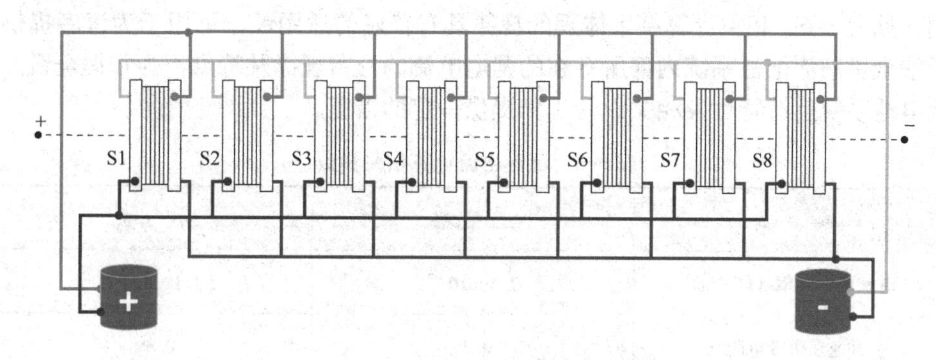

图 3-62　单元电池系统示意图

如前所述，在液流电池系统运行过程中，电极框的公共流道与分支流道内的空间被电解液充满，形成离子漏电通路，公共流道与分支流道内的电解液欧姆内阻，构成了漏电通路上的电阻，堆内漏电等效电路如图 3-63 所示。单电池内阻用 R_e 表示；分支流道内正负极电解液等效电阻分别表示为 R_{ta}、R_{tc}，公共流道内的正负极电解液等效电阻分别表示为 R_{ma}、R_{mc}。电堆通过串并联组成系统后，电堆之间的管路再次将不同电堆对应的不同电位连通，形

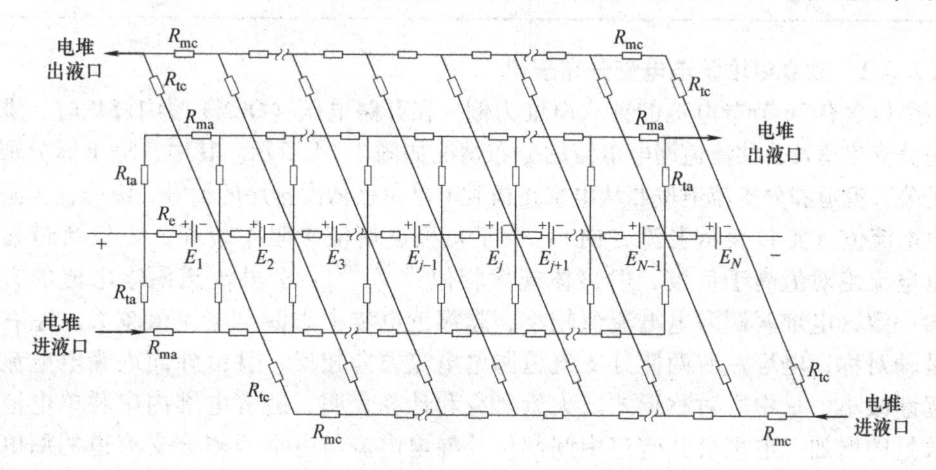

图 3-63　电堆内部漏电等效电路

成了更大的漏电回路，而对应管路内电解液欧姆电阻即对应回路上的等效电阻。

3.7.3 液流电池系统漏电电流分布规律

以下小节将分别对独立电堆和电池系统单元等进行漏电电流计算分析，相关计算参数以大连融科储能技术发展有限公司开发的某型号电堆和电池单元作为基础，见表3-6。相关计算结果体现的规律具有普遍的适用性，可用于为读者提供了解全钒液流电池系统内部所存在的漏电电流的分布规律及特点，为掌握全钒液流电池系统运行特性及相关设计工作提供一定的借鉴。

表3-6 漏电电流计算相关参数

参数	正极	负极
电解液电阻率/(Ω·m)	2.3×10^{-2}	3.1×10^{-2}
公共流道等效电阻/Ω	0.29	0.39
分支流道等效电阻/Ω	147.59	198.93
盘管等效单位电阻/(Ω/m)	46.94	63.27
电堆单电池标称功率/W	600	
单电池内阻/Ω	2×10^{-4}	
开路电压/V	1.50	

3.7.3.1 独立电堆漏电电流分布规律

以含有26节单电池的独立电堆为例，在开路电压（OCV）为1.5V时，堆内分支流道及公共流道漏电电流的分布情况如图3-64所示。其中，横坐标分别是公共流道和分支流道按照从电堆正极到电堆负极依次排序的编号，纵坐标为漏电电流值（正负表示电流方向），由于负极电解液电阻率较高，正极流道漏电电流绝对值高于负极，但整体规律相似[76,101-103]：公共流道漏电电流的方向一致，电堆两侧漏电电流值较小，越靠近电堆中心漏电电流值越大，左右呈轴对称；电堆左右两侧分支流道漏电电流方向相反，且由外向内漏电电流逐渐减小，呈中心对称形式。大量研究和计算表明，随着电堆内串联单电池数量的增加，电堆公共流道中间部位的漏电电流与电堆两侧分支流道的漏电电流会越来越大。

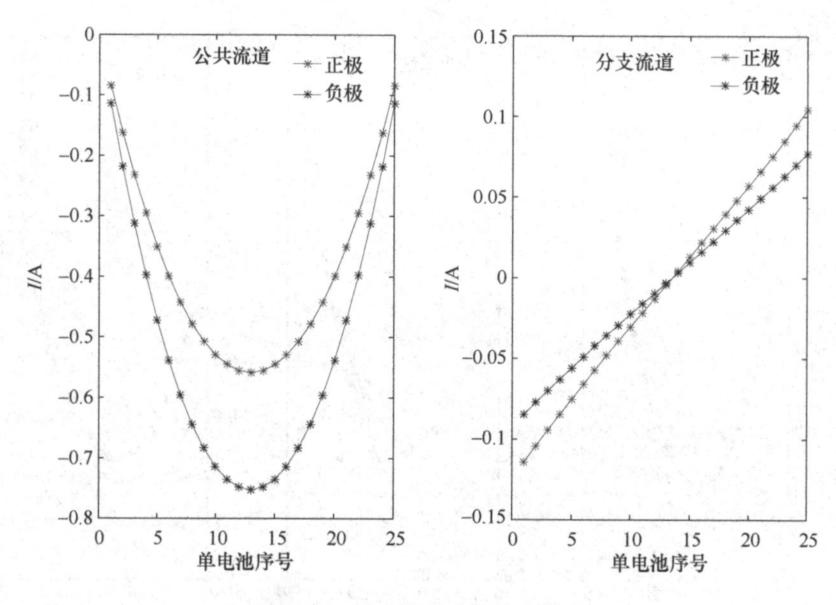

图3-64　堆内漏电电流分布情况

3.7.3.2　电堆串联对漏电电流的影响

由漏电电流等效电路模型可知，正负极液路形式相似，其漏电电流分布规律也近似一致，这里以正极电解液漏电情况为代表进行分析。对分别由6串、8串和10串电堆构成的电池单元系统内部的电堆内部公共流道和分支流道漏电电流进行了计算，结果如图3-65所示，S1、S2、…、S10为系统内的串联电堆从系统正极至负极的编号，S0为对比电堆，代表不含外部液路单一运行的电堆，且各个电堆型号参数均相同。

由图3-65可见，电堆串联组成系统运行后，系统内各个电堆漏电流的分布规律与单个独立运行电堆S0相比，无论是公共流道漏电电流分布还是分支流道的漏电电流分布都发生了一定的变化。公共流道方面：在同一电堆内，距离盘管越近的公共流道的漏电电流，相对于标准电堆S0的变化越大；而在同一系统内，越靠近串联首末端的电堆公共流道，漏电电流变化越大。分支流道方面：在同一电堆内，距离盘管越近的分支流道漏电电流，相对于标准电堆S0的变化越大；而在同一系统内，越靠近串联首末端的电堆，分支流道漏电电流变化越大。

位于串联中间位置的电堆内，漏电电流分布情况与电堆S0接近，串联两侧的电堆内，漏电电流变化方向也分别向两个方向发生偏移，系统整体漏电电流分布，近似以电堆S0的漏电电流分布曲线为中心呈对称变化。

当系统内串联电堆数增加时，电堆内漏电电流的整体变大，尤其是最外侧电堆与盘管直接相连的公共流道和分支流道的漏电电流，随着串联电堆数量的增加越来越大。

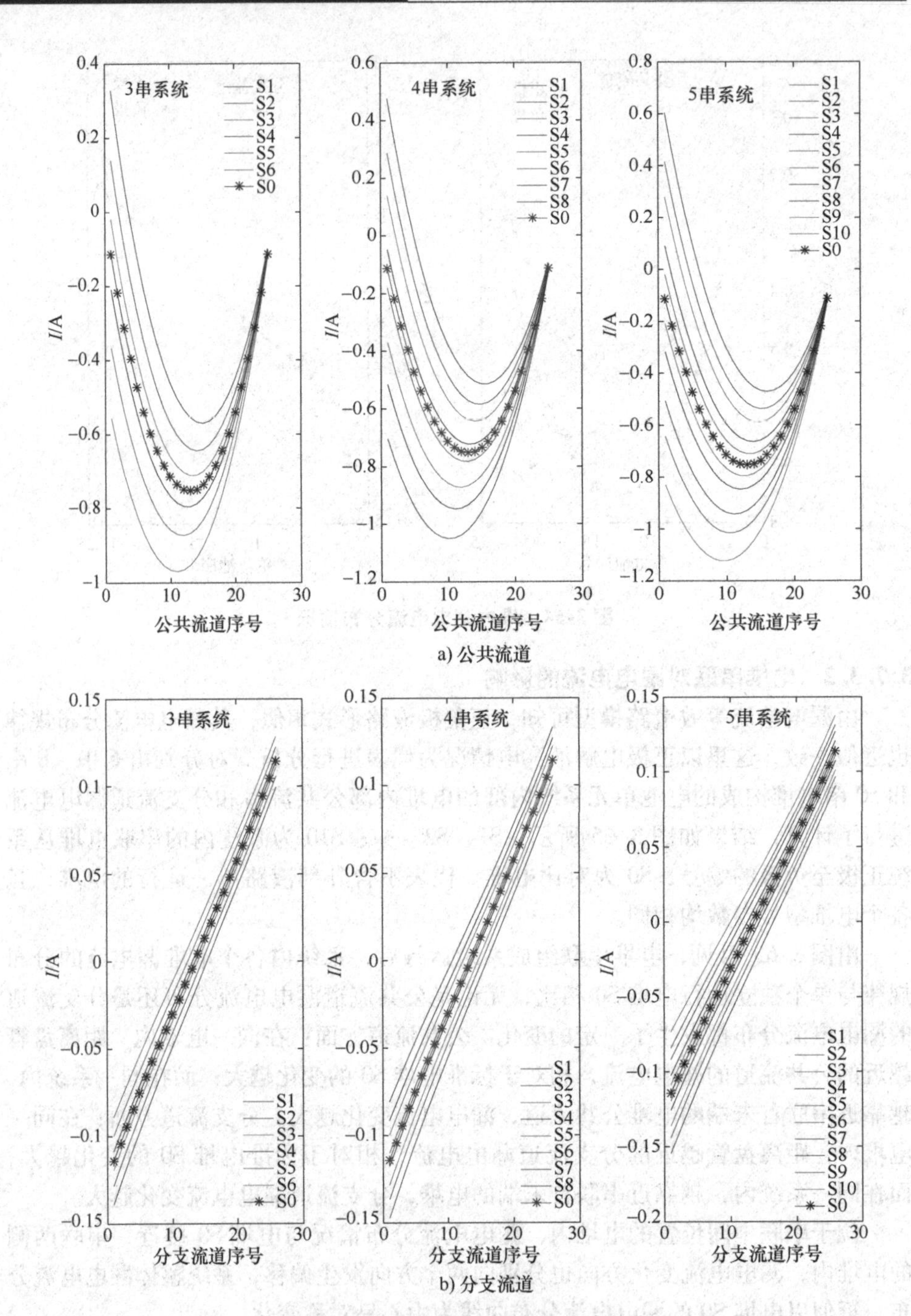

图 3-65　串联电堆数对漏电电流的影响

3.7.3.3　独立电堆与电堆串联的漏电电流类比

独立电堆内部分支流道及公共流道漏电电流流向如图 3-66 所示。其中，为了显示清晰，便于理解，将正负极液路化简。当单一电堆独立运行且不含外部管路时，电解液将电堆内不同电位点连通，形成漏电电流离子通路，且电位差越大，漏电电流越大；外侧分支流道承担的电位差较大，中间分支流道承担的电位差较小，因此分支流道漏电电流由外向内逐渐减小；而公共流道漏电电流分布规律则是电流由高电位流向低电位时先汇流、后分流形成的，因此两侧漏电电流小，而中间漏电电流大。堆内分支流道及公共流道的漏电电流呈对称分布，漏电电流在堆内形成环流，对外的漏电电流总和为0。

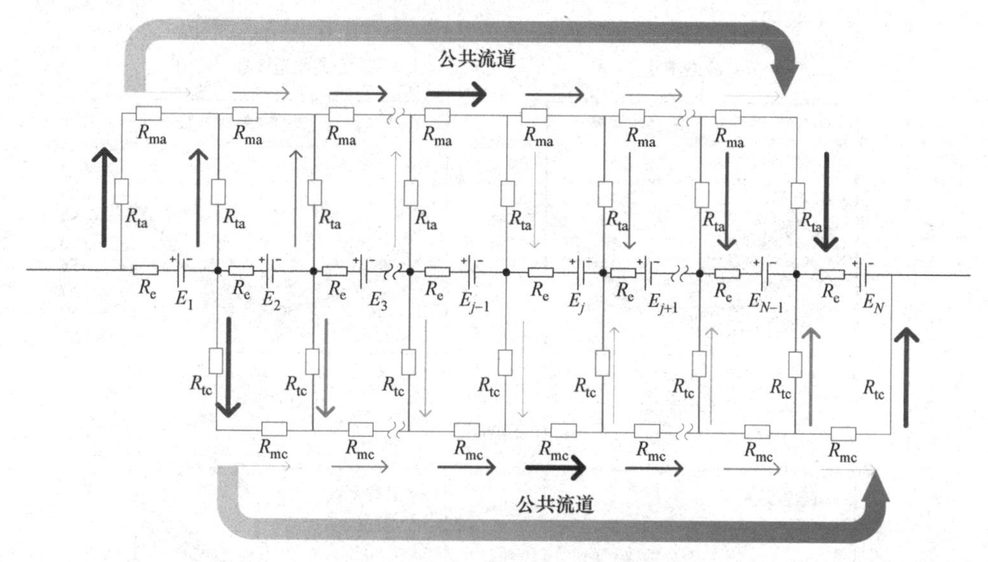

图3-66　独立电堆内漏电电流示意图

当电堆通过串并联组成系统运行时，漏电电流不再是单堆内部环流，即单堆对外漏电电流之和不再为0，原本的对称性也会受到破坏，而单堆对外漏电电流之和就表现为与之相连的盘管漏电电流。此时，对应盘管漏电电流越大，单堆对外漏电电流之和也就越大，单堆对称性的破坏也就越严重，漏电电流偏移程度也越大。在系统中，每个电堆可认为是一个小的电池单元，盘管就相当于分支流道，同样起到了连接不同电位点的作用，因此盘管漏电电流分布规律可类比于分支流道漏电电流分布规律，即串联首末端的漏电电流较大。因此，在系统内部，位于串联首末端的电堆漏电电流变化较大。

3.7.3.4　系统盘管长度对各电堆漏电电流的影响

通过盘管连通各个电堆，系统漏电电流回路由单个电堆扩展到系统，漏电损耗进一步加大。为了降低盘管对系统漏电电流的影响，需要增加盘管的等效电阻。根据电阻公式 $R=\rho L/S$ 可知，在不改变盘管内径的情况下，增加盘管长度可增加盘管的等效电阻。为分析盘管长度对于电堆漏电电流的影响，计算分析了

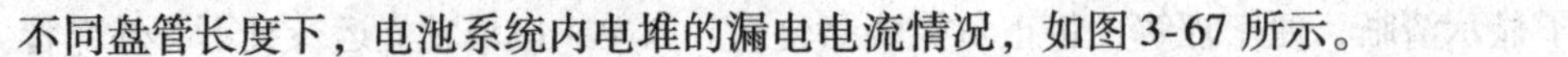

不同盘管长度下，电池系统内电堆的漏电电流情况，如图 3-67 所示。

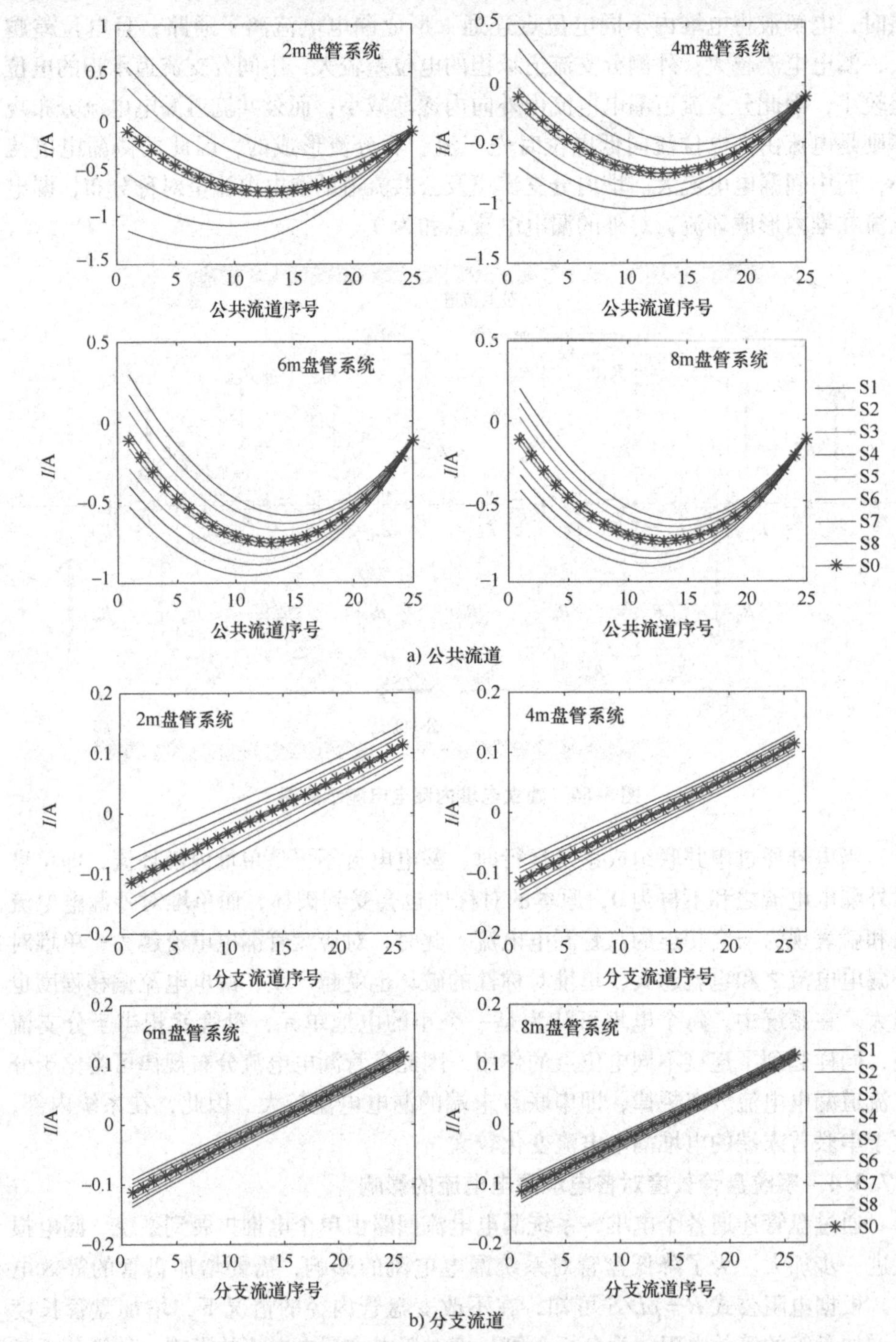

图 3-67　不同长度盘管对漏电电流的影响

从图 3-67 中可见，在同一系统中，改变盘管长度，系统内各电堆的漏电电流分布情况也随之发生变化。盘管长度越长，等效电阻越大，外侧电堆的公共流道以及分支流道的漏电电流偏移程度也就越小。

综上所述，电堆串联系统的盘管漏电流分布规律与堆内分支流道漏电电流分布规律类似，因此，正如电堆内串联单电池数量越多、分流道漏电电流越大的规律一样，系统内串联电堆越多，盘管漏电电流也就越大；盘管漏电电流越大，对应电堆内公共流道与分支流道的漏电电流变化也就越大。当盘管等效电阻无限大时，盘管等效电路相当于开路，各电堆内漏电电流分布情况会无限接近单堆独立运行情况。

3.7.3.5　电堆所含单电池节数对漏电电流的影响

大量研究显示，单堆内串联单电池数量越多，单堆整体漏电损耗越大。但在实际应用中，经常需要直流侧有较高的电压输出，如果单堆内所串联的单电池数目下降，那系统内相应串联电堆数就需要增加，还是会加重系统整体漏电问题；但考虑到单堆串联电池节数下降后，对单堆供应电解液的盘管口径也可以随之下降，进而增加盘管的等效电阻，这对系统整体漏电情况具有一定的改善作用。为了进行综合比较，进行如下仿真：

这里以总串联单电池节数 100 节的系统为例，分别建立了含不同单电池的电堆，每个电堆的电解液由等长度盘管统一供应，具体包括以下系统：①号系统：由 20 个含 5 节单电池的单堆串联组成；②号系统：由 10 个含 10 节单电池的单堆串联组成；③号系统：由 5 个含 20 节单电池的单堆串联组成；④号系统：由 4 个含 25 节单电池的单堆串联组成。

相应的，①号系统单堆所含单电池节数最少，单堆对应的盘管截面积也最小；②号系统盘管截面积是①号系统截面积的两倍，以此类推。由此可知，各系统总电解液流量是一致的，仿真结果如图 3-68 所示。

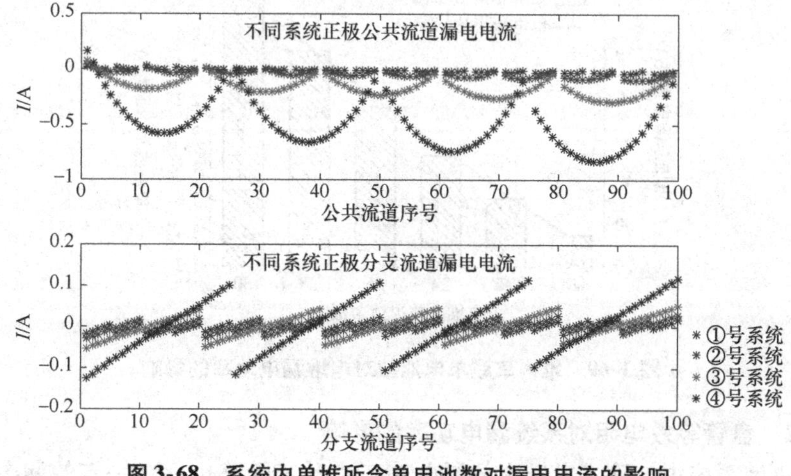

图 3-68　系统内单堆所含单电池数对漏电电流的影响

由此可见，单堆串联单电池数量越多，电堆中间的公共流道及其外侧的分支流道漏电电流越大；在同一系统中，位于串联首末端的电堆的外侧分流道及其中间的公共流道的漏电电流较大；同样串联100节单电池，内部电堆所串联的单电池数量越多，系统整体漏电电流越大，造成的漏电损耗也就越大。

3.7.4 液流电池系统漏电功率的影响因素[104]

3.7.4.1 单电池节数对电堆内漏电功率的影响

大量针对液流电池电堆漏电电流分布规律的研究表明，随着电堆内部串联单电池数量的增加，电堆漏电电流也随之增大，本小节在此基础上，通过搭建 Simulink 单电堆仿真等效模型，仿真分析了电堆内单电池数量从20节到30节时，电堆漏电功率的变化情况，见表3-7。

表3-7 电堆内单电池数量对漏电功率的影响

单电池节数	20	22	24	26	28	30
电堆总漏电功率/W	27.52	36.09	46.10	57.62	70.62	85.19
单电池平均漏电功率/W	1.37	1.64	1.92	2.22	2.52	2.84
单电池漏电功率变化率	—	16.11%	14.60%	13.32%	12.14%	11.17%

根据表3-1绘制仿真结果如图3-69所示，随着电堆内单电池数量的增加，电堆整体漏电损耗功率增加，平均每节单电池的漏电功率也会随之增加，但漏电功率变化率越来越小。根据电堆内漏电电流的分布规律可知，位于两侧的分支流道漏电电流最大，这部分漏电功率也是热功率，这部分电能将全部转化为热量，易导致靠近两侧的单电池老化甚至发生漏液，威胁系统安全运行。

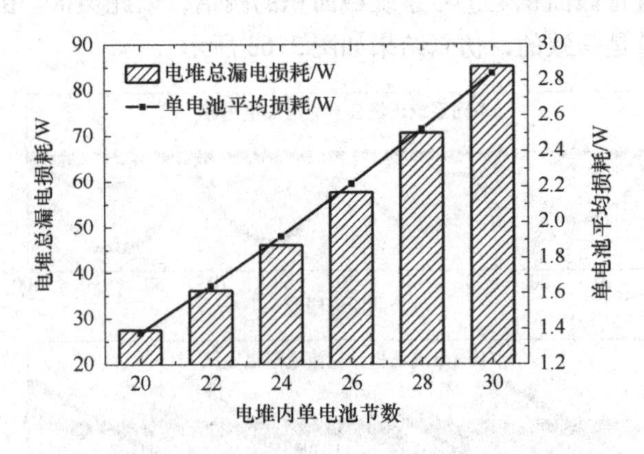

图3-69 堆内串联单电池数对电堆漏电功率的影响

3.7.4.2 盘管等效电阻对系统漏电功率的影响

在电池系统内，除了电堆内部漏电功率，系统管路也存在一定的漏电功率，且主要集中在盘管上。电堆内部漏电电流的分布规律有大量的研究成果，但关于盘管漏电电流的研究成果较少。这里选用如图 3-62 所示的电池系统，模拟了在 OCV = 1.5V 的情况下，盘管长度为 4m 时，系统漏电电流及漏电功率分布情况，仿真模型各电堆内单电池数量为 26 节，进液盘管漏电情况如表 3-8、图 3-70 所示，由此可以看出，位于系统串联首末端电堆对应的盘管的漏电电流较大，相应的漏电功率也较大。

表 3-8　系统进液盘管漏电数据

电　堆	漏电电流/A		漏电功率/W	
	正极	负极	正极	负极
S1	-0.53	0.39	51.79	38.20
S2	-0.36	0.26	23.97	17.68
S3	-0.23	0.17	9.67	7.13
S4	-0.06	0.04	0.66	0.48
S5	0.06	-0.04	0.66	0.48
S6	0.23	-0.17	9.67	7.13
S7	0.36	-0.26	23.97	17.68
S8	0.53	-0.39	51.79	38.22

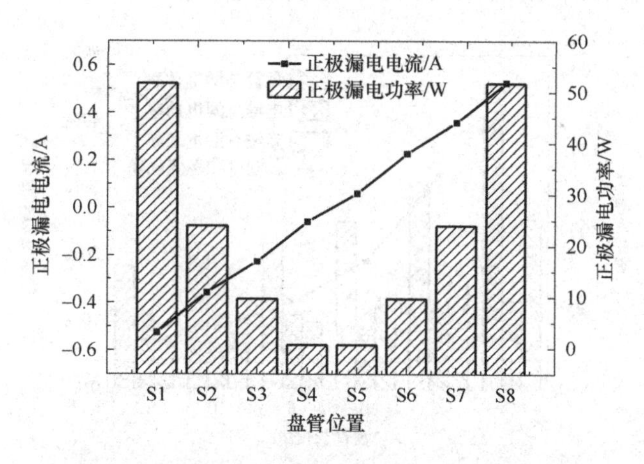

图 3-70　系统正极进液盘管漏电电流及漏电功率

在电堆固定的情况下，对应盘管的口径通常也是固定的，根据公式 $R=\rho L/S$，可通过增加盘管长度来增加盘管等效电阻，降低盘管漏电功率。为了保证各电堆电解液的均匀分配，通常各电堆对应的盘管长度也会一致。下面模拟了图 3-62 所示的电池系统在其他条件不变，仅改变盘管长度的条件下，系统漏电功率的变化情况（变化率取绝对值），见表 3-9。

表 3-9　盘管长度变化对漏电功率的影响

盘管长度/m	2	4	6	8	10	12
盘管总漏电功率/W	1070.08	711.06	526.95	417.70	345.72	294.82
电堆总漏电功率/W	549.97	490.32	475.34	469.43	466.50	464.85
系统总漏电功率/W	1919.10	1302.56	1052.59	917.12	832.12	773.83
总漏电功率变化率	—	32.13%	19.19%	12.87%	9.27%	7.01%

由仿真结果可知，随着盘管长度的增加，盘管漏电功率及电堆漏电功率均下降，系统总漏电功率也随之下降，但漏电功率变化率逐渐减小（变化率取绝对值），其中，盘管长度从 4m 增加至 6m 时，系统漏电功率下降速率最快，如图 3-71 所示。在漏电回路中，盘管所起到的作用与电堆内分支流道类似，将不同电位点的电堆连接起来，形成漏电通路，同时也加重了电堆内部的漏电问题。因此，盘管等效电阻越大，那么电堆间的漏电功率也会随之降低，系统整体效率得到提高。

在电池系统电解液输运管路设计时，还要考虑到盘管长度增加不仅会增加系统成本，而且管道流阻也会增加，导致泵耗增大，因此需要综合考虑电解液管路漏电功率、泵耗、系统成本三者关系，形成最优方案。

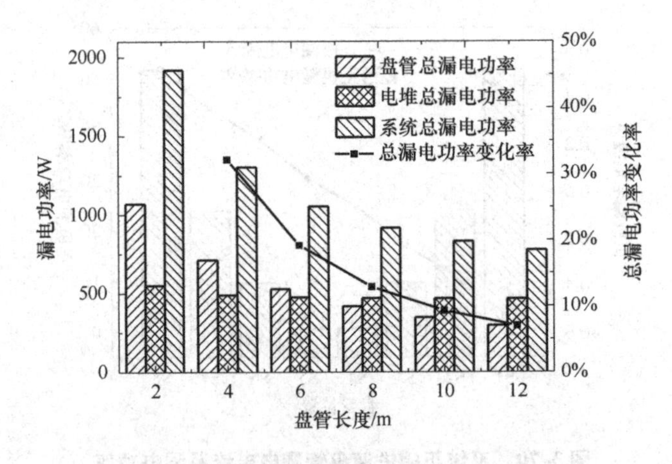

图 3-71　盘管长度变化对漏电功率的影响

3.7.4.3　串联电堆数对系统漏电功率的影响

多个电堆串联运行后，系统的电压等级也随之升高。这里通过建立 Simulink 仿真模型，分析了串联系统内，串联不同电堆数时，系统漏电功率的变化情况，结果如表 3-10 所示。

表3-10　串联电堆数对系统漏电功率的影响

系统串联电堆数	6	8	10	12
盘管漏电功率/W	195.97	422.41	744.43	960.20
电堆漏电功率/W	213.46	291.28	373.02	385.37
总漏电功率/W	425.21	773.78	1243.22	1519.99
平均单堆漏电功率/W	70.87	96.73	124.32	126.67
平均单堆漏电功率变化率	—	36.48%	28.53%	1.89%

根据电堆漏电电流的分布规律和图3-72可知，随着串联电堆数的增加，盘管漏电功率明显增加，每个电堆的平均漏电功率也随之变大，电池系统效率降低。电堆串联组成的系统可类比于多节单电池串联组成一个电堆，系统的盘管相当于电堆的分支流道，系统管路中连接盘管的主管路相当于电堆内单电池间的公共流道。因此，系统管路内盘管的漏电损耗功率分布及变化规律和电堆内部漏电规律基本相似。这部分漏电功率也是热功率，漏电导致的电能损耗将转换成热能，增加了热管理系统的负担，增加制冷功耗，也就导致辅助功耗增加，系统效率降低。同时，系统内盘管，尤其是串联支路首末两端盘管漏电电流较大，升温速率相对较大，易形成热量积聚而导致局部温度过高。长期累积会造成一系列不利后果，如电池材料老化、系统可靠性降低等，进而导致系统长期稳定运行存在一定程度的风险。

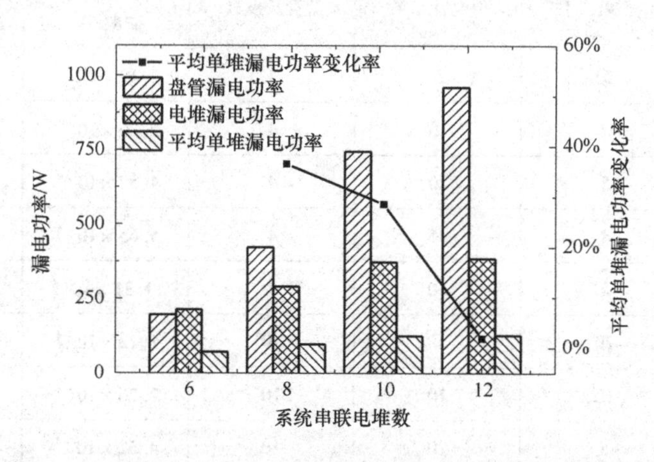

图3-72　串联电堆数对系统漏电功率的影响

3.7.4.4　系统优化

通过对电堆及电池系统漏电电流和漏电功率影响规律的仿真分析，为降低电池系统漏电功率，提高系统安全性，在电池系统设计过程中，应尽量做到减少电堆内部串联单电池数量，增加电堆内部分支流道等效电阻以及增加系统盘管等效电阻。同时，在电堆内电池节数变化时，对应盘管横截面积也可进行适当调整。如电堆内单电池数量减少时，电堆对电解液流量的要求降低，因此，为该电堆输送电解液的盘管横截面积可适当减小。但通常一个电池储能系统对输出功率、电压等级有相对固定的要求，那么不同电堆结构及电解液输运管路设计的系统，其整体漏电功率也不尽相同。

本小节以一个总数目为100节单电池的串联系统为例，分别按不同电堆结构组装成系统，系统参数如表3-11所示。每个系统由不同数量的电堆串联组成，电堆包含的单电池数量不同，但系统内所包含的单电池总数为100节。每个电堆分别连接负责电解液进液和出液的盘管。盘管的主要作用是保证电堆内电解液的充分供应和电堆间流量分布的均匀。因此，当电堆内所含单电池数量增加时，对电解液流量的需求也随之增加，盘管的横截面积也随之变大。为了配合电堆内单电池数量的变化，本节对连接每个电堆的盘管面积进行了修改，但每增加一个电堆，都需要配套增加进出液盘管，即盘管最终都是为了满足100节单电池的电解液流量的需求，因此，各系统盘管总的横截面积是不变的。在此基础上，搭建Simulink仿真模型，仿真结果如表3-11、表3-12所示，不同电堆组合对系统漏电功耗影响的变化规律见图3-73。

表3-11　不同组合的100节电池系统

系　统	电　堆　数	单电池节数	盘管长度/m	盘管横截面积/m^2	正极进液盘管总横截面积/m^2
5×20	20	5	4	1.13×10^{-4}	2.26×10^{-3}
10×10	10	10	4	2.26×10^{-4}	2.26×10^{-3}
20×5	5	20	4	4.52×10^{-4}	2.26×10^{-3}
25×4	4	25	4	5.65×10^{-4}	2.26×10^{-3}
50×2	2	50	4	11.31×10^{-4}	2.26×10^{-3}
5×20	20	5	10	1.13×10^{-4}	2.26×10^{-3}
10×10	10	10	10	2.26×10^{-4}	2.26×10^{-3}
20×5	5	20	10	4.52×10^{-4}	2.26×10^{-3}
25×4	4	25	10	5.65×10^{-4}	2.26×10^{-3}
50×2	2	50	10	11.31×10^{-4}	2.26×10^{-3}

表 3-12　不同盘管的多组合方式电池系统漏电功率对比

系　统	系统各部件漏电功率及系统总漏电功率/W					
	4m 盘管系统			10m 盘管系统		
	盘管	电堆内部	总漏电功率	盘管	电堆内部	总漏电功率
5×20	149.00	16.04	165.04	62.23	11.48	73.71
10×10	147.42	65.09	212.52	61.68	58.85	120.53
20×5	141.25	169.74	310.98	59.53	164.48	224.01
25×4	130.23	254.69	384.92	56.47	247.15	303.63
50×2	110.80	748.23	859.03	48.60	740.93	789.52

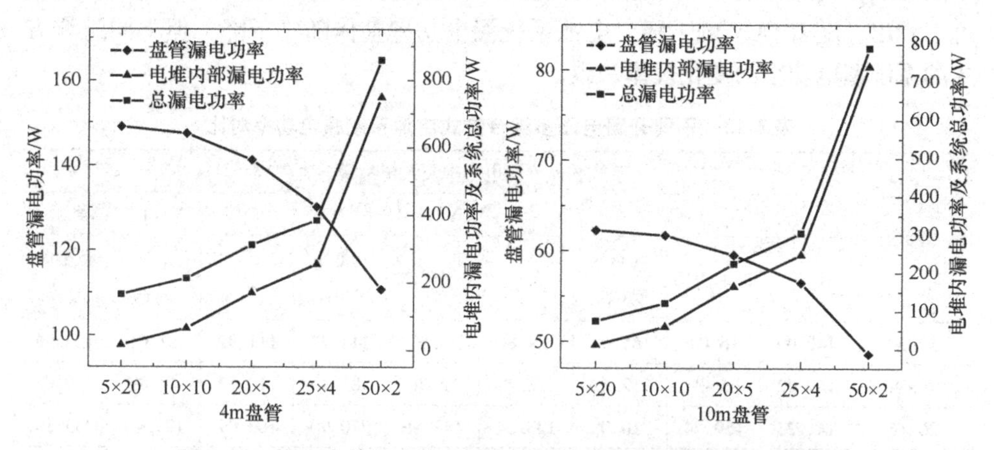

图 3-73　不同盘管长度的多组合方式的电池系统漏电功率对比

从图 3-72 中可以看出，随着系统内单堆所含单电池数目的增加，电堆数量的减少，系统电堆内部漏电功率增长速率较快，盘管漏电功率下降速率较慢。根据表 3-7 数据可知，随着电堆内单电池数量的增加，平均每节单电池的漏电功率也会增大。因此，在总单电池节数一定的条件下，随着电堆内单电池数量增加，电堆堆内漏电功率会迅速增加。

由于系统各连接盘管的横截面积之和不变，因此，可视为盘管总的电阻不变；进液侧和出液侧盘管所连接的最大电位差总是等于系统总电压减去一个单堆电压，随着电堆数目的减小，单堆电压升高，盘管所连接的最大电位差减小，因此，盘管总的漏电功率也随之下降。

电池系统总漏电功率主要包括堆内漏电功率以及对外盘管漏电功率。随着堆内串联单电池数量的增加，堆内漏电功率逐渐变大；而随着系统串联电堆数的减少，堆外盘管漏电功率逐渐减小；两者求和得到的系统总漏电功率的变化规律如图 3-73 所示。相同盘管长度下，电堆内串联单电池数量增加，系统总漏电功率呈现逐渐上升的趋势。

对比 4m 盘管和 10m 盘管两个系统总体漏电功率，可以看出当系统盘管长度发生变化时，系统总体漏电功率会随之下降。究其原因，虽然盘管横截面积不变，但盘管长度的变化增加了其等效电阻，最终导致 10m 盘管系统的漏电功率要小于 4m 盘管系统的漏电功率。

电池系统在运行过程中，开路电压 OCV 将随充放电状态而发生变化，进而系统充放电电压也会发生变化，在系统各部件等效电阻不变的条件下，系统的漏电功率也必然随着 OCV 的变化而发生变化。根据表 3-11 所示的 4m 盘管参数系统建立 Simulink 多组合方式电池系统仿真模型，分析了 OCV 变化对系统漏电功率的影响，结果如表 3-13 所示，并将结果整理成折线图，如图 3-74 所示。对比可以看出，随着 OCV 的下降，电池系统漏电功率整体随之下降，但不同组合方式的系统漏电功率的变化规律一致。

表 3-13　不同开路电压多组合方式电池系统漏电功率对比

系统	系统各元件漏电功率及系统总漏电功率/W								
	OCV = 1.5V			OCV = 1.4V			OCV = 1.3V		
	盘管	电堆内部	总漏电功率	盘管	电堆内部	总漏电功率	盘管	电堆内部	总漏电功率
5×20	149.00	16.04	165.04	129.80	13.97	143.77	111.92	12.04	123.96
10×10	147.42	65.09	212.52	128.42	56.70	185.13	110.73	48.89	159.62
20×5	141.25	169.74	310.98	123.04	147.86	270.90	106.09	127.49	233.58
25×4	130.23	254.69	384.92	113.45	221.87	335.31	97.82	191.30	289.12
50×2	110.80	748.23	859.03	96.52	651.79	748.31	83.22	562.00	645.23

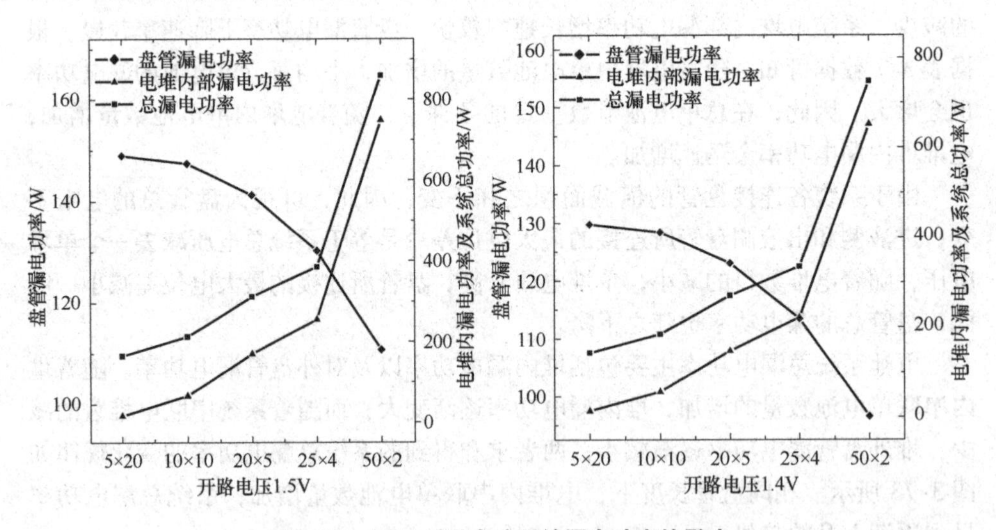

图 3-74　OCV 对于电池系统漏电功率的影响

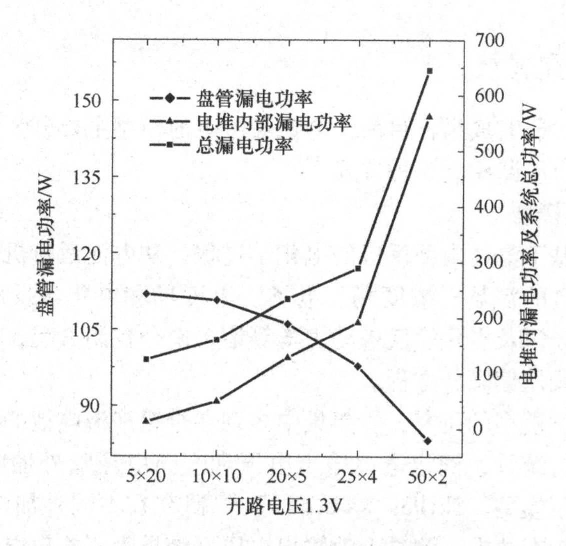

图 3-74　OCV 对于电池系统漏电功率的影响（续）

通过上述计算和分析可以看出，电堆内部串联单电池节数、盘管长度、OCV、电堆串并联等因素均会对电池单元系统的漏电电流分布及漏电功率产生影响，严重情况下会对电堆及系统的安全稳定运行产生影响。另外，在电堆开发及电池系统设计时，相关因素的调整还会对系统成本产生影响。因此，从优化电池系统能量转换效率，提高系统运行安全性以及性价比的角度出发，要统筹考虑上述各种因素的影响。希望上述计算分析得到的一些规律能够给读者以帮助。

3.8　液流电池系统外特性建模及模拟仿真[105]

3.8.1　建模背景与意义

随着储能系统在全球范围内的装机规模日渐增大，大规模储能技术在增强电力系统对可再生能源发电调度控制能力的积极作用日益凸显。作为大规模储能技术中的重要技术路线，全钒液流电池储能技术因具有寿命长、安全性高、功率与容量可独立设计等优势，在电力系统受到越来越高的重视。

全钒液流电池储能技术的迅速发展以及在大规模储能领域的推广运用，使其成为电力系统中重要组成部分，准确的仿真模型是电力系统仿真计算的基础，只有基于正确的仿真模型获得的符合实际运行特性的数字仿真结果才能对电力系统的运行控制与规划设计提供正确的决策依据。因此，全钒液流电池储能系统的建模成为电力系统建模中亟待解决的技术问题之一。

3.8.2 建模研究现状

综述已有相关研究成果，目前，全钒液流电池模型主要分为电化学模型、等效电路模型、混合电路模型3种方式[106]。

3.8.2.1 电化学模型

电化学模型基于电池内部反应的电化学过程，从电池运行机理的角度，考虑了电池运行中包含的流场、浓度场、电场、温度场和电化学反应，由质量、动量、电荷和能量守恒及电化学反应动力学等诸多复杂控制方程，构成了电化学模型高度耦合的非线性偏微分方程。

早期对电化学模型的研究，主要集中体现在全钒液流电池的整体性能上，对部分实验数据进行统计，确定电池输出电压和开路电压随外加电流的经验关系式，建立简单电压模型。Skyllas-Kazacos 等[107]研究在不同外加电流且 SOC 达到 50% 的条件下进行充放电，测试电池输出电压，结果表明输出电压与外加电流成线性关系。但早期电化学模型缺乏对电池自身化学特性的考虑，未做进一步展开分析讨论。

相比早期的电化学模型，近期的电化学数学模型进一步考虑了电池各参数之间的关系，从能量的角度出发，结合能斯特（Nernst）方程、伯努利（Bernoulli）方程以及一些经验关联方程，构建了整个电池系统的数值计算模型。电化学数值计算模型能够较好地拟合实际电池系统的状态变化，但是计算复杂，表达也不够直观。在上述工作的基础上，电化学模型建模时考虑了流场、浓度场以及温度场，针对流场特性、钒离子的浓度分布以及温度变化情况进行模拟研究，建立复杂系统的电化学模型。

虽然电化学模型准确度较高，但由于模型建立在电池运行机理层面上，要求建模者需要具备较强的电化学理论及数学计算基础。另一方面，电化学模型涉及复杂的数学方程，复杂数值求解往往需要借助有限元、差分等方法，仿真计算量大、仿真速度慢，且建模过程中所需的微观参数难以获取。因此，电化学模型难以应用于电力系统实际工程，不适合电力系统的仿真计算。

3.8.2.2 等效电路模型

等效电路模型是从物理机制的角度考虑，用理想的电路元件来模拟电化学过程产生的物理效应，等效电路模型是根据电池的电流、电压、荷电状态等运行特性参数之间的关联方程建立的。

目前，国内外针对全钒液流电池建立的等效电路模型大体分为两类：一类是交流阻抗模型，该类模型实现过程相对简单，但是模型准确度不高。另一类是从全钒液流电池充放电过程中的损耗出发，将电堆内电势等效为受控电压源，其值受电堆内活性物质的含量控制，当活性物质处于平衡状态时，相当于受充放电状态的控制；用受控电流源或者定值电阻等效模拟外接泵及附加额外损耗；电池内部损耗也按比例等效为等效阻抗；用等效电容表示极间电容，模拟暂态过程。

等效电路模型中，各等效电阻电容在充放电过程中为恒定值，没有考虑电池电化学反应过程。为提高系统的准确度，分析和验证全钒液流电池系统在电力系统中的性能，等效电路模型能够充分展现其运行特性，但是结构复杂。因此，从全钒液流电池运行机理出发，建立结构简单、准确度适中、又能充分反映其充放电动态特性及对外等效特性的等效电路模型，是目前全钒液流电池建模的发展趋势。

3.8.2.3 混合电路模型

混合电路模型是由不同的模型相结合而成的，包括电化学模型与机械模型结合、电化学模型与等效电路模型结合、准稳态模型与暂稳态模型结合等混合电路模型。混合电路模型从全钒液流电池运行机理出发，既能充分反映电池的充放电动态特性，又能表示电池对外的等效特性。

混合电路模型综合了多方面因素对电池模型的影响，能够更加适合于实际工程的应用。但由于混合电路模型考虑因素较多，模型一般都比较复杂，实际应用中不够方便。

随着对全钒液流电池系统认识的深入，对全钒液流电池模型的研究也将不断深化，未来研究的重点是综合考虑各种因素，建立现象控制等更符合工程实际需求的全钒液流电池模型。

3.8.3 液流电池外特性建模及模拟仿真

全钒液流电池电气模型对于探究储能电池系统工程应用后的影响以及对调度策略的制定都有着重要的指导意义与作用，但针对适用于电力系统的全钒液流电池储能系统电气模型研究较少。因此，结合全钒液流电池储能系统实际运行情况，搭建准确反映全钒液流电池储能系统外特性的电气模型是一个重要的课题。目前，对全钒液流电池储能系统电气模型的搭建主要分为两个思路：一是基于储能电池内部拓扑结构进行电气建模[102]；二是基于储能系统外部运行特性对电池建模[108-112]。前者将储能系统电堆内因欧姆极化和浓差极化产生的电化学电阻以及系统内各分支管路的等效电阻进行单节电池的建模与仿真，进而通过电路的串并联精确得到系统仿真模型。但当对储能系统仿真时，电气量增多以致矩阵维度扩大，影响了仿真效率，使模型在工程应用上受到局限。后者从储能系统运行的角度出发，以电化学理论为基础，确定电气量与状态量的相关关系进行电气建模。其中，参考文献［113］采用电容与受控电流源并联的电气结构并用电容电压反映系统的 SOC，以电容电荷量评估系统 SOC 变化，与液流电池以电能对 SOC 评估的标准并不一致，不能完全反映液流电池的特性；参考文献［114，

115] 对液流电池进行了细致严谨的研究，研究表明，储能系统不同串并联结构对等效电阻有很大影响，而对 SOC 以及充放电电流对储能系统影响未开展进一步研究。上述研究从不同角度对全钒液流电池储能电池建模开展研究并取得有效成果，但对储能系统外特性以及过载运行的影响考虑较少。

本节综述已有研究成果，以储能系统运行外特性数据为建模基础，对电气模型的关键参数进行深入分析和参数拟合，最后结合受控源理论，以戴维南等效电路为主电路搭建模型，提出计及全钒液流电池储能系统外特性的仿真模型，并通过仿真验证模型的有效性。

3.8.3.1 全钒液流电池储能系统运行原理

全钒液流电池是通过钒离子的价态变化，实现化学能与电能的往复转换，从而实现电能的存储与释放的一种储能技术[116]。由于全钒液流电池具有安全性好、循环寿命长、功率和容量独立设计等优点而在可再生能源消纳、电力系统的调峰和调频、提高供电可靠性等方面发挥积极的作用。

为满足大容量储能系统的需求，全钒液流电池储能系统通常由若干的电堆经过一定串并联电气连接而组成，具有统一的正负极母线，后经储能变流器与电力系统相连。全钒液流电池储能系统与锂电池、铅酸电池储能系统不同，电解液通过管道分配到各个电堆，各电堆间通过具有离子导电性能的电解液形成导电通路，而各电堆串联形成的电势差，最终会在电解液管路上产生漏电电流，从而会对全钒液流电池储能系统外特性产生影响。所以，基于系统外部运行特性的建模思路更满足运行与工程的需要。

综合分析已有建模特点，如图 3-75 所示。参考文献[109]选择能够准确反映储能系统各方面性能特点的戴维南等效电路进行建模。同时，考虑到主电路的电动势和等效电阻受储能系统运行状态（即 SOC）和充放电电流影响。因此，结合受控源理论，采用受参数控制电压源作为电路电动势以及用受控电阻作为模型的

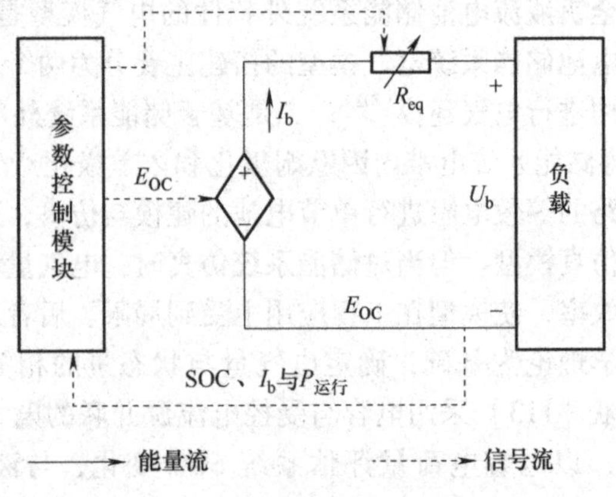

图 3-75 全钒液流电池等效电路模型

等效电阻，电动势与等效电阻的数值由控制模块动态计算后实时赋值更新。

考虑到储能系统运行过程中存在较多的影响参量，因此，在建模过程中考虑主要的影响因素而做出如下合理性假设[113]：

1）不计辅助系统（电泵、液流管路系统等）的能量损耗；

2）忽略储能容量的变化；

3）外部环境温度恒定。

3.8.3.2　全钒液流电池关键参数整定

1. 全钒液流电池储能系统 SOC

影响全钒液流电池建模准确性的因素很多，每种因素对预测准确度的影响不尽相同。其中，SOC 是表征全钒液流电池运行状态的关键指标，对于电力系统有效调度电池储能系统具有至关重要的指导意义和作用。国标《全钒液流电池　术语》（GB/T 29840—2013）对全钒液流电池 SOC 进行了定义，即电池实际（剩余）可放出的瓦时容量与实际可放出的最大瓦时容量的比值[1]。本节参照国标建立 SOC 数学模型，如式（3-10）所示。

$$\mathrm{SOC}(t)=\mathrm{SOC}(t-1)+\frac{\eta\int P_{\mathrm{t}}\mathrm{d}t}{E_{\mathrm{cap}}}\times 100\% \tag{3-10}$$

式中　P_{t}——t 时刻储能系统的充放电功率；

E_{cap}——储能系统额定容量；

η——储能系统充放电效率。当储能系统充电时 P_{t} 为正，当放电时 P_{t} 则为负。

2. 全钒液流电池储能系统电动势

依据电化学 Nernst 方程可得

$$E_{\mathrm{OC}}=E^{\theta}+\frac{RT}{nF}\ln\left(\frac{c[\mathrm{VO_2^+}]c[\mathrm{V^{2+}}]c[\mathrm{H^+}]^2}{c[\mathrm{VO^{2+}}]c[\mathrm{V^{3+}}]}\right)+K \tag{3-11}$$

式中　E_{OC}——单节电池电动势；

E^{θ}——正负极标准电极电位差；

$c[\ ]$——各价钒离子浓度；

K——与活度系数相关的常数。

假设正负极电解液的初始总浓度及配比相同，且在充放电过程中不发生离子迁移和副反应，随着充放电过程的进行，正负极电解液的 $\mathrm{SOC}_{理论}$ 应相同，因此，将 $\mathrm{SOC}_{理论}$ 定义代入 Nernst 方程中，则有

$$E_{\mathrm{OC}}=E^{\theta}+\frac{RT}{nF}\ln\left(\frac{\mathrm{SOC}_{理论}^2\cdot c[\mathrm{H^+}]^2}{(1-\mathrm{SOC}_{理论})^2}\right)+K \tag{3-12}$$

单电池电动势 E_{OC} 与 $\mathrm{SOC}_{理论}$ 间的关系为储能系统电动势计算提供理论上的支

持，即已知当前时刻的SOC由二者间的函数关系可计算得到储能系统的电动势。在储能系统实际运行中，全钒液流电池的电解液初始浓度及配比往往并不相同，且钒离子迁移以及副反应发生等因素，使得电池电动势与SOC的关系需要积累大量数据并进行修正。

图3-76是E_{OC}与SOC的实际运行数据分布和拟合函数曲线的关系图。由图3-76可知，单节电池电动势E_{OC}与SOC线性化程度与相关性较高。采用多项式函数对参数进行拟合的方法对E_{OC}与SOC的关系进行表达，如式（3-13）所示。通常情况下，全钒液流电池运行在一定的SOC理论区间内，根据储能系统运行要求，设置当单节电池电动势为1.25V时，SOC对应数值为0，而当单节电池电动势为1.5V时，SOC对应数值为100%。

$$E = \sum_{i=0}^{n} A_i \cdot \mathrm{SOC}^i \tag{3-13}$$

式中，多项式系数如表3-14所示。

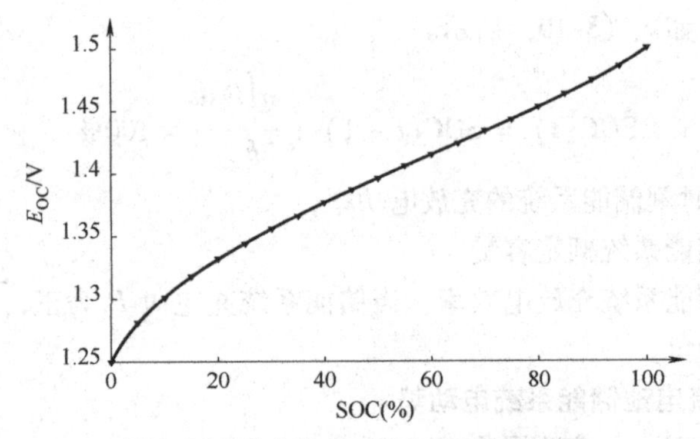

图3-76　单电池电动势与SOC关系图

表3-14　E_{OC}与SOC多项式函数系数

参　数	数　值	参　数	数　值
A_0	1.25	A_5	58.18
A_1	0.74	A_6	-54.73
A_2	-3.43	A_7	27.77
A_3	14.04	A_8	-5.82
A_4	-36.51		

3. 全钒液流电池储能系统等效电阻

在全钒液流电池储能系统中，欧姆电阻、浓差极化电阻和电化学反应电阻是电池系统内阻的3个组成部分。欧姆内阻由电解液电阻、极板电阻、离子交换膜电阻以及其间的接触电阻等组成。其中，电解液电阻由于充放电反应的进行，离子价态发生变化，且伴随着H^+的产生和消失，均会导致电解液电阻发生变化，同时电化学反应极化电阻和浓差极化电阻也会随着SOC的变化而变化。综合考虑以上因素，在储能系统建模过程中，将导致系统运行内部电压降落的综合因素等效为一个受控电阻，用该等效电阻反映储能系统运行过程中的静态特性。式（3-14）是等效电阻与电动势以及充放电电流的关系式。

$$R_{eq} = (E_{OC} - U_b)/I_b \tag{3-14}$$

式中 R_{eq}——储能系统的等效电阻；

U_b与I_b——储能系统运行时输出端口电压和充放电电流。

由E_{OC}与SOC具有函数关系可知，R_{eq}与SOC和I_b是多元函数的关系。通过储能系统实际充放电运行，发现储能系统分别处于充电和放电两种运行状态时，等效电阻分布规律各不相同。因此，对充放电两种运行状态的等效电阻进行多元函数拟合，图3-77是储能系统放电时运行数据与拟合曲面。

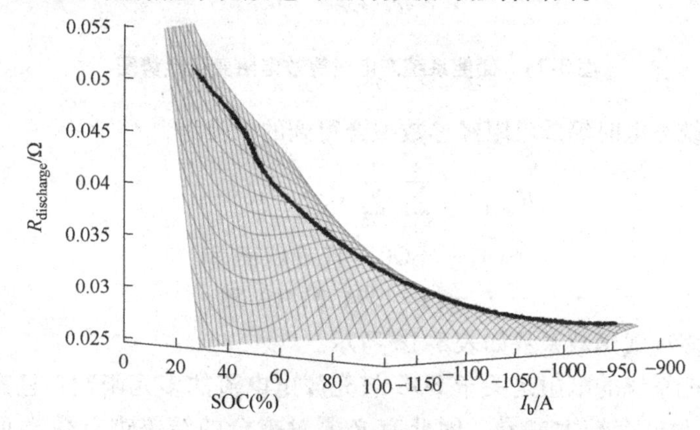

图3-77 储能系统放电等效电阻变化趋势图

$$R_{discharge} = \sum_{i=0}^{2}\sum_{j=0}^{3} B_{ij} \cdot \overline{SOC}^{i} \cdot \overline{I_b}^{j} \tag{3-15}$$

式（3-15）是放电时储能系统等效电阻的函数关系式。其中，$\overline{SOC}$和$\overline{I_b}$分别为SOC与I_b的修正值，修正方程如下所示：

$$\overline{SOC} = (SOC - 42.95)/18.82 \tag{3-16}$$

$$\overline{I_b} = (I_b + 965.3)/51.08 \tag{3-17}$$

式中，多项式函数系数如表3-15所示。

表3-15 放电时等效电阻函数系数

参 数	数 值	参 数	数 值
B_{00}	0.02719	B_{02}	-0.004898
B_{10}	-0.005116	B_{21}	-0.000581
B_{01}	0.003318	B_{12}	0.0001292
B_{20}	-0.002024	B_{03}	-0.0009091
B_{11}	0.009041	B_{30}	0.0003018

而当储能系统运行在充电过程中时，储能系统等效电阻分布与拟合函数分布如图 3-78 所示。

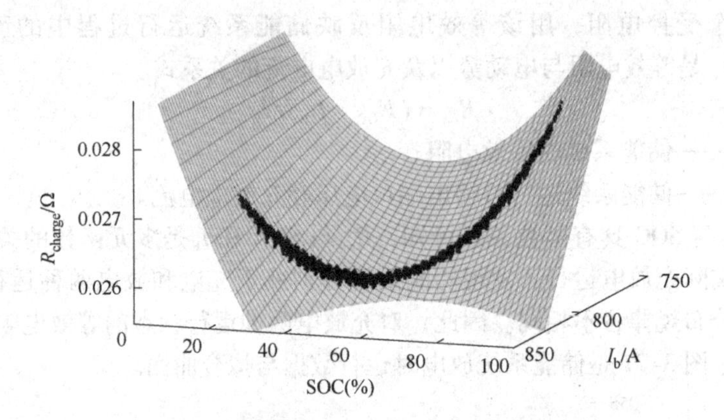

图 3-78　储能系统充电时等效电阻变化趋势图

储能系统充电时等效电阻经参数拟合得到的函数为

$$R_{charge} = \sum_{i=0}^{2}\sum_{j=0}^{3} C_{ij} \cdot \overline{SOC}^{i} \cdot \overline{I_b}^{j} \tag{3-18}$$

$$\overline{SOC} = (SOC - 47.3)/18.81 \tag{3-19}$$

$$\overline{I_b} = (I_b - 794.2)/19.55 \tag{3-20}$$

式中，多项式函数系数如表 3-16 所示。

由于储能系统的电阻是关于 SOC 与充放电电流的多元函数，且充放电工况下的电阻特性也有较大差异，因此有必要对拟合的结果进行数学评价。选用 SSE、R-square、AdjustedR-square 以及 RMSE 四个指标评价拟合效果。其中，SSE 表示误差的二次方和，指标值越小拟合效果越好；R-square 为决定系数是在区间 0 到 1 的数，数值越接近 1，说明拟合程度越高；AdjustedR-square 是校正决定系数，其作用与 R-square 相似；RMSE 为误差的方均根值，其值越小则拟合效果越好。故得到的拟合评价指标如表 3-17 所示。

表 3-16　充电时等效电阻函数系数

参　数	数　值	参　数	数　值
C_{00}	0.02575	C_{02}	0.001102
C_{10}	−0.0006598	C_{21}	0.01884
C_{01}	−0.0007966	C_{12}	0.01879
C_{20}	0.00147	C_{03}	0.006255
C_{11}	0.001894	C_{30}	0.006255

表 3-17　拟合评价指标

拟合评价指标	放电电阻拟合	充电电阻拟合
SSE	2.43e-05	3.429e-05
R-square	0.9998	0.9889
AdjustedR-square	0.9998	0.9889
RMSE	6.511e-05	6.957e-05

分析比较表中拟合指标数据，各项指标均反映较好，这说明拟合得到函数值与运行真值相比较误差较小，得到的多元函数可以应用于全钒液流电池的模型搭建，建模结果可靠性高。

4. 全钒液流电池储能系统过载运行

随着可再生能源的大规模并网，其出力的不确定性对储能系统运行提出更多的要求，其中储能系统过载运行是出现频率较高的运行工况。而储能系统的过载运行最直接的外部影响是不同过载工况下 SOC 的上下限发生了改变，即其可利用的充放电容量不再是系统的标称容量。

图 3-79 是不同过载工况下的实际运行 SOC 上下限值。图中倍率是指系统实际运行功率与额定功率的比值。由图可见，随着储能系统运行倍率的增加，储能系统充电实际可达到的 SOC 上限在逐渐下降，同时储能系统放电实际可达到的 SOC 下限在不断上升。综合反映出随着储能系统运行倍率的增加，储能系统可利用容量在不断减少。通过分析实际运行数据，当储能系统运行倍率为 2 时，SOC 的上限为 63%，下限则为 14%，可利用的 SOC 区间由额定功率下 90% 降为此时的 49%。这一特性对储能系统的运行管理以及控制调度策略的制定都会产生影响。因此，对储能系统建模有必要考虑储能系统的过载运行情况下的倍率特性。

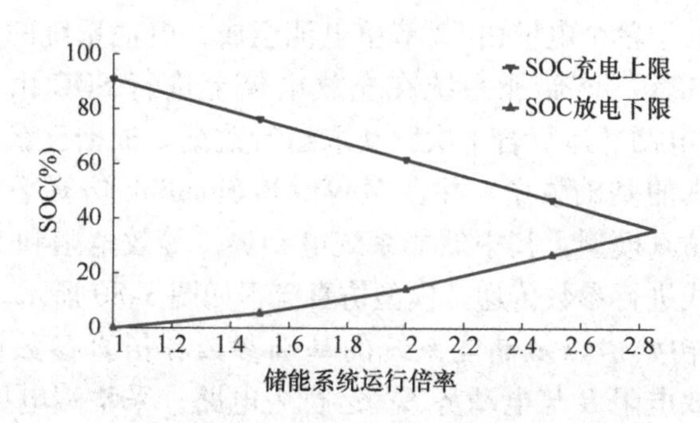

图 3-79　储能系统过载运行 SOC 上下限分布

考虑到系统过载倍率与 SOC 上下限相关性比较高，故对此进行参数拟合。

$$SOC_{up} = \sum_{i=1}^{6} a_i \lambda^i + 80.8 \tag{3-21}$$

$$SOC_{down} = \sum_{i=1}^{6} b_i \lambda^i + 5.464 \tag{3-22}$$

$$\lambda = \frac{P_{实际}}{P_{标称}} \times 100\% \tag{3-23}$$

式中　　λ——储能系统的过载倍率；

$P_{实际}$和$P_{标称}$——储能系统的实际充放电功率和系统标称功率。式中，函数参数如表 3-18 所示。

表 3-18　过载运行 SOC 上下限拟合函数系数

SOC 上限参数	数　值	SOC 下限参数	数　值
a_1	96.78	b_1	-16.25
a_2	-160.4	b_2	10.14
a_3	103.6	b_3	1.244
a_4	-35.87	b_4	-0.504
a_5	6.309	b_5	-0.07213
a_6	-0.4413	b_6	0.02289

3.8.3.3　模型仿真

1. 模型搭建流程

为验证本节所建的全钒液流电池储能系统模型的可行性以及考虑储能系统过载运行等外特性的必要性，以大连融科储能技术有限公司所研制的 250kW/1000kWh 的全钒液流电池储能系统为例进行验证分析。该系统共由 8 个电堆经 4 串 2 并后组成，其中单个电堆由 52 节单电池组成，电池系统的直流侧充放电电压范围为 208 ~ 312V。该储能系统在充放电仪上进行 SOC 由 0 到 100% 再从 100% 到 0 的充放电循环运行若干次，获取运行数据。根据已获得的数据进行分析，作为建模仿真的基础数据，并在 MATLAB/Simulink 仿真平台搭建全钒液流电池储能系统的仿真模型，其中储能系统电动势、等效电阻和 SOC 等参数变化以控制模块的方式进行参数传递。模型仿真流程如图 3-80 所示。

给定 SOC 的初始值以及储能系统的基础参数和仿真参数设置；基于初始 SOC 计算得到等效电阻 R 与电动势 E，运行主电路，采集端电压 U_b和端电流 I_b并计算系统运行功率 $P_{实际}$；根据 $P_{实际}$计算 ΔT 内系统充放电电量并更新 SOC 值及其上下限；判断是否满足系统终止条件，如果满足则停止运行，如果不满足则进行迭代，直至满足条件停止。

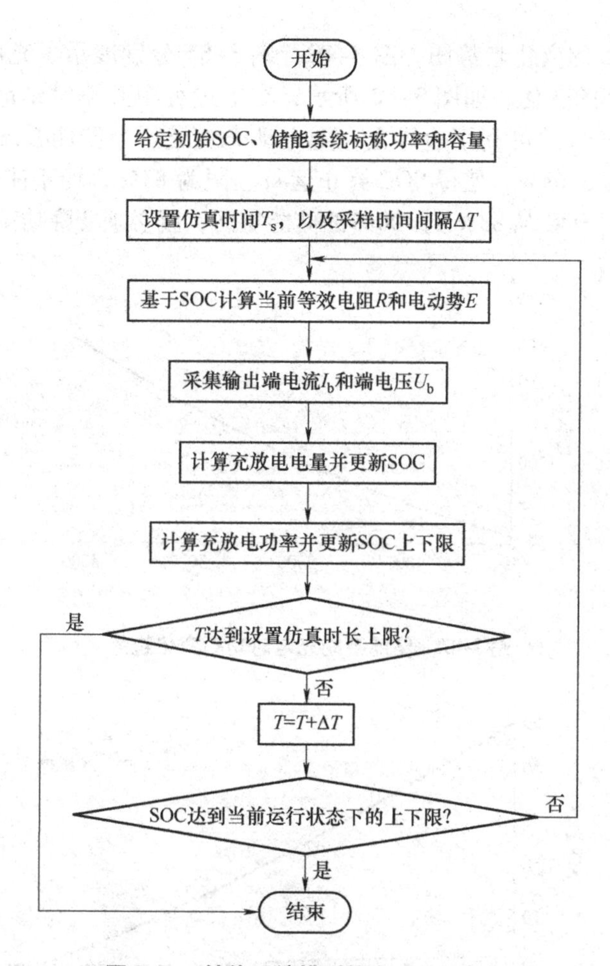

图 3-80　储能系统模型仿真运行流程图

2. 模型仿真结果分析

图 3-81、图 3-83 分别为储能系统由初始 SOC 为 50% 分别进行充电和放电过

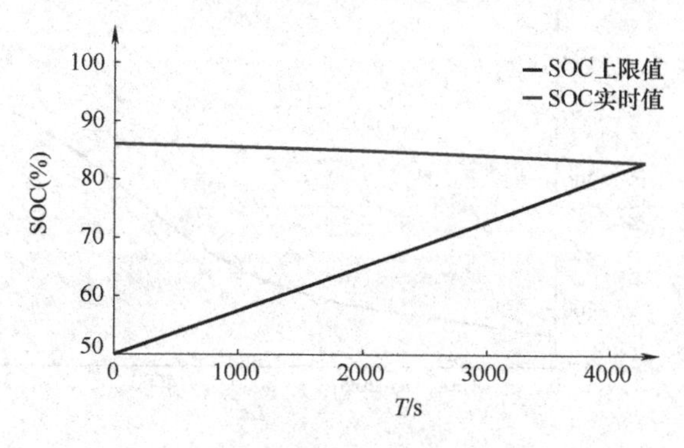

图 3-81　储能系统充电时 SOC 变化

程中的系统 SOC 的变化趋势图。图 3-82、图 3-84 分别展示了充电和放电过程中，充放电功率的变化。如图 3-82 所示，充电过程中并不时刻都是额定功率，所以储能系统 SOC 的可利用边界也在随之动态变化。当储能系统终止运行时，此时充电功率为 316kW，使得 SOC 终止运行上限为 83%，而不能继续充电，如果要进一步利用 SOC 从 83% 到 100% 的储能空间，就必须要降功率运行。

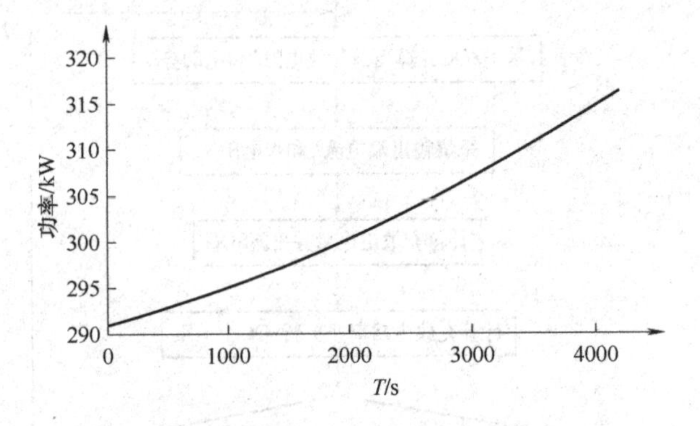

图 3-82　储能系统充电时功率变化趋势

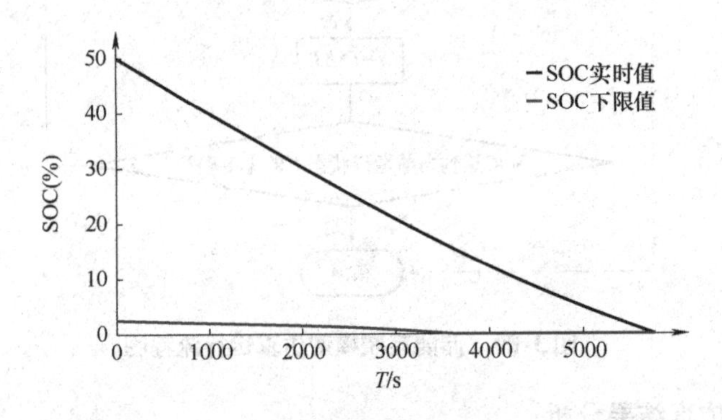

图 3-83　储能系统放电时 SOC 变化

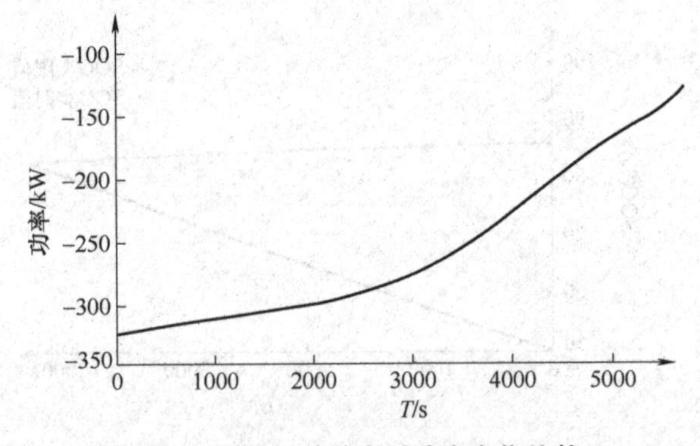

图 3-84　储能系统放电时功率变化趋势

图 3-85、图 3-86 分别为储能系统充电过程中等效电阻与系统电动势的变化趋势。

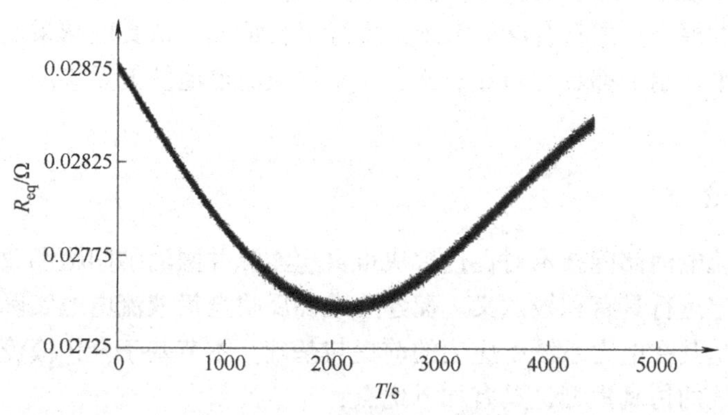

图 3-85　充电过程中等效电阻变化趋势

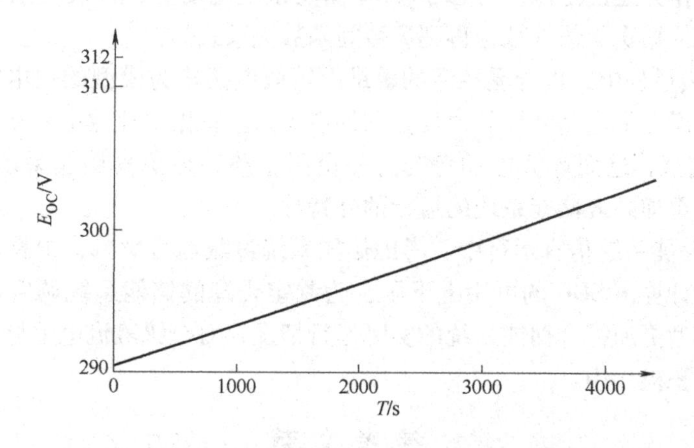

图 3-86　充电过程中储能系统电动势变化趋势

从图 3-85 可以看出，在充电过程中，电池等效内阻呈现先下降后上升的变化趋势。究其原因，在充电过程中，正极溶液钒离子由 4 价充电至 5 价，负极溶液钒离子由 3 价充电至 2 价。由于这一反应过程释放 H^+，这将导致溶液电导率升高，进而使溶液电阻明显下降。当电池充电接近满电状态时，电解液中可利用的反应物离子浓度急剧下降，电池电极表面反应物不足，此时由浓差极化造成的电阻急剧增加，该电阻增加幅度超过由于电解液电阻降低的变化幅度，使得电池整体电阻变化趋势由降低转为增加。由图 3-85 还可以看出，在充电过程中，由于 SOC 以及充电电流的变化，仿真中等效电阻变化趋势与实际运行的规律相同。

由图 3-86 可以看出，充电过程中，随着 SOC 逐渐增加，储能系统电动势也随之增加，由于储能系统处于过载运行，影响 SOC 的上限值，因此其电动势也不能达到最大值312V。

综上，该模型能够较好反映储能系统关键参数的变化趋势，考虑储能系统过载运行特性的模型更加符合储能系统的实际运行情况，仿真的结果对储能系统管理以及调度策略制定都具有指导意义，对全钒液流电池储能系统的工程应用起到积极作用。

3.8.4 结论

全钒液流电池储能技术对促进解决可再生能源并网消纳问题和改善电力系统高效安全稳定运行具有积极意义。而建立准确反映全钒液流电池实际运行外特性的电气模型是其在电力系统中应用的前提与基础。本节基于全钒液流电池外特性建立储能系统的仿真模型，具有如下优点：

1）模型以全钒液流电池储能系统的实际运行数据作为建模的基础。模型中以储能系统作为建模主体，考虑了SOC储能系统电动势，以及等效电阻等因素的影响，并依据实测数据拟合得到参数间函数关系式。

2）建模过程中，以含受控源的戴维南等效电路作为模型的主电路，并根据参量间关系确定主电路和控制模块参数传递关系。根据对充放电功率积分准确计算SOC当前值，进而计算电动势与等效电阻，动态地仿真储能系统运行状态，使得该模型更加贴近储能系统的运行的外特性。

3）在储能系统仿真运行中，考虑储能系统过载运行影响，根据储能系统运行过载倍率计算出SOC的可用上下限，为制定合理的储能系统调度运行策略提供基础。模型更加符合储能系统的实际运行情况，对全钒液流电池储能系统的工程应用起到积极作用。

参考文献

[1] 中华人民共和国国家质量监督检验检疫总局，中国国家标准化管理委员会. 全钒液流电池 术语：GB/T 29840—2013 [S]. 北京：中国标准出版社，2014.

[2] SUM E, RYCHCIK M, SKYLLAS-KAZACOS. Investigation of V (IV)/V(V) system for use in positive half-cell of a redox flow battery [J]. Journal of power sources, 1985 (16): 85-95.

[3] NAKAJIMA M, AKAHOSHI T, SAWAHATA M, et al. Method for producing high purity vanadium electrolytic solution: EP0566019A1 [P]. 1993-4-7.

[4] KAZACOS M S, KAZACOS M. Stabilized electrolyte solutions, methods of preparation thereof and redox cells and batteries containing stabilized electrolyte solutions: US 6243443 [P]. 2000-11-7.

[5] 李林德，张波，黄可龙，等. 全钒离子液流电池电解液及其制备方法：CN1719655 [P]. 2005-5-30.

[6] 李林德，张波，黄可龙，等. 全钒离子液流电池电解液的电解制备方法：CN1598063

[P]. 2003-9-18.

[7] 张群赞，扈显琦，谭欣惠. 一种高纯度钒电池电解液的制备方法：CN201110291509.2 [P]. 2012-2-15.

[8] 张群赞，孙爱玲，扈显琦. 一种制备钒电池负极电解液的方法：CN200910131601.5 [P]. 2012-8-29.

[9] BROMAN B. Vanadium electrolyte preparation using asymmetric vanadium reduction cells and use of an asymmetric vanadium reduction cell for rebalancing the state of charge of the electrolytes of an operating vanadium redox battery：WO 2002015317A1 [P]. 2003-5-14.

[10] KUBATA M，NAKAISHI H，TOKUDA N. Electrolyte for redox flow battery and redox flow battery：US7258947 B2 [P] 2007-8-21.

[11] 孙佳伟，李先锋，张华民. 一种负极电解液在全钒液流电池的应用：CN201711094326.5 [P]. 2019-05-17.

[12] 孙佳伟，李先锋，张华民，等. 提高全钒液流电池运行时高浓度负极电解质溶液稳定性的方法：CN201711213861.8 [P]. 2019-6-4.

[13] WU X，LIU S，XIANG X，et al. Electrolytes for vanadium redox flow batterie [J]. Pure and applied chemistry，2014，86 (5)：661-669.

[14] WEN X，XU Y，CHENG J，et al. Investigation on the stability of electrolyte in vanadium flow batteries [J]. Advanced materials research，2013：608-609，1034-1038；

[15] WANG G，CHEN J，XU Y，et al. Several ionic organic compounds as positive electrolyte additives for a vanadium redox flow battery [J]. RSC advances，2014，4 (108)：63025-63035.

[16] SKYLLAS-KAZACOS M，PENG C，CHENG M. Evaluation of precipitation inhibitors for supersaturated vanadyl electrolytes for the vanadium redox battery [J]. Electrochemical and solid-state letters，1999，2 (3)：121-122.

[17] ZHANG J，LI L，NIE Z，et al. Effects of additives on the stability of electrolytes for all-vanadium redox flow batteries [J]. Journal of applied electrochemistry，2011，41 (10)：1215-1221.

[18] ROE S，MENICTAS C，SKYLLAS-KAZACOS M. A high energy density vanadium redox flow battery with 3m vanadium electrolyte [J]. Journal of electrochemical society，2016，163 (1)：A5023-A5028.

[19] PARK S K，SHIM J，YANG J H，et al. Effect of inorganic additive sodium pyrophosphate tetrabasic on positive electrolytes for a vanadium redox flow battery [J]. Electrochimica acta，2014 (121)：321-327.

[20] ZHANG Y，HAUSHALTER R C，ZUBIETA J. Hydrothermal synthesis and crystal and molecular structure of a binuclear dioxovanadium (V) species exhibiting a bridging HPO42-ligand，[(VO2)2 (HPO4)(2,2′-bipy)2]·H2O [J]. Inorganica chimica acta，1997，260 (1)：105-110.

[21] YANG W，LU C. Novel Oxovanadium Phosphate Tubule Incorporating 2，2-Bipyridine Ligands：Hydrothermal Synthesis and Crystal Structure of [(VIVO)3(μ5-PO4) 2 (2,2 ‘-bpy) (μ-OH2)]·1/3H2O [J]. Inorganic chemistry，2002，41 (22)：5638-5640.

[22] BIRCSAK Z, HARRISON W T A. (CN3H6) 2 · (VO2) 3(PO4) (HPO4), a Layered guanidinium vanadium (V) phosphate related to hexagonal tungsten oxide [J]. Inorganic chemistry, 1998, 37 (13): 3204-3208.

[23] LI S, HUANG K, FANG D, et al. Effect of organic additives on positive electrolyte for vanadium redox battery [J]. Electrochimica acta, 2011, 56 (16): 5483-5487.

[24] WU X W, LIU S Q, HUANG K L. Characteristics of CTAB as electrolyte additive for vanadium redox flow battery [J]. Journal of inorganic materials, 2010, 25 (6): 641-646.

[25] 孙佳伟，李先锋，张华民. 一种含添加剂的全钒液流电池正极电解液及其应用：CN 201711094327. X [P]. 2019-05-17.

[26] 李全龙，张华民，张涛，等. 钒电池电解液用外加剂及其制备方法和应用：CN 201810872685. 7 [P]. 2018-12-21.

[27] 张华民，周汉涛，赵平. 大功率氧化还原液流储能电堆模块化结构及其群组模式：CN 200610046183. 6 [P]. 2007-10-03.

[28] 国家能源局. 全钒液流电池管理系统技术条件：NB/T 42134—2017 [S]. 北京：中国电力出版社，2018.

[29] 达维德 · 安德里亚. 大规模锂离子电池管理系统 [M]. 李建林，等译. 北京：机械工业出版社，2016.

[30] 张华民. 液流电池技术 [M]. 北京：化学工业出版社，2015.

[31] 中华人民共和国国家质量监督检验检疫总局，中国国家标准化管理委员会. 电化学储能系统储能变流器技术规范：GB/T 34120—2017 [S]. 北京：中国标准出版社，2017.

[32] 张兴. 新能源发电变流技术 [M]. 北京：机械工业出版社，2018.

[33] WATT-SMITH M J, RIDLEY P, WILLS R G A, et al. The importance of key operational variables and electrolyte monitoring to the performance of an all vanadium redox flow battery [J]. Journal of chemical technology & biotechnology, 2013 (88): 126-138.

[34] GUPTA S, WAI NYUNT, LIM TUTI M, et al. Force-field parameters for vanadium ions (+2, +3, +4, +5) to investigate their interactions within the vanadium redox flow battery electrolyte solution [J]. Journal of molecular liquids, 2016 (215): 596-602.

[35] BADRINARAYANAN R, ZHAO J Y, TSENG K J, et al. Extended dynamic model for ion diffusion in all-vanadium redox flow battery including the effects of temperature and bulk electrolyte transfer [J]. Journal of power sources, 2014 (270): 576-586.

[36] LUO Q, LI L Y, NIE Z M, et al. In-situ investigation of vanadium ion transport in redox flow battery [J]. Journal of power sources, 2012 (218): 15-20.

[37] Ngamsai K, Amornchai A. Study on mechanism and kinetic of air oxidation of V (Ⅱ) in electrolyte reservoir of a vanadium redox flow battery [J]. Energy procedia, 2014 (61): 1642-1645.

[38] NGAMSAI K, ARPORNWICHANOP A. Investigating the air oxidation of V (II) ions in a vanadium redox flow battery [J]. Journal of power sources, 2015 (295): 292-298.

[39] WEI L, ZHAO T S, XU Q, et al. In-situ investigation of hydrogen evolution behavior in va-

nadium redox flow batteries [J]. Applied energy, 2017 (190): 1112-1118.

[40] LUO Q T, LI L Y, WANG W, et al. Capacity decay and remediation of nafion-based all-vanadium redox flow batteries [J]. ChemSusChem, 2013, 6 (2): 268-274.

[41] LI B, LUO Q T, WEI X L, et al. Capacity decay mechanism of microporous separator-based all-vanadium redox flow batteries and its recovery [J]. ChemSusChem, 2014, 7 (2): 577-584.

[42] ZHANG Y N, LIU L, XI J Y, et al. The benefits and limitations of electrolyte mixing in vanadium flow batteries [J]. Applied energy, 2017 (204): 373-381.

[43] WANG K, LIU L, XI J Y, et al. Reduction of capacity decay in vanadium flow batteries by an electrolyte-reflow method [J]. Journal of power sources, 2017 (338): 17-25.

[44] WHITEHEAD A H, HARRER MARTIN. Investigation of a method to hinder charge imbalance in the vanadium redox flow battery [J]. Journal of power sources, 2013 (230): 271-276.

[45] PARK J H, PARK J J, PARK O O, et al. Capacity decay mitigation by asymmetric positive/negative electrolyte volumes in vanadium redox flow batteries [J]. ChemSusChem, 2016, 9 (22): 3181-3187.

[46] TAYLOR M J C, VAN STADEN J F, et al. Spectrophotometric determination of vanadium (IV) and vanadium (V) in each other's presence. Review [J]. Analyst, 1994 (119): 1263-1276.

[47] SKYLLAS-KAZACOS M, KAZACOS M. State of charge monitoring methods for vanadium redox flow battery control [J]. Journal of power sources, 2011 (196): 8822-8827.

[48] Nataliya Roznyatovskaya, Tatjana Herr, Michael Küttinger et al. Detection of capacity imbalance in vanadium electrolyte and its electrochemical regeneration for all-vanadium redox-flow batteries [J]. Journal of power sources, 2016 (302): 79-83.

[49] ROZNYATOVSKAYA N, HERR T, KUTTINGER M, et al. Detection of capacity imbalance in vanadium electrolyte and its electrochemical regeneration for all-vanadium redox-flow batteries [J]. Journal of applied electrochemistry, 2012 (42): 1025-1031.

[50] LIU L, XI J Y, WU Z H, et al. Online spectroscopic study on the positive and the negative electrolytes in vanadium redox flow batteries [J]. Journal of spectroscopy, 2013: Article ID 453980.

[51] ZHANG W H, LIU L, LIU L. An on-line spectroscopic monitoring system for the electrolytes in vanadium redox flow batteries [J]. RSC advances, 2015 (5): 100235-100243.

[52] LIU L, LI Z H, XI J Y, et al. Rapid detection of the positive side reactions in vanadium flow batteries [J]. Applied energy, 2017 (185): 452-462.

[53] MA K J, KUANG X R, LIU L, et al. An optimized angular total internal reflection sensor with high resolution in vanadium flow batteries [J]. IEEE transactions on instrumentation and measurement,. 2020, 69 (6): 3170 - 3178.

[54] SHIN KYUNG-HEE, JIN CHANG-SOO, et al. Real-time monitoring of the state of charge (SOC) in vanadium redox-flow batteries using UV-Vis spectroscopy in operando mode [J].

Journal of energy storage, 2020 (27): 101066.
[55] GEISER J, NATTER H, HEMPELMANN R, et al. Photometrical determination of the state-of-charge in vanadium redox flow batteries part I: in combination with potentiometric titration, Zeitschrift für physikalische chemie 2019, 233 (12), 1683-1694.
[56] SARA CORCUERA, MARIA SKYLLAS-KAZACOS. State-of-charge monitoring and electrolyte rebalancing methods for the vanadium redox flow battery [J]. European chemical bulletin, 2012 (1): 511-519.
[57] MARIA SKYLLAS-KAZACOS, CAO L Y, KAZACOS MICHAEL, et al. Vanadium electrolyte studies for the vanadium redox battery—a review [J]. ChemSusChem, 2016, 9 (13): 1521-1543.
[58] RESSEL SIMON, BILL FLORIAN, HOLTZ LUCAS, et al. State of charge monitoring of vanadium redox flow batteries using half cell potentials and electrolyte density [J]. Journal of power sources, 2018 (378): 776-783.
[59] LI X R, XIONG J, TANG A, et al. Investigation of the use of electrolyte viscosity for online state-of-charge monitoring design in vanadium redox flow battery [J]. Applied energy, 2018 (211): 1050-1059.
[60] ZOU Y, HU X S, MA H M, et al. Combined state of charge and state of health estimation over lithium-ion battery cell cycle lifespan for electric vehicles [J]. Journal of power sources, 2015 (273): 793-803.
[61] CHOU Y S, HSU NING-YIH, JENG KING-TSAI, et al. A novel ultrasonic velocity sensing approach to monitoring state of charge of vanadium redox flow battery [J]. Applied energy, 2016 (182): 253-259.
[62] DAI W R, CUI X H, ZHOU Y, et al. Defect chemistry: defect chemistry in discharge products of Li-O2 batteries [J]. Small methods, 2019 (3): 1900494.
[63] MA C. A novel state of charge estimating scheme based on an air-gap fiber interferometer sensor for the vanadium redox flow battery [J]. Energies, 2020 (13): 291.
[64] MOHAMED M R, SHARKH S M, AHMAD H, et al. Design and development of unit cell and system for vanadium redox flow batteries (V-RFB) [J]. International journal of the physical sciences, 2012, 7 (7): 1010-1024.
[65] MOHAMED M R, AHMAD H, ABU SEMAN M N, et al. Estimating the state-of-charge of all vanadium redox flow battery using a divided, open-circuit potentiometric cell [J]. Elektronika ir elektrotechnika, 2013, 19 (3): 37-42.
[66] HAISCH T, JI H, WEIDLICH C. Monitoring the state of charge of all-vanadium redox flow batteries to identify crossover of electrolyte [J]. Electrochimica acta, 2020 (336): 135573.
[67] NGAMSAI K, ARPORNWICHANOP A. Analysis and measurement of the electrolyte imbalance in a vanadium redox flow battery [J]. Journal of power sources, 2015, (282): 534-543.
[68] YANG Z, DARLING R M, PERRY M L. Electrolyte compositions in a vanadium redox flow

battery measured with a reference cell [J]. Journal of the electrochemical society, 2019, 166 (13): A3045-A3050.

[69] XIONG B Y, ZHAO J Y, WEI Z B, et al. Extended kalman filter method for state of charge estimation of vanadium redox flow battery using thermal-dependent electrical model [J]. Journal of power sources, 2014 (262): 50-61.

[70] WEI Z B, LIM TUTI MARIANA, MARIA SKYLLAS-KAZACOS, et al. Online state of charge and model parameter co-estimation based on a novel multi-timescale estimator for vanadium redox flow battery [J]. Applied energy, 2016 (172): 169-179.

[71] XIONG B Y, ZHAO J Y, SU Y X, et al. State of charge estimation of vanadium redox flow battery based on sliding mode observer and dynamic model including capacity fading factor [J]. IEEE transactions on sustainable energy, 2017, 8 (4): 1658-1667.

[72] WEI Z B, XIONG R, LIM TUTI MARIANA, et al. Online monitoring of state of charge and capacity loss for vanadium redox flow battery based on autoregressive exogenous modeling [J]. Journal of power sources, 2018 (402): 252-262.

[73] WEI Z B, BHATTARAI ARJUN, ZOU C F, et al. Real-time monitoring of capacity loss for vanadium redox flow battery [J]. Journal of power sources, 2018 (390): 261-269.

[74] MENG S J, XIONG B Y, LIM TUTI MARIANA. Model-based condition monitoring of a vanadium redox flow battery [J]. Energies, 2019 (12): 3005.

[75] Geiser J, Natter H, Hempelmann R, et al. Photometrical determination of the state-of-charge in vanadium redox flow batteries part Ⅱ: in combination with open-circuit-voltage [J]. Zeitschrift für physikalische chemie, 2019, 233 (12): 1695-1711.

[76] 马军，李爱魁，董波，等. 提高全钒液流电池能量效率的研究进展 [J]. 电源技术，2013, 37 (08): 1485-1488.

[77] 张蓉蓉，刘宗浩，周博然，等. 全钒液流电池电堆串联运行对漏电电流的影响 [J]. 电源技术，2019, 43 (08): 1377-1380.

[78] 国家市场监督管理总局，中国国家标准化管理委员会. 全钒液流电池用电解液：GB/T 37204—2018 [S]. 北京：中国标准出版社，2018.

[79] LI L, KIM S, WANG W, et al. A stable vanadium redox-flow battery with high energy [J]. Advanced energy materials, 2011, 3 (1): 1-7.

[80] UET New Generation VFB [EB/OL]. http://www.uetechnologies.com/technology.

[81] KAZACOS M, CHENG M, SKYLLAS KAZACOS M. Vanadium Redox Cell Electrolyte Optimization Studies [J]. Journal of applied electrochemistry, 1990, 20 (3): 463-467.

[82] SUN C, CHEN J, ZHANG H, et al. Investigations on transfer of water and vanadium ions across nafion membrane in an operating vanadium redox flow battery [J]. Journal of power sources, 2010, 195 (3): 890-897.

[83] 国家市场监督管理总局，中国国家标准化管理委员会. 电力储能用锂离子电池：GB/T 36276—2018 [S]. 北京：中国标准出版社，2018.

[84] 中国电力企业联合会. 电力储能用锂离子电池安全要求及试验方法：T/CEC 172-2018 [S]. 北京：中国电力出版社，2018.
[85] Secondary cells and batteries containing alkaline or other non-acid electrolytes - Safety requirements for portable sealed secondary lithium cells, and for batteries made from them, for use in portable applications - Part 2: Lithium systems: IEC 62133-2: 2017 [S].
[86] 池内淳夫，林清明. 氧化还原液流电池：CN109997269A [P]. 2019-07-09.
[87] 马相坤，张华民，吴静波，等. 一种液流电池用热处理装置及其控制方法：CN103606693A [P]. 2014-02-26.
[88] 王舒婷，张华民，倪野，等. 用于全钒液流电池系统的换热储罐：CN208655798U [P]. 2019-03-26.
[89] 吴静波，张华民，许晓波，等. 一种兆瓦级液流电池的换热系统：CN203134898U [P]. 2013-08-14.
[90] 吕善强，张华民，马相坤，等. 高效液流电池系统换热装置：CN208124687U [P]. 2018-11-20.
[91] 张鑫，李爱魁，马军，等. 液流电池的热管理方法及系统：CN110380088A [P]. 2019-10-25.
[92] 刘静豪，刘宗浩，吴静波. 适用于液流电池的热量回收系统及回收方法：CN109509898A [P]. 2019-03-22.
[93] 宫继禹，田鲁炜，梁立中，等. 全钒液流电池的余热回收系统及全钒液流电池冷却方法：CN107732269A [P]. 2018-02-23.
[94] 宫继禹，田鲁炜，梁立中，等. 全钒液流电池的余热回收系统：CN207490019U [P]. 2018-06-12.
[95] 许旭东，周发贤，杨怀毅，等. 第二十八届中国国际制冷展反映的最新制冷技术进展 [J]. 制冷技术，2017，37（02）：1-7.
[96] 梁立中，田鲁炜，宫继禹，等. 全钒液流电池系统及其冷却方法：CN107819140A [P]. 2018-03-20.
[97] 梁立中，田鲁炜，宫继禹，等. 全钒液流电池系统：CN207637905U [P]. 2018-07-20.
[98] 张金龙，佟微，孙叶宁，等. 锂电池健康状态估算方法综述 [J]. 电源学报，2017，15（2）：128-134.
[99] MOHAMED M, LEUNG P, SULAIMAN M. Performance characterization of a vanadium redox flow battery at different operating parameters under a standardized test-bed system [J]. Applied energy, 2015 (137): 402-412.
[100] 吴秋轩，黄利娟. 全钒液流电池热动力学建模及换热效率分析 [J]. 电源技术，2017，41（5）：759-761.
[101] 周汉涛. 多硫化钠/溴液流储能电池的研究 [D]. 大连：中国科学院研究生院（大连化学物理研究所），2006.
[102] 李蓓，郭剑波，陈继忠，等. 液流储能电池系统支路电流的建模与仿真分析 [J]. 中国电机工程学报，2011，31（27）：1-7.

[103] TANG A, MCCANN J, BAO J, et al. Investigation of the effect of shunt current on battery efficiency and stack temperature in vanadium redox flow battery [J]. Journal of power sources, 2013, 242 (242): 349-356.

[104] 张蓉蓉，刘宗浩，周博然，等. 全钒液流电池系统漏电功率影响因素研究 [J]. 电源技术，2020，44 (01)：90-94.

[105] 葛维春，孙恺，葛延峰，等. 计及大规模全钒液流电池储能系统外特性建模与仿真 [J]. 电力系统保护与控制，2019，47 (17)：171-179.

[106] 李鑫，莫言青，邱亚，等. 全钒液流电池仿真模型综述 [J]，机械设计与制造工程，2017，46 (11)：1-7.

[107] SKYLLAS-KAZACOS M, MENICTAS C. The vanadium redox battery for emergency, back-up applications [C]. International telecommunications energy conference (proceedings), 1997.

[108] 周文源，袁越，傅质馨，等. 全钒液流电池电化学建模与充放电分析 [J]. 电源技术，2013，37 (8)：1349-1353.

[109] 王亚光，王秋源，陆继明，等. 大容量液流电池系统数学模型与仿真 [J]. 电力自动化设备，2015，35 (8)：72-78.

[110] MIN C, GABRIEL A, RINCON M, et al. Accurate electrical battery model capable of predicting runtime and i-v performance [J]. IEEE transactions on energy conversion, 2006, 21 (2): 504-511.

[111] 迟晓妮，朱敏刚，吴秋轩. 基于等效模型的全钒液流电池运行优化控制研究 [J]. 储能科学与技术，2018，7 (3)：530-538.

[112] 邱亚，李鑫，魏达，等. 全钒液流电池的柔性充放电控制 [J]. 储能科学与技术，2017，6 (1)：78-84.

[113] 李蓓，田立亭，靳文涛，等. 规模化全钒储能电池系统级建模 [J]. 高电压技术，2015，41 (7)：2194-2201.

[114] 陆秋瑜，胡伟，郑乐，等. 多时间尺度的电池储能系统建模及分析应用 [J]. 中国电机工程学报，2013，33 (16)：86-93.

[115] 彭亚凯，刘飞，李爱魁，等. 全钒液流电池电气模型建模与验证 [J]. 水电能源科学，2012，30 (5)：188-190.

[116] 刘宗浩，张华民，高素军，等. 风场配套用全球最大全钒液流电池储能系统 [J]. 储能科学与技术，2014，3 (1)：71-77.

第4章

全钒液流电池储能系统的运行管理

4

正确合理地使用维护全钒液流电池储能系统对于其整体性能有重要影响。随着全钒液流电池技术研发、设计和生产工艺的不断改进和发展，电池储能系统性能得以不断提高，集成及运维技术也日渐成熟。但是在很多投运项目实际案例中，因对全钒液流电池系统设备的特性、安装维护及故障处理等工作缺乏理论知识和实践经验，导致过程中因安装、使用维护不到位而造成电池储能系统性能出现劣化或者损坏，甚至影响安全生产，缩短电池系统寿命。因此，对于运行维护管理人员来说，充分了解全钒液流电池储能系统安装、调试及运行等过程环节，正确使用和维护全钒液流电池系统，及时发现电池系统存在的安全隐患等就显得尤为重要。

本章将从提高运行、维护管理水平，改善电池储能系统设备运行状况为出发点，系统地叙述了全钒液流电池系统安装、调试、运行维护等相关内容，以促进针对全钒液流电池储能系统的安全、高效和可靠利用水平的提升。

4.1 全钒液流电池系统的安装

4.1.1 全钒液流电池系统安装的基建要求

1）设备基础施工完成，并达到养护时间，且满足承重要求；

2）设备（或独立控制区）基础符合要求水平度；

3）设备安装区域的施工物资已经清理完成，且周围无影响设备安装的临时构建（筑）物或者脚手架等设施；

4）基础完成要求的防腐处理（环氧地坪，或者防腐地砖等）；

5）除了储能电池外，其他专业的施工已完成（除了安装预留外），特别是易出现扬尘的混凝土、金属切削、电气焊接等专业的施工；

6）设备临时用安装平台或安装坑道施工已完成，且满足承重以及尺寸要求；

7）设备安装平台或安装坑道施工物资已经清理完成，周围无影响设备进出构建（筑）物或者脚手架等设施；

8）安装通道畅通，不影响运输以及吊装；

9）针对室内电池储能系统，安装区域（或者房间）内用于保证储能系统运行的条件设备（或设施）（如照明、暖气、空调、风机等）已经安装完毕，且具备了投运条件；

10）针对室内电池储能系统，设备安装施工期间，安装区域温度不得低于5℃（管路施工、电池系统储存运行条件要求）；

11）安装区域临时用电要求：视工程规模设置临时电源数量，且每个临时电源功率不低于30kW；

12）施工现场有应急水源；

13）视工程规模，安装现场提供与工程规模相匹配的物料临时储存区。

4.1.2 安装前对全钒液流电池系统的检查

安装前主要检查项目：

1）清点发货清单，检查实物与清单数量、名称是否一致；

2）检查系统在运输过程中设备是否出现严重磕碰、破损；

3）检查含管路系统的功率部分，以及储能介质运输桶（IBC）是否有漏液或者漏液痕迹；

4）检查管路系统主支架、电堆以及电控箱，用于运输过程中的临时约束装置是否完好，实物是否发生移位。

4.1.3 全钒液流电池系统的安装工序

全钒液流电池系统的安装工序主要包括：设备（功率单元、储能单元、PCS等）吊装就位，储能介质罐装，制冷设备安装，外电路施工等。根据全钒液流电池产品特点，本节重点介绍功率单元箱体的吊装、储能单元储罐的吊装、储能介质的注入等关键环节。

1. 功率单元箱体的吊装

全钒液流电池系统功率单元箱体通常采用20尺标准集装箱，集装箱内部集成有电堆、输送单元管路及BMS电气柜、支架等。

（1）人员及资质要求

1）特种作业人员——起重机司机　　1名

2）特种作业人员——起重信号司索工　1名

3）特种作业人员——叉车工　　　　1名
4）经过培训的普工　　　　　　　　≥4名
（2）吊装机具（见表4-1）

表4-1　吊装机具

名　称	规格/说明	图　例
汽车吊	≥25t 根据现场实际条件，选择合适吨位的吊车	
集装箱专用搬运工具	自重/承载：30kg/8t	
千斤顶	自重/承载：30kg/10t	
叉车	自重/承载：3.8t/3t	
平衡梁	承载≥30t	
链条锁具	长度5m 一端链接平衡梁，另一端链接集装箱底部吊孔	

（3）劳动保护用品（见表 4-2）

表 4-2　劳动保护用品

名　称	图　例
安全帽	
劳保鞋	
手 套	
警示护栏	

（4）吊装主要步骤

第 1 步：根据吊车型号、集装箱重量、平台位置等选择吊车站位位置及集装箱运输车停车位置；

第 2 步：确定集装箱偏重的一侧（安装电堆的一侧较重），关闭并锁紧集装箱门；

第 3 步：集装箱吊索共 4 根，两长两短，短的吊索挂在集装箱较重的一侧，长的吊索挂在集装箱较轻的一侧；

第 4 步：做好集装箱防护工作，防止吊索磨损集装箱，导致集装箱掉漆；

第 5 步：在集装箱的两侧各拴一根绳，控制集装箱方向；

第 6 步：缓慢起吊，观察集装箱变形情况及其他安全事项；

第 7 步：确定无误后缓慢将集装箱吊起，将集装箱的 4 个底脚放在 4 个“专用搬运工具”上；

第 8 步：用叉车牵引集装箱移动（4 名人员分别控制 4 个“专用搬运工具”的方向杆），将集装箱移动到指定的放置点；

第 9 步：待集装箱移动到指定的放置点后，用 4 台千斤顶将集装箱顶起；

第 10 步：将集装箱顶起后，将 4 个“专用搬运工具”撤下，然后缓慢地放下千斤顶，将集装箱降落到地面。

20 尺集装箱吊装实景如图 4-1所示。

2. 储罐的吊装

图4-1　20尺集装箱吊装实景图

储罐是电池储能介质的储存场所，是液流电池系统主要组成部分。全钒液流电池的储罐多采用耐酸腐蚀的高分子材料制成，如聚乙烯、聚丙烯等。本节以容积为30m³的缠绕成型立式聚丙烯储罐为例（最大重量约2.8t）进行说明。

（1）人员及资质要求

1）特种作业人员——起重机司机　　1名

2）特种作业人员——起重信号司索工　　1名

3）特种作业人员——叉车工　　1名

4）经过培训的普工　　≥3名

（2）吊装机具（见表4-3）

表4-3　吊装机具

名　称	规格/说明	图　例
吊车	≥25t 根据现场实际条件，选择合适吨位的吊车	
叉车	承载：≥3t（带3m加长叉） 根据罐体重量尺寸，选择合适吨位的叉车	
升降搬运车	承载：≥1t 通常移动一个储罐需要4个升降搬运车协同工作	
垫木	长条木方，通常一个储罐底部垫两个即可	
撬棍	用来微调储罐方向	

（3）劳动保护用品（见表4-4）

表4-4 劳动保护用品

名称	图例
安全帽	
劳保鞋	
手套	
安全带	
警示护栏	

（4）主要步骤

第1步：储罐平躺放置在运输车上，将两根吊带分别捆扎在距离储罐底端和顶端各1/5处，底端的吊带挂在吊车的小钩上，顶端的吊带挂在吊车的大钩上；

第2步：同时收起大钩和小钩将储罐吊起，旋转吊车，将储罐放在落地点的上方，逐渐降低储罐高度，让储罐距地面4m左右；

第3步：大钩不动，逐渐降低小钩，使储罐底端逐渐接近地面；

第4步：在储罐下方放置好垫木，让储罐底面的一侧接触到垫木；

第5步：逐渐降低小钩，使储罐底面平稳地落在两个垫木上；

第6步：在叉车腿上套上3m长的加长叉，将加长叉伸到储液罐的底部；

第7步：在空的储罐上方用吊带将储罐与叉车捆在一起，然后叉起储罐，底部离地面300mm左右，运到储罐基础上面，调整方向并卸掉吊带；

第8步：用4个万向升降搬运车旋转储液罐，直至储液罐的进出液口朝向要求的位置，然后将储罐落地就位。

储罐吊装实景及储罐搬运实景如图 4-2 所示。

图 4-2 储罐吊装实景图及储罐搬运实景图

3. 储能介质的注入

本工序是指将储能介质从储能介质运输专用桶（IBC）转移到电池系统储罐中。全钒液流电池储能介质是钒离子硫酸/盐酸溶液，具有较强腐蚀性、轻微挥发性，灌装时需注意个人防护，避免直接接触。在操作含有盐酸的储能介质时，特别正极储能介质，应避免挥发气体（氯化氢、氯气）吸入，加强个人防护。

（1）人员及资质要求

1）特种作业人员——电工 1 名

2）特种作业人员——叉车工 1 名

3）经过培训的普工 ≥3 名

（2）机具（见表 4-5）

表 4-5 储能介质注入所需机具

名　称	规格/说明	图　例
叉车	承载：≥2t	
电解液输送车	主要由泵、管路、过滤器组成	
IBC 桶	容量：1000L 托盘形式：全钢托盘 尺寸（mm）：1200×1000×1135	

（续）

名　称	规格/说明	图　例
PVC钢丝管	材质：PVC软质塑料，钢丝增强结构 尺寸：适配电解液输送车 长度：根据现场工况确定	
链条扳手	用来打开/拧紧IBC桶的旋盖	
手持灭火器	干粉灭火器，用来扑灭现场突发火情	

（3）劳动保护用品（见表4-6）

表4-6　劳动保护用品

名　称	图　例
安全帽	
劳保鞋	
橡胶手套	
防护服	
护目镜	

（续）

名　　称	图　　例
防毒面具	
应急洗眼器	

（4）主要步骤

第1步：用叉车将装有电解液的IBC桶运送到距离电解液储罐最近的位置；

第2步：用准备好的洁净长塑料软管，一端通过加料口伸到电解液储罐中，固定好，另一端接到电解液输送车接口上，并用喉箍固定牢靠；

第3步：将电解液输送车管路插入待泵出IBC桶内，并固定；

第4步：将电解液输送车电源接好，开启自吸泵模式；

第5步：待离心泵充满液后，切换至离心泵模式输送电解液；

第6步：待IBC桶内剩余少量电解液时，切换至自吸泵模式，直至$1m^3$，桶内电解液无法吸出；

第7步：重复3~6步骤，直到电解液储罐内电解液达到设计要求体积；

第8步：停止输送电解液时，需关闭泵进出口阀门，并切断电源。

储能介质灌装物流示意图如图4-3所示。

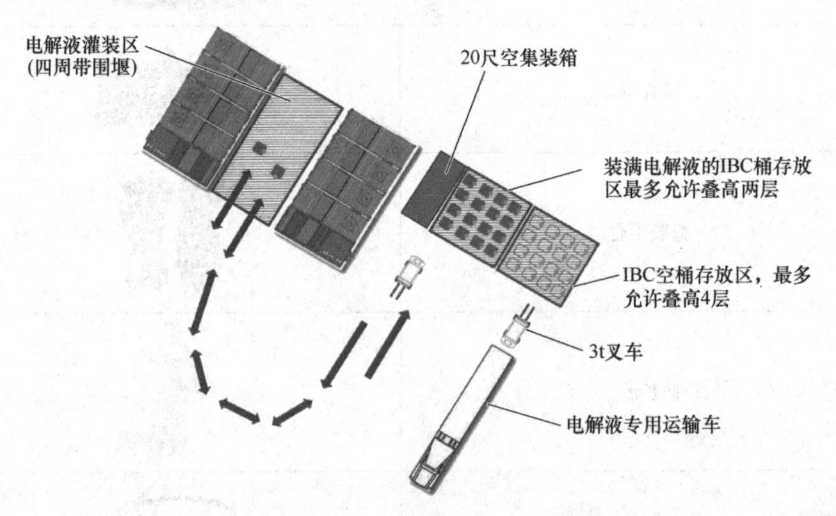

图4-3　储能介质灌装物流示意图

4.2 全钒液流电池系统的调试及试运行

4.2.1 电池系统通电前准备工作

1）电气作业必须由经过专业培训，考试合格，持有电工作业操作证的人员担任；

2）电气调试人员必须严格执行国家的安全作业规定；

3）电气调试人员必须严格熟悉有关消防知识，能正确使用消防用具和设备，熟知人身触电紧急救护方法；

4）电气调试人员进入测试前必须穿戴必要的劳保护具，如绝缘手套、绝缘鞋等；

5）电气设备必须有可靠的接地；

6）检查电气设备的绝缘是否符合规定，不应低于1000Ω/V（如对地220V，绝缘电阻应不小于0.22MΩ）。

4.2.2 电池系统BMS通电测试

1）系统BMS通电测试前，确认系统所有BMS柜的断路器是断开状态；

2）用万用表测试各断路器是否存在短路情况，如存在，需排查并修复；

3）给BMS系统总电源断路器一次侧送电；

4）闭合BMS系统总电源断路器，并逐步依次闭合BMS柜内其余各断路器；

5）各断路器闭合后，需要万用表测试各断路器二次侧电压情况。

4.2.3 电池系统功能调试

1）使用相关软件将触摸屏程序下载到系统触摸屏内；

2）测试各BMS柜内照明功能是否正常；

3）调试电动阀门，查看各电动阀门动作是否正常；

4）调试系统直流接触器，查看直流接触器动作是否正常；

5）调试系统温控开关，测试系统各BMS柜内风扇是否运行，风向是否正确；

6）测试集装箱内部照明灯工作是否正常；

7）调试控制集装箱风扇运行，观察风扇运行是否正常，风向与风量是否正确；

8）分别将集装箱内安装的漏液传感器和罐体外部漏液传感器短接，测试漏液报警器是否工作正常；

9）按下系统急停按钮，测试急停按钮和复位功能是否正常；

10）测试系统正负极循环泵叶轮转向是否正常。

4.2.4 电池系统本体运行前检查

1）检查所有电动阀门和手动阀门，确保所有阀门位置正确；

2）电池系统本体运行前，依次测量系统中每个电堆模块铜排对地的绝缘电阻，要求绝缘电阻不低于1MΩ。

4.2.5 电池系统本体运行

1）通过系统触摸屏操作，给定正负极泵所允许的最低频率，启动运行电池系统，查看触摸屏显示的频率数值与给定值是否一致，如不一致，需检查变频器参数设置与接线情况；

2）测试正负极管路流量及压力，查看测试值与触摸屏显示值是否一致，如不一致，需检查传感器参数设置与接线情况；

3）测试正负极电解液温度值、箱内温度、箱外温度，查看测试值与触摸屏显示值是否一致，如不一致，检查传感器参数设置与接线情况；

4）测试电池系统总电压、总电流、总功率、单堆电压、OCV 等运行参数，查看测试值与触摸屏显示值是否一致，如不一致，检查传感器参数设置与接线情况；

5）启动/停止制冷机，查看制冷机的运行状态是否正常，如有异常，检查制冷机参数设置与其内部接线情况；

6）系统流量压力稳定后，应持续运行2h，并观察系统运行情况，查看系统管路、电堆有无渗液、漏液等异常。如有异常，检查、修复并重新测试。

4.2.6 电池系统初始充电

1）电池系统本体运行稳定后，需要进行初始充电工作；

2）用于电池系统初始充电的储能变流器（PCS）或充放电仪，应具备在直流电压为0V 状态下启动并充电功能；

3）初始充电可在储能变流器（PCS）或充放电仪为恒电流或恒功率模式下进行，一般初始充电的电流及功率为电池系统额定电流或额定功率的30%～50%。

一般情况下，全钒液流电池系统调试及运行前的检测内容如表4-7所示。

表4-7 全钒液流电池系统调试及运行前的检测内容

<table>
<tr><th>序号</th><th colspan="3">测试项目</th><th>测试内容</th></tr>
<tr><td>1</td><td rowspan="21">BMS系统通电测试</td><td colspan="2">BMS供电</td><td>依次先后闭合所有断路器，测量断路器下端电压</td></tr>
<tr><td>2</td><td colspan="2">CPU下载程序</td><td>程序下载到CPU模块里</td></tr>
<tr><td>3</td><td colspan="2">触摸屏程序下载</td><td>程序下载到触摸屏里</td></tr>
<tr><td>4</td><td colspan="2">变频器参数设置</td><td>将程序下载到变频器里</td></tr>
<tr><td>5</td><td colspan="2">通信</td><td>指示灯是否正常</td></tr>
<tr><td>6</td><td colspan="2">电动阀门</td><td>打开电动阀门，关闭电动阀门，阀门开关动作正常，阀门状态反馈是否正常</td></tr>
<tr><td>7</td><td colspan="2">直流接触器</td><td>接触器动作是否正常</td></tr>
<tr><td>8</td><td colspan="2">漏液</td><td>测试传感器，漏液报警正常</td></tr>
<tr><td>9</td><td colspan="2">制冷机</td><td>启动停止制冷机，查看制冷机的运行状态</td></tr>
<tr><td>10</td><td colspan="2">急停按钮</td><td>按下急停按钮，测试急停按钮，按下后复位功能正常，反馈正常</td></tr>
<tr><td>11</td><td colspan="2">电堆电压</td><td>查看电堆电压数值显示是否正常</td></tr>
<tr><td>12</td><td colspan="2">子系统总电压</td><td>子系统总电压检测，查看数值显示是否正常</td></tr>
<tr><td>13</td><td colspan="2">总电压</td><td>500kW总电压检测，查看数值显示是否正常</td></tr>
<tr><td>14</td><td colspan="2">OCV电压</td><td>检测OCV电池电压，查看数值显示是否正常</td></tr>
<tr><td>15</td><td colspan="2">支路电流</td><td>检测支路电流，查看数值显示是否正常</td></tr>
<tr><td>16</td><td colspan="2">总电流</td><td>检测总电流，查看数值显示是否正常</td></tr>
<tr><td>17</td><td colspan="2">压力</td><td>检测管路压力，查看数值显示是否正常</td></tr>
<tr><td>18</td><td colspan="2">流量</td><td>检测管路流量，查看数值是否正常</td></tr>
<tr><td>19</td><td colspan="2">温度</td><td>检测温度，查看数值显示是否正常</td></tr>
<tr><td>20</td><td colspan="2">正极循环泵正反转调试</td><td>调试正极泵到正转，查看泵是否正常运行</td></tr>
<tr><td>21</td><td colspan="2">负极循环泵正反转调试</td><td>调试负极泵到正转，查看泵是否正常运行</td></tr>
<tr><td>22</td><td>绝缘电阻测试</td><td colspan="2">电堆</td><td>测试电堆正极与电池系统柜体非连接可导电部件的绝缘电阻在DC 500V时，绝缘电阻不低于1MΩ</td></tr>
<tr><td>23</td><td rowspan="5">电池系统本体运行调试</td><td colspan="2">管路压力调试</td><td>运行电池系统，观察流量和压力是否正常</td></tr>
<tr><td>24</td><td colspan="2">管路流量调试</td><td>运行电池系统，观察流量和压力是否正常</td></tr>
<tr><td>25</td><td rowspan="2">温度调试</td><td>正极电解液温度</td><td>测试正电解液温度，查看测试值是否在合格范围内</td></tr>
<tr><td>26</td><td>集装箱内温度</td><td>测试集装箱内温度，查看测试值是否在合格范围内</td></tr>
<tr><td>27</td><td colspan="2">系统运行</td><td>系统连续运行2h，无渗液、漏液，系统流量、压力参数等参数显示正常</td></tr>
</table>

4.3 全钒液流电池系统的验收

4.3.1 验收检查的项目

1）用于安装全钒液流电池的集装箱、屏柜、专用组合钢架等的结构应符合设计要求；

2）全钒液流电池系统安装应平稳，固定牢靠，排列整齐，极性连接正确；

3）全钒液流电池系统外表清洁，电堆无破损，无电解液泄漏现象；

4）全钒液流电池系统绝缘符合规定要求；

5）全钒液流电池系统功率、容量、效率等指标考核符合设计要求；

6）全钒液流电池储能装置及监控系统与能量管理系统之间通信兼容性及信息交互能力；

7）全钒液流电池储能系统并网电能质量符合相关技术规定要求。

4.3.2 验收应移交的资料和文件

1）全钒液流电池储能系统的设计及施工图样；

2）设计变更的证明文件；

3）制造厂提供的全钒液流电池储能系统产品说明书和技术文件；

4）全钒液流电池储能系统安装报告、调试报告、充放电曲线等；

5）备品、备件清单等。

4.4 全钒液流电池系统的运行安全管理

4.4.1 安全注意事项

4.4.1.1 化学品安全注意事项

1. 储能介质

（1）危害

储能介质的成分为钒的硫酸溶液或混酸溶液。因电解液中含有硫酸或盐酸，具有腐蚀性，接触皮肤和眼睛可能造成皮肤灼伤和眼损伤，吸入可能有害。电解液会对水体和土壤造成污染，因此废弃的电解液不得随意向下水系统或土壤中丢弃。如果需要处理，请联系当地有资质的厂家或直接与供应商联系。

（2）使用注意事项

严格遵守操作规程。按要求佩戴个人劳保用品，应穿好防酸工作服，佩戴防酸手套或护目镜。

（3）紧急处理方式

小量泄漏：用废液收集车收集，收集后转移至废液收集储罐内；

大量泄漏：构筑围堰或挖坑收容，用废液收集车或泵转移至槽车或废液收集储罐内，并运送至废物处理场所处置；

皮肤接触：立即脱掉污染的衣服和鞋子，用肥皂和大量清水冲洗；

眼睛接触：用大量清水冲洗；

吸入：转移至新鲜空气处；

食入：立即吐出但不要催吐，用清水漱口。

2. 纯碱（碳酸钠）/**小苏打**(碳酸氢钠)

（1）危害

纯碱和小苏打用于清除地面或支架上的电解液痕迹，其不可燃，高浓度或粉尘状态下具有一定程度的刺激性和腐蚀性，直接接触可能会引起皮肤和眼灼伤。生产中吸入纯碱或小苏打的粉尘和烟雾可引起呼吸道刺激，食品级纯碱和小苏打可作为家用食用。

（2）使用注意事项

在纯碱/小苏打高浓度或粉尘状态下，应佩戴个人劳保用品，如护目镜、防毒面具、手套等；远离易燃、可燃物；避免产生粉尘；避免与酸类接触；搬运时要轻装轻卸，防止包装及容器损坏。

（3）紧急处理方式

皮肤接触：如感不适，立即脱去污染的衣着，用大量流动清水冲洗至少 15min；

眼睛接触：立即提起眼睑，用大量流动清水或生理盐水彻底冲洗至少 15min；

吸入：迅速脱离现场至空气新鲜处，保持呼吸道通畅；

食入：用水漱口，给饮牛奶或蛋清。

4.4.1.2 工具类安全注意事项

1. 直梯（包括储罐自有直梯）**安全使用要求及注意事项**

1）梯子应放置在坚固平稳的地面上，禁止放在没有防滑和固定设备的冰、雪或滑的地表面上；滑面上使用的梯子，端部应套有防滑胶皮；

2）梯子顶端要倚靠于结实表面，不可倚靠水管、过窄或塑料物等强度不足的物体上；

3）梯子的架设应有专人协助扶梯；

4）确保所有铆钉、螺栓螺母及活动部件连接紧密，梯柱与梯阶牢固可靠，伸展卡簧、铰链工作状态良好；

5）作业时禁止超过标明的最大承重质量；

6）操作者的鞋子保持清洁，禁止穿皮底鞋；身体疲倦，服用药物、饮酒或有体力障碍时，禁止使用梯子；

7）梯子与地面的角度禁止小于75°，禁止在强风中使用梯子；

8）攀登时人面向梯子，双手抓牢，身体重心保持在两梯柱中央；

9）作业时不要站在离梯子顶部1m范围内的梯阶上，永远保留1m的安全保护高度，更不要攀过顶部的最高支撑点；

10）禁止从梯子的一侧直接跨越到另一侧。

2. 人字梯安全使用要求及注意事项

1）使用时人字梯应全面打开及锁好限制跨度的拉链，必须安放在平稳的表面；

2）当打开或关折梯子时，手部远离梯铰和梯锁夹口；

3）梯子摆放时，梯侧边与抓扶物体的距离不可超过单臂的臂展范围；

4）不可以将上身移出梯子两侧；

5）不能单脚站梯；

6）不可以将安全带绑在梯子上。

3. 叉车（包含液压叉车）**安全使用要求及注意事项**

1）当驾驶叉车时，不得超载、超速、超高驾驶；

2）当驾驶叉车搬运货物由升降变为行驶时，需要降下叉子，且缓慢行驶；

3）当驻车时，必须检查影响安全因素的各种条件，尤其不得停在斜坡上；

4）电瓶叉车充电区域要固定，远离易燃物；

5）叉车不得载人，不得使用叉架提升人员；

6）叉车检查的结果应以文件形式保存；

7）车间内叉车移动不宜过快，电瓶叉车限速5km/h。

4. 地牛叉车安全使用要求及注意事项

1）地牛叉车只能一人操作，使用地牛叉车时必须穿工作鞋；

2）地牛叉车在装载时，严禁超载/偏载（单叉作业）使用，所载物品重量必须在搬运车允许负载范围内，不允许长期静置停放物品，严禁将货物从高处落到地牛叉车上，必须完全放入货架下面，将货物叉起，保持货物的平稳后才能进行拉运动作；

3）严禁装载不稳定的或松散包装的货物，地牛叉车在搬运过程中将货叉放到尽量低位置，以免货物摔落，下降货叉时，严禁将手和脚伸到货叉下面；

4）操作时严禁速度过快，转弯时减速；

5）地牛叉车在斜坡上使用时，操作者不得站在地牛叉车正前方，避免地牛叉车惯性导致速度过快失控撞人；

6）地牛叉车严禁载人或在滑坡上自由下滑，地牛叉车不用时，必须空载降低货叉到最低位置，且存放在规定的地方；

7）地牛叉车的载重量一般为 2～3t，所载物品不得超过该手动液压托盘车额定的最大载重量；

8）地牛叉车在使用时，必须注意通道及环境，不能撞及他人、设备和其他物品；

9）损坏的地牛叉车必须进行维修或报废，不得使用；

10）操作者视线受阻时严禁作业。

5. 锋利刀具安全使用要求及注意事项

1）总是让切割方向远离操作，也就是说要离开切割的线路轨迹；

2）不使用钝的刀片；

3）使用自动收缩刀片的刀具，不要把刀具放在上衣或裤子口袋里；

4）不用时将刀放在刀套里或工具箱内；

5）握住被切割东西的手要戴防切割手套，防止切到手；

6）不要把刀具替代其他工具用于其他用途。

4.4.1.3　电气安全注意事项安全使用要求

1）穿好个人防护用品，并戴上护目镜；

2）正确地处理电线。不可以使用电线提携电动工具、悬挂电动工具或者以抽拉电线的方式拔出插头；

3）电线需远离高温、油垢、锋利的边缘或转动中的机件。如电线受损或缠绕在一起，会提高操作者遭受电击的风险；

4）勿让电动工具承载过重的负荷；

5）勿使用开关故障的电动工具；

6）不使用电动工具时，必须将机器存放在妥善的位置；

7）细心地保养和维护电动工具；

8）切割工具必须保持锋利、清洁，遵照指示使用电动工具、配件及安装在机器上的工具；

9）根据所使用的电动工具穿戴合适的防护装备，例如，防尘面罩、安全鞋、安全帽和耳罩，可降低工作伤害的发生概率；

10）电线在户外使用时，使用合适的户外专用延长线；

11）根据工作性质选择合适的电动工具。正确地选用电动工具可以在规定的功率范围中，更有效更安全地操作；

12）在调整机器设定、更换零件或不使用机器时，都必须从插座上拔出插头，并且取出蓄电池；

13）故障的机件会影响电动工具的运作功能。使用机器之前务必更换或修理故障的机件；

14）让经验不足的人操作电动工具容易发生意外。

4.4.2 环保规定

1）在产品维护和修理过程中，必须保证在可能存在电解液泄漏的管路、设备、接口等部位采用托盘等方式盛装，避免电解液对地面造成腐蚀。

2）在产品使用、维护和修理过程中，必须保证操作人员经过安全培训，接触电解液的人员须配备防酸、绝缘等劳保护具，当不慎溅到皮肤或眼部时，立即用清水冲洗，如有不适及时就医。

3）在产品使用、维护和修理过程中，以及产品报废处理时，用户必须遵守国家及地方政府对环境保护的相关规定。

4）报废处理：报废处理时，请勿焚烧、掩埋，需专业公司进行处理。

4.5 常用维护工具及劳保用品

4.5.1 维护工具

常用维护工具见表4-8。

表4-8 维护工具

名　称	图　片	作　用
测电笔		测量设备是否带电及控制柜内线的检查、紧固
万用表		测量就地电压
钳形表		测量就地电流
活扳手		螺栓紧固
棘轮扳手		螺栓紧固

（续）

名　称	图　片	作　用
钳子		备用工具
温度计		电解液就地温度测量
温湿度计		悬挂于项目现场， 现场环境温度、湿度测量
红外温度探测器		用于非接触式温度测量
螺钉旋具	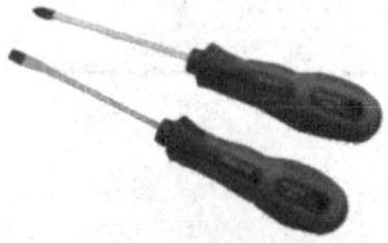	拆卸、拧紧螺钉
绝缘电阻仪	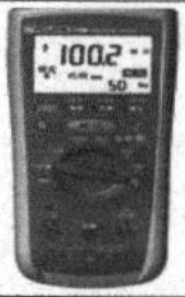	用于测量系统绝缘电阻

4.5.2　劳保用品

常用劳保用品见表 4-9。

表 4-9　劳保用品清单

名　称	图　片	作　用
劳保鞋		保护脚部，日常维护时用
绝缘手套	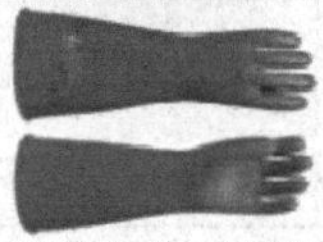	保护手部，对强电路操作时用， 防止受到电击伤害

（续）

名　称	图　片	作　用
防酸手套		保护手部，处理电解液时用，防止被电解液伤害
乳胶手套		保护手部，日常维护时用，防止被电解液伤害
护目镜		保护眼部，处理电解液时用，防止被电解液伤害
防毒面罩		保护呼吸系统，防止吸入有害气体

4.5.3　常用耗材

常用耗材见表4-10。

表4-10　常用耗材

名　称	图　片	作　用
电工胶带		用于临时缠绕维护时裸露的电线
吸液纸		用于吸收或擦拭电解液
抹布		用于吸收或擦拭电解液

4.6 全钒液流电池系统维护项目及方法

4.6.1 维护分类

通过多年全钒液流电池储能电站项目的实际运行，已逐步建立起一套针对储能电站的维护制度，并对其中的巡检制度、定期维护制度和故障申报流程等进行了优化，最大程度地确保了储能电站的可利用率。其中，尤其值得一提的是针对储能电站的三级维护制度。

储能电站的三级维护制度是依据设备老化规律、检测仪表准确度漂移规律、储能电站使用的环境条件等因素建立起来的。根据维护项目的重要程度、难易程度、维护周期、参维技术人员的不同，其可具体分为日常维护、一级维护和二级维护。

其中，设备的日常维护是各级维护的基础，直接关系到系统运行的安全和设备的使用寿命。其维护频率以日巡检或根据需要在储能电站运行时检查为主。维护内容主要为检查 BMS 管理软件的控制界面、管路阀门、安全保护装置的可靠性，检查现场的清洁状况，紧固松动的固定螺栓，拧紧密封不严的管路连接处等。坚持电池系统投运前、运行中、停止后的三检查。

一级维护一般由储能电池系统设备提供商的相关人员负责，其维护频率以月巡检为主。工作内容包括现场设备的清洁；紧固电气设备内接线端子；检查管路系统的紧固程度，磁力泵、换热系统、排气系统、管路固定支架等的紧固程度；确保各手动阀门转动自如，开关到位，状态正确；各电动阀门指示正确，开关到位；动力柜、控制柜内等指示灯正确，电压稳定，无缺相。检查冷却系统是否运行正常，并及时进行设备清洁；抽检压力传感器、电压变送器、温度传感器等的准确度；进行急停按钮的功能性验证等。

二级维护又称年度维护，以年为周期进行设备停机维护，由储能电池系统设备提供商的专业人员负责。二级维护的主要工作涉及对仪器仪表进行全面的精度验证及校准、系统性能及安全性的全面检查等。

通过确定三级维护制度，定期对全钒液流电池储能系统各组成设备及部件进行维护及保养，及时发现和消除各类故障隐患，保持及保证全钒液流电池储能系统各组成设备及部件处于良好状态，降低全钒液流电池储能系统相关风险的发生概率，达到提高电池系统年平均可利用率，延长全钒液流电池储能系统服役年限的目的。

4.6.2 日常维护项目及措施

基于三级维护制度，全钒液流电池储能系统的维护项目及措施见表 4-11。

表 4-11　日常维护项目及措施

维护项目	维护内容		巡检方式	维护措施
储能系统	管路	变形	巡视	排查形变原因，更换管路
		渗、漏液	巡视	维修或更换管路
		阀门工作状态	巡视	排查原因，复位
	储罐	变形	巡视	排查形变原因，维修或更换储罐
		渗、漏液	巡视	维修或更换储罐
		液位及调平	分析	平衡子系统间及子系统内部溶液状态
		渗、漏液	巡视	维修或更换磁力泵
		工作温度	检测	排查高温原因，维修或更换磁力泵
	过滤器	渗、漏液	巡视	维修或更换过滤器
		过滤袋	操作	更换过滤袋
	电堆及 SOC 电池	渗、漏液	巡视	维修或更换电堆
		电堆维护	操作	电堆维护
		健康状况	分析	维修或更换电堆
		传感器准确度	校验	维修或更换传感器
	冷却系统	渗、漏液	巡视	维修或更换漏液设备
		冷媒压力	巡视	补充冷媒
		工作状态	巡视	排查故障原因，维修或更换故障设备
	漏液传感器	腐蚀程度	巡视	更换传感器
		摆放位置及方向	巡视	调整
	流量压力传感器	渗、漏液	巡视	维修或更换传感器
		运行参数	分析	排查处理故障
		就地压力表	巡视	维修或更换压力表
		传感器准确度	校验	维修或更换传感器
	温度传感器	渗、漏液	巡视	维修或更换传感器
		环境温度	巡视	排查处理故障
		电解液温度	巡视	排查处理故障
		传感器准确度	校验	维修或更换传感器
	BMS 柜体	电气元件	巡视	更换或维修故障设备
		工控机	巡视	维修或更换工控机
		UPS	巡视	更换或维修故障设备
		运行状态	巡视	排查处理故障
	电解液	溶液分析	分析	分析溶液状态，进行相关维护操作
		容量恢复	操作	分析系统健康状况，添加恢复剂
储能逆变器	柜体	外观	巡视	维修
	电气元件	工作状态	巡视	更换或维修故障设备
	设备运行状态	运行状态	巡视	排查处理故障

（续）

维护项目	维护内容		巡检方式	维护措施
能量管理系统	软件运行状态	运行状态	巡视	排查处理故障
	硬件运行状态	运行状态	巡视	更换或维修故障设备
就地监控系统	柜体	外观	巡视	维修
	电气元件	工作状态	巡视	更换或维修故障设备
	设备运行状态	运行状态	巡视	排查处理故障
箱式变压器	箱体	外观	巡视	维修
	电气元件	工作状态	巡视	更换或维修故障设备
	设备运行状态	运行状态	巡视	排查处理故障

4.7 应急预案

4.7.1 换热系统应急预案

1. 现象

1）储能系统室内温度无法得到控制；

2）储能系统的电解液温度无法得到控制，造成电解液温度超过允许范围。

2. 应急处置

1）应急处置：根据故障时储能系统的情况，主要任务分为通知供应商，抢修事故设备，保证储能系统安全。

2）如在日常维护及定期点检中发现换热系统故障，但储能系统室内温度及电解液温度均不超出5～40℃范围，可直接通知供应商进行设备维修。在等待维修期间，如室内温度及电解液温度均不超出5～40℃范围，可维持储能系统的继续使用。如室内温度及电解液温度超出5～40℃范围，应对储能系统停机，当电解液温度超过40℃时，储能系统会自动停止运行。

3）如在换热系统运行时发生换热系统故障的，应及时停机检修或报修。

4）对于确认换热系统设备损坏的，而备有备件的，如阀门、磁力泵，应及时更换相应备件，抢修事故设备，排除故障。对不确认换热系统设备损坏的或确认设备损坏而没有备件的，应及时通知供应商进行故障检查及设备维修。

5）如储能系统室内温度低于5℃或高于35℃，主要任务为保证储能系统的安全，应急处置的方法请参照电解液温度超标应急预案。当电解液温度超过40℃时，储能系统会自动停止运行。

6）在抢修过程中，必须保证物资、设备的备品备件、工器具、仪器、仪表的质量、数量、规格、型号的可靠性，进行认真核对，防止抢修的设备出现问题。

7）运行、设备应急组迅速做好安全隔离措施，对设备或系统展开抢修，防止事故的扩大或蔓延。

3. 应急结束

1）应对抢修后的设备进行试验，确定检修的质量和效果；

2）对其他类似设备进行全面检查，避免紧急情况的再度发生；

3）清点应急人员人数，清点工器具，撤离现场，运行人员进行设备投运前的检查；

4）应急工作结束后，应对紧急状况发生的原因进行总结。

4.7.2 电解液泄漏应急预案

1. 现象

电解液喷溅或大量泄漏。

2. 应急处置

1）应急处置的主要任务是控制泄漏规模，具体做法为关闭泄漏处的相关阀门，用围堰等控制泄漏的规模，采用适当的容器回收电解液。

2）应急处理前，维护、运行人员应首先保证自身安全，穿戴、佩戴好相应的劳保用品，非应急处理人员迅速撤离泄漏污染区至安全区，应急区域应进行隔离，严格限制出入，如混酸电解液发生泄漏，建议应急处理人员佩戴防毒面具。在做好劳保工作前，不要直接接触泄漏物。

3）维护、运行人员应尽可能切断泄漏源，迅速做好安全隔离措施，对设备或系统展开检查或抢修，防止事故的扩大或蔓延。

4）在控制了漏液范围后，采用适当的工具（如电解液吸液车、磁力泵等）和适当的容器（如立方桶等）收集泄漏的电解液。

5）在抢修过程中，必须保证物资、设备的备品备件、工器具、仪器、仪表的质量、数量、规格、型号的可靠性，认真核对，防止抢修的设备出现问题。

3. 应急结束

1）应对抢修后的设备进行试验，确定检修的质量和效果；

2）对其他类似设备进行全面检查，避免紧急情况的再度发生；

3）清点应急人员人数，清点工器具，撤离现场，运行人员进行设备投运前的检查；

4）应急工作结束后，应对紧急状况发生的原因进行总结。

4.7.3　氢气超标应急预案

1. 现象

氢气传感器报警。

2. 应急处置

1）应急处置的主要任务是快速使氢气浓度降低至安全范围内，如无法恢复，则需对电池系统进行一系列操作，确保设备及人身的安全；

2）维护、运行人员应迅速做好安全隔离措施，对设备或系统展开检查或抢修，防止事故的扩大或蔓延；

3）当储能系统未运行时，厂房内氢气报警后，应立即打开全部门窗，并迅速打开通风系统，待氢气报警消除一段时间后，可关闭门窗及通风系统，储能系统具备启动条件，此过程中禁止使用明火，禁止进行合闸等会产生电火花的操作；

4）当储能系统运行时，厂房内氢气报警后，应立即打开全部门窗，迅速打开通风系统，待报警指示消除后立即停止储能系统运行，待报警消除一段时间后储能系统可重新运行，此过程中禁止使用明火。

3. 应急结束

1）应对抢修后的设备进行试验，确定检修的质量和效果；

2）对其他类似设备进行全面检查，避免紧急情况的再度发生；

3）清点应急人员人数，清点工器具，撤离现场，运行人员进行设备投运前的检查；

4）应急工作结束后，应对紧急状况发生的原因进行总结。

4.7.4　人身伤害应急预案

1. 现象

1）人身物理伤害；

2）触电；

3）化学品灼伤。

2. 应急处置

1）起因物、致害物明确，无发生群伤事故的可能，且不影响设备正常运行的事故，如物体打击、机械伤害、起重伤害、车辆伤害、灼伤等人身伤害事故发生时，应根据现场实际情况，维护储能系统正常的运行，同时根据需要在事故现场设置隔离，并指派人员到现场进行巡视，防止运行设备受到影响。后续应根据事故实际情况，采取措施，尽快控制起因物、致害物状态，在尽量保护事故现场的前提下，使其恢复到无害状态。

2）触电伤害发生时，运行、维护人员应采取正确方法，如用木棒、绝缘杆等工具使受害人脱离带电体，同时在事故现场设围栏，要保证安全距离，严防二次事故。同时要迅速切除故障点，根据实际需要停止故障设备的运行，防止二次伤害；并正确隔离故障设备，保证其他设备的安全运行。根据实际工作需要，迅速处理故障设备，严防人身伤害再次发生。

3）化学品导致皮肤灼伤时，应立即离开现场，迅速脱去被化学品污染的衣裤、鞋袜等，立即用大量清水或自来水冲洗创面 10～15min，新鲜创面上不要任意涂抹油膏或红药水，视烧伤情况送医院治疗。化学品导致眼睛灼伤应迅速在现场用流动清水冲洗，冲洗时眼皮一定要掰开，如无冲洗设备，可把头埋入清洁水盆中，掰开眼皮，转动眼球洗涤，如有不适，立即就医治疗。

3. 应急结束

1）应急终止的条件：事件现场得到控制，事件条件已经消除；环境符合有关标准；事件所造成的危害已经彻底消除，无次生、衍生事故隐患继发可能；事件现场的各种专业应急处置行动已无继续的必要；采取了必要的防护措施，以保护人员免受再次危害；

2）对其他类似设备进行全面检查，避免紧急情况的再度发生；

3）清点应急人员人数，清点工器具，撤离现场，运行人员进行设备投运前的检查；

4）应确保已受伤人员伤势稳定，无新增受伤人员；

5）应急工作结束后，应召集会议，充分评估危险和应急情况，并对紧急状况发生的原因进行总结。

4.7.5 电解液温度超标应急预案

1. 现象

1）电解液温度低于下限值；

2）电解液温度高于上限值。

2. 应急处置

1）应急处置的主要任务是快速恢复电解液温度至合理范围内，确保设备及电解液的安全；

2）维护、运行人员应迅速做出响应，当电解液温度高于上限值时，应立即采取停止充放电措施，并维持制冷系统工作，直至电解液温度下降至安全温度范围。电解液温度低于下限值时，开启加热系统，如加热系统不工作，需对电池系统进行充放电操作，以保证电池系统电解液温度的恢复；

3）如储能系统需长时间静置且电解液温度低于 5℃，需将系统正负极电解液混合。通过混合，正负极电解液中的钒离子发生化学反应产生热量，使得电解液温度升高。混合操作宜在 10% 以下的 SOC 状态下进行，以保证正负极电解液混合后温度升高不高于 40℃。

3. 应急结束

1）应对抢修后的设备进行试验，确定检修的质量和效果；

2）对其他类似设备进行全面检查，避免紧急情况的再度发生；

3）清点应急人员人数，清点工器具，撤离现场，运行人员进行设备投运前的检查；

4）应急工作结束后，应对紧急状况发生的原因进行总结。

4.7.6 自然灾害应急预案

1. 地震

逃生，如有时间切断每单元电源柜内的总电源。

2. 火灾

判断火势大小，从小到大火势处理预案依次为

1）按使用说明书要求停机后灭火；

2）按使用说明书要求停机后逃生；

3）切断每单元电源柜内的总电源后逃生；

4）直接逃生。

3. 洪水

收到洪水预警通知后请在洪水来临前至少 1h 将系统按使用说明书要求停机，切断所有电源后人员撤离。

第5章 全钒液流电池技术标准体系建设及专利分析

5

5.1 全钒液流电池标准体系建设情况

标准化是规范社会生产活动、规范市场行为、推动建立最佳秩序、促进相关产品在技术上协调配合的重要手段。同时，技术标准又是企业竞争、国家竞争的制高点。当今世界，随着经济全球化的不断发展，作为规范市场、接轨国际的有效手段，技术及产品的标准化日趋重要。标准化水平已成为衡量各国、各地区核心竞争力的基本要素。一个企业，乃至一个国家，要在激烈的国际竞争中立于不败之地，必须深刻认识到标准对国民经济与社会发展的重要意义。从促进技术发展、提高产品竞争力的角度出发，应加大技术标准的制定工作。鼓励企业制定高于国家标准、行业标准、地方标准且具有竞争力的企业标准，鼓励社会组织和产业技术联盟、企业积极参与国际标准化活动，加大国际标准制定、跟踪、评估和转化力度，推进优势、特色技术领域标准国际化，增强话语权。

5.1.1 标准的基础知识

1. “标准” 的定义

我国国家标准 GB 20000. 1—2014《标准化工作指南 第 1 部分：标准化和相关活动的通用术语》规定“标准”的含义是：通过标准化活动，按照规定的程序经协商一致制定，为各种活动或其结果提供规则、指南或特性，供共同使用和重复使用的文件。

2. “标准化” 的定义

我国国家标准 GB 20000. 1—2014《标准化工作指南 第 1 部分：标准化和相关活动的通用术语》中规定“标准化”的含义是：为了在既定范围内获得最佳秩序，促进共同效益，对现实问题或潜在问题确立共同使用和重复使用的条款以及编制、发布和应用文件的活动。

“标准”是“文件”；“标准化”是编制、发布和应用“文件”的一系列“活动”，如标准的制定，依据标准所进行的培训宣贯、检验检测、认证认可、监督抽查等。简单地说，“标准化”是有目的地制定、发布、应用标准化文件的活动。

3. 标准的分级

（1）国际标准

国际标准是指由国际标准化组织制定并在世界范围内统一和使用的标准。例如，由国际标准化组织（ISO）、国际电工委员会（IEC）、国际电信联盟（ITU）所制定的标准，以及被国际标准化组织确认并公布的其他国际组织所制定的标准。国际标准是世界各国各地区进行贸易的基本准则和基本要求。

（2）区域标准

区域标准是指由一个地理区域的国家代表组成的区域标准组织制定并在本区域内统一和使用的标准。例如，欧洲标准化委员会（CEN）、亚洲标准咨询委员会（ASAC）、泛美技术标准委员会（COPANT）所制定的标准。区域标准是该区域国家集团间进行贸易的基本准则和基本要求。

（3）国家标准

国家标准是指由国家的官方标准机构或国家政府授权的有关机构批准、发布并在全国范围内统一和使用的标准。例如，中国标准（GB）、日本工业标准（JIS）、德国标准（DIN）、英国标准（BS）、美国标准（ANSI）等。

（4）行业标准

行业标准是指由一个国家内一个行业的标准机构制定并在一个行业内统一和使用的标准。例如，我国电子行业标准（SJ）、能源行业标准（NEA）、通信行业标准（YD）等。

（5）地方标准

地方标准是指由一个国家内的某行政区域标准机构制定并在本行政区内统一和使用的标准。

（6）团体标准

团体标准是指由一个国家内一个团体制定的标准。例如，中关村储能产业技术联盟（CNESA）、美国试验与材料协会（ASTM）、德国电气工程师协会（VDE）、挪威电气设备检验与认证委员会（NEMKO）、日本电气学会电气标准调查会（JEC）等制定的标准。

（7）企业标准

企业标准是指由一个企业（包括企业集团、公司）的标准机构制定并在本企业内统一和使用的标准。

5.1.2 国内液流电池标准化现状

液流电池标准化工作对于推动液流电池技术进步、提高产品质量和效益，促进液流电池技术应用具有重要意义。为了大力推进我国液流电池技术标准化工作，国内相关科研院所、大学、企业等相关单位以国内液流电池技术及产业发展为依托，积极投入力量参与并开展液流电池的国内标准制定工作。

全国燃料电池及液流电池标准化技术委员会于2008年由国家标准化管理委员会批准成立，主要负责燃料电池和液流电池技术领域的标准化工作，中国科学院大连化学物理研究所为主任委员单位。

2012年3月，国家能源局综合司发文（国能综科技［2012］77号），同意成立能源行业液流电池标准化技术委员会，编号为NEA/TC23，标委会秘书处由中国电器工业协会承担。能源行业液流电池标准化技术委员会主要负责液流电池及储能技术领域相关的标准化工作。

自2012年为起点，在全国燃料电池及液流电池标准化技术委员会（SAC/TC 342）和能源行业液流电池标准化技术委员会（NEA/TC 23）的统一组织领导下，依据系统、协调、完整与国际标准这四大原则，分别建立了各自标委会的标准体系，并在标准体系指导下，开展了我国液流电池技术的标准化工作。

截至2019年底，已经颁布实施了6项国家标准和12项行业标准。标准内容涉及全钒液流电池术语、通用技术条件、电池系统安全要求、电化学储能系统通用技术条件等基础标准，还包括电池用关键材料、部件、系统技术条件与测试方法等方法标准。为推进液流电池系统产品安装及运维标准化，还颁布了全钒液流电池安全技术规范和维护要求标准。以上颁布的相关标准为液流电池领域制造商的生产、经营和质量检验提供了重要的依据和判定原则，同时也为液流电池技术的规范应用提供了基准，为推进液流电池技术产业化进程发挥了愈来愈重要的作用。相关标准见表5-1。

表5-1 SAC/TC 342和NEA/TC 23制定颁布的国家标准和行业标准

序号	标准类别	标准号	标准名称	标准状态	颁布日期	实施日期
1	国家标准	GB/T 29840—2013	全钒液流电池术语	已颁布	2013/11/12	2014/3/7
2	国家标准	GB/T 32509—2016	全钒液流电池通用技术条件	已颁布	2016/2/24	2016/9/1
3	国家标准	GB/T 34866—2017	全钒液流电池安全要求	已颁布	2017/11/1	2018/5/1

（续）

序号	标准类别	标准号	标准名称	标准状态	颁布日期	实施日期
4	国家标准	GB/T 33339—2016	全钒液流电池系统测试方法	已颁布	2016/12/13	2017/7/1
5	国家标准	GB/T 36549—2018	电化学储能电站运行指标及评价	已颁布	2018/7/13	2019/2/1
6	国家标准	GB/T 36558—2018	电力系统电化学储能系统通用技术条件	已颁布	2018/7/13	2019/2/1
7	行业标准	NB/T 42006—2013	全钒液流电池用电解液测试方法	已颁布	2013/6/8	2013/10/1
8	行业标准	NB/T 42007—2013	全钒液流电池用双极板测试方法	已颁布	2013/6/8	2013/10/1
9	行业标准	NB/T 42081—2016	全钒液流电池　单电池性能测试方法	已颁布	2016/8/16	2016/12/1
10	行业标准	NB/T 42082—2016	全钒液流电池电极测试方法	已颁布	2016/8/16	2016/12/1
11	行业标准	NB/T 42080—2016	全钒液流电池离子传导膜测试方法	已颁布	2016/8/16	2016/12/1
12	行业标准	NB/T 42132—2017	全钒液流电池电堆测试方法	已颁布	2017/11/15	2018/3/1
13	行业标准	NB/T 42133—2017	全钒液流电池用电解液　技术条件	已颁布	2017/11/15	2018/3/1
14	行业标准	NB/T 42134—2017	全钒液流电池管理系统技术条件	已颁布	2017/11/15	2018/3/1
15	行业标准	NB/T 42145—2018	全钒液流电池安装技术规范	已颁布	2018/4/3	2018/7/1
16	行业标准	NB/T 42144—2018	全钒液流电池维护要求	已颁布	2018/4/3	2018/7/1
17	行业标准	NB/T 42135—2017	锌溴液流储能系统通用技术条件	已颁布	2017/11/15	2018/3/1
18	行业标准	NB/T 42146—2018	锌溴液流电池电极、隔膜、电解液测试方法	已颁布	2018/4/3	2018/7/1

除了以上已颁布标准，能源行业液流电池标准化技术委员会在标准体系指导

下，目前正在制定全钒液流电池设计导则方面的标准。

2014年7月，围绕电化学储能系统在电力系统中的应用领域，全国电力储能标准化技术委员会（SAC/TC550）成立，该标准委员会对口国际电工委员会电力储能系统技术委员会（IEC/TC120）。中国电力科学研究院为主任委员单位，主要负责电力储能技术领域国家标准制修订工作，研究了推进电力储能标准化建设。全钒液流电池作为大规模储能技术的重要发展和应用方向，也是该标委会标准体系的总要内容之一。表5-2给出了该标委会制定和颁布的涉及液流电池技术内容的相关标准。

表5-2 SAC/TC550制定颁布的国家标准

序号	标准类别	标准号	标准名称	标准状态	颁布日期	实施日期
1	国家标准	GB/T 36547—2018	电化学储能系统接入电网技术规定	已颁布	2018-07-13	2019-02-01
2	国家标准	GB/T 36548—2018	电化学储能系统接入电网测试规范	已颁布	2018-07-13	2019-02-01
3	国家标准	GB/T 36549—2018	电化学储能电站运行指标及评价	已颁布	2018-07-13	2019-02-01
4	国家标准	GB/T 36545—2018	移动式电化学储能系统技术要求	已颁布	2018-07-13	2019-02-01

目前，归口于全国电力储能标委会管理的国家和行业标准31项，包括已发布或报批的27项；管理的中电联团体标准47项，其中已发布或报批的29项。这些标准涵盖电化学电池储能、超级电容器储能、储氢、飞轮储能等多种储能形式，涉及基础通用、规划设计、设备及试验、施工及验收、并网及检测和运行维护评价等方面。这些标准工作的开展，填补了我国储能标准的空白，对于保障储能装置的制造、招投标、监造、验收、接入试验与调试、设备交接以及运行维护等工作有序开展，保证储能系统在电力系统的安全稳定运行起到了重要作用。同时对于推动我国电化学储能产业规范化健康有序发展具有积极意义。

2014年，为推进电化学储能技术的应用，规范电化学储能电站的设计，做到安全可靠、节能环保、技术先进、经济合理，中国电力企业联合会、中国南方电网有限责任公司调峰调频发电公司作为主编单位，编制了《电化学储能电站设计规范》，并由住房城乡建设部发布国家标准公告。该规范涵盖了电化学储能电站设计总则、术语、站址选择、站区规划和总布置、储能系统、电气一次、系统及电气二次、土建、采暖通风与空气调节、给水和排水、消防、环境保护和水土保持、劳动安全和职业卫生等。规范的发布为后序国内电化学储能电站项目的设计及建设提供了依据，对于推动电化学储能技术应用起到了非常积极的作用。该规范对于全钒液流电池储能系统消防、安全等方面设计给予了明确规定。

5.1.3　国际液流电池标准化现状

液流电池的国际标准化不仅有助于各国对技术发展达成共识，推动技术及产业规范有序发展，而且液流电池的国际标准有助于促进国际交流，以共通标准为基础，达成合作共赢，有利于推动液流电池产业快速发展。目前，中国、日本、欧洲、美国等国家和地区高度重视液流电池国际标准化工作。

我国凭借在液流电池领域技术和标准化工作的领先优势，由全国燃料电池及液流电池标准化技术委员会牵头组织，于2013年中旬向IEC/TC105（国际电工委员会燃料电池标准化技术委员会）提出在IEC中成立液流电池领域新技术机构的申请，并提交一项液流电池国际标准提案。后经与IEC/TC21（国际电工委员会蓄电池和蓄电池组标准化技术委员会）协调，考虑到液流电池属于二次电池，但在结构上又同燃料电池相似，因此，最后决定由IEC/TC21和IEC/TC105成立联合工作组（JWG105），负责液流电池的国际标准化工作。

2012年，欧洲标准化委员会与欧洲电化学技术标准委员会（CEN&CENELEC）开始着手进行液流电池工作组协议工作，并成立了“术语、技术比较、测试方法、用户手册、安装”5大工作组，细化标准具体工作。中国科学院大连化学物理研究所、大连融科储能技术发展有限公司、Gildemeister等液流电池制造商和研究机构自发参与并贡献了主要力量。2013年，欧洲液流电池工作组协议（Flow batteries—Guidance on the specification，installation and operation，CWA 50611）正式发布。

2014年，国际电工委员会首个液流电池联合工作组（IEC/JWG 7）获得IEC管理部门的批准并正式成立，该联合工作组由IEC/TC21负责管理，IEC/TC21和IEC/TC 105的全体成员国和专家共同参与液流电池的标准化工作。成员国包括中国、日本、德国、英国、美国、以色列、荷兰、韩国、西班牙、瑞士、奥地利、肯尼亚、意大利，共13个国家。各参与国家积极提出意见和建议，有效推动了液流电池标准化机构的建立和标准工作的开展。

国际标准在制定过程中，因为国际上技术方法不同，各个国家考虑的问题、利益不同，必然会遇到各种不一致的观点，加之液流电池因在结构上与其他类型二次电池存在较大差异，中国、日本、欧洲等国家和地区间在标准内容上存在较多分歧，尤其在标准边界范围和系统组成方面存在较大争议。

在系统组成方面，一些国家从其他类型二次电池结构组成和工作原理出发，认为液流电池及系统相关组成应与其他类型二次电池保持一致。我国从液流电池技术自身特点和结构出发，并根据我国液流电池国家标准中的相关规定，认为液流电池技术不同于其他类型二次电池技术。经过各国专家的充分交流和反复沟通，最终确定液流电池系统由电堆、电解液循环系统、电池管理系统（BMS）和电池支持系统（BSS）组成，液流电池系统简称液流电池，液流电池能量系统包括液流电池系统和能量转换系统。此外，在标准范围上也存在较大争议。其他类型的二次电池结构大多不涉及能量转换系统，制定的二次电池标准也多数不涉及能量转换系统。而液流电池的系统结构与其他类型二次电池不同，经过多次会议讨论，为保证与其他标委会上相互协调，最终确定液流电池国际标准范围为液流电池能量系统，如图 5-1 所示。

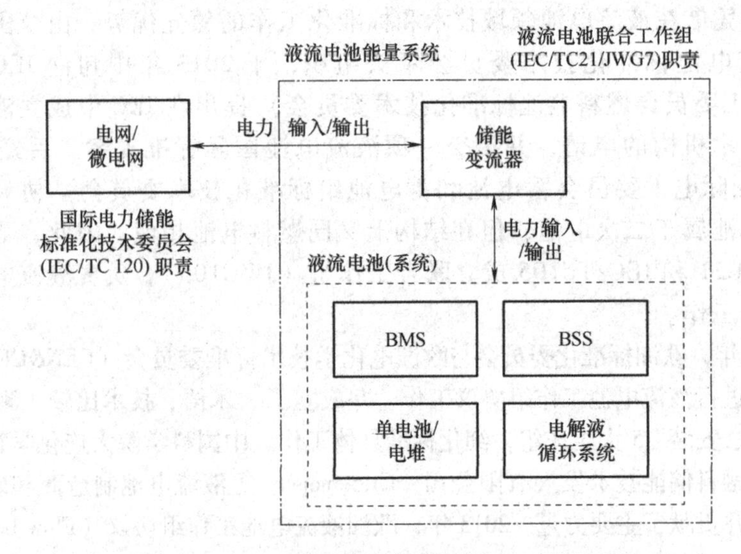

图 5-1 液流电池能量系统及液流电池系统组成

截至 2020 年 6 月底，该工作组已经完成了三项国际标准的制定工作，三项标准主要针对液流电池在固定式储能应用领域。

其中，IEC 62932-1《Flow battery systems for stationary applications Part 1 General Aspects, Terminology and Definitions》国际标准由西班牙专家担任召集人。该标准主要对液流电池系统的关键部件、技术指标的术语和定义进行了明确的规定，并对液流电池系统和液流电池能量系统的组成进行了分析说明。液流电池关键术语和定义的制定，是液流电池领域其他国际标准制定的基础。

IEC 62932-2-1《Flow battery systems for stationary applications Part2-1 Performance general requirement & method of test》国际标准由我国专家牵头制定。标准中对液流电池系统和液流电池能量系统的关键性能指标和测试方法进行了规定，对性能测试的试验设备、测试环境、试验对象以及测试结果的可靠性等内容进行了规范，提出了系统能量、最大输入/输出功率、能量效率、最大放电能量等关键指标的测试方法。

IEC 62932-2-2《Flow battery systems for stationary applications　Part2-2 Safety requirements》国际标准由日本专家牵头制定。标准主要对液流电池系统可预见的电气安全问题、机械安全问题、气体液体安全问题、运行安全问题等提出了具体要求和防护措施，并对防护措施的测试方法进行了规范，在标志标识、安装、运行、维护、储存以及环境等方面提出了安全性要求[1]。

5.1.4　小结及建议

总体而言，在国内外液流电池领域科研院所、大学及企业多年的共同努力下，液流电池标准化工作是卓有成效的。已经搭建了含基础通用、规划设计、设备及试验、施工及验收、并网及检测、运行维护评价等方面的相对完善的标准体系架构。在上述标准体系架构的指导下，各国涉及液流电池的研究机构、大学、企业积极开展标准的修订工作。这些标准工作的开展，对于保障液流电池储能装置的制造、招投标、监造、验收、接入试验与调试、设备交接以及运行维护等工作有序开展，保证储能系统在电力系统的安全稳定运行起到了重要作用。

我国液流电池技术及产业发展在国际上处于先进水平，以中科院大连化学物理研究所团队为代表的我国科技人员有效推动了液流电池标准在国内和国际标准化机构的建立和标准制定工作，提升了我国在液流电池领域的国际地位，增强了我国在国际标准化工作中的话语权。

然而随着以风电、光伏为代表的新能源发电的大力发展，电力系统面临电网运行安全、新能源消纳和电力系统能效改善等一系列问题和挑战。为有效解决上述问题和迎接上述挑战，电化学储能技术应用受到国内外高度重视。近几年来，国内外储能应用呈现出新态势。比如，电力系统储能装机容量大幅度提升；集装箱式室外储能系统逐渐替代厂房式储能系统；电网侧储能发展迅速并逐渐将储能系统作为电力系统中可调度元素，对储能系统接入、监控、调度等均提出新的要求；安全问题受到更高程度的关注等。面对上述储能应用发展新态势，需要在液流电池标准体系建设方面做出调整和拓展，以适应并推动液流电池储能技术的发展。

1）推进液流电池技术标准的迭代和升级。原有的技术标准难以满足新态势的应用需求，比如电源侧、电网侧及客户侧等不同应用领域的储能应用模式和要求存在较大差异，且不同应用领域所需的技术指标也不断提升，并呈现出明显的差异化。迫切需要针对不同应用领域，开展专项研究，深入开展技术实证，科学凝练应用实践，推进液流电池技术标准的迭代和升级，更好满足市场发展需求。

2）持续完善液流电池标准体系，大力开展国内液流电池标准化工作。根据储能技术的发展和新态势下的应用实际需求，滚动修订液流电池标准体系，同时加强与主管单位、相关标委会的共同协调，进一步理清标准编制界面，减少标准交叉重复，并保障关键技术指标协调一致。

3）加强国际交流沟通，妥善处理国际标准间的差异。实践证明，世界范围内各个国家的液流电池技术、标准规范不尽一致，一些国家目前还没有相关标准出台。因此，制定国际标准不仅显得尤为重要，而且还要在标准制定过程中深入开展国际交流与沟通，妥善处理差异和分歧。

4）加快推进液流电池标准应用推广。持续推进标准宣贯，使得更多应用方和厂家能够认识到采信标准的必要和好处。

5.2 液流电池专利情况

基于全球专利信息检索平台，本节针对自2000年以来，对已经公开的，涉及液流电池领域尤其是全钒液流电池技术体系的申请和授权的专利文献进行采集和分析。重点从液流电池技术专利整体发展态势、专利法律状态和重要专利人3个方面进行阐述，力争通过揭示液流电池技术的发展历程、技术分类、研究重点，为研究机构和企业的研发创新活动、产业决策以及开展知识产权战略提供一定的参考和帮助。

5.2.1 整体发展态势

液流电池技术的研究开始于20世纪70年代。1975年，美国国家航空航天局（NASA）首次提出了“可充电的氧化还原液流电池”的概念，并申请了专利。该专利以铁铬液流电池体系为例，对液流电池的结构、工作原理进行了介绍。1986年，澳大利亚新南威尔士大学Maria教授申请了“All vanadium redox battery”专利，正式提出全钒液流电池技术体系。该专利也是全钒液流电池最早、最基础的核心专利，并于2006年达到专利权保护期限而终止。自20世纪七八十年代至21世纪初，液流电池研究与开发机构及企业数量非常少，研发主要围绕液流电池机理、关键材料开发等基础研究方面，申请专利数量较少。

2000年以来，液流电池技术逐步进入快速发展期，并且呈现出一定的发展规律。由图5-2和图5-3可知：在21世纪初的前10年，每年申请专利的数量都没有超过700项，而且申请人数量也相对较少。而在2010～2020这十年中，液流电池行业步入快速发展的通道，全球液流电池专利申请数量逐年提升，在2016年和2017年专利申请数量超过了2000项；同时，申请人的数量也平稳增长，并在2013～2017年，申请人数量稳定在114人左右。2019年和2020年专利数量较少，是因为专利公开的滞后性。

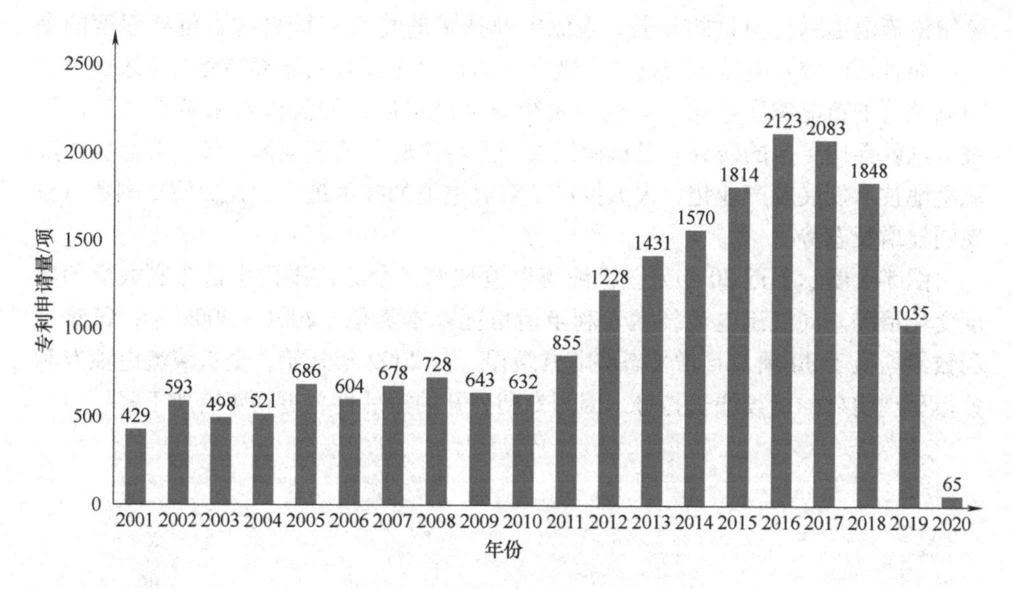

图5-2　全球液流电池专利申请数量

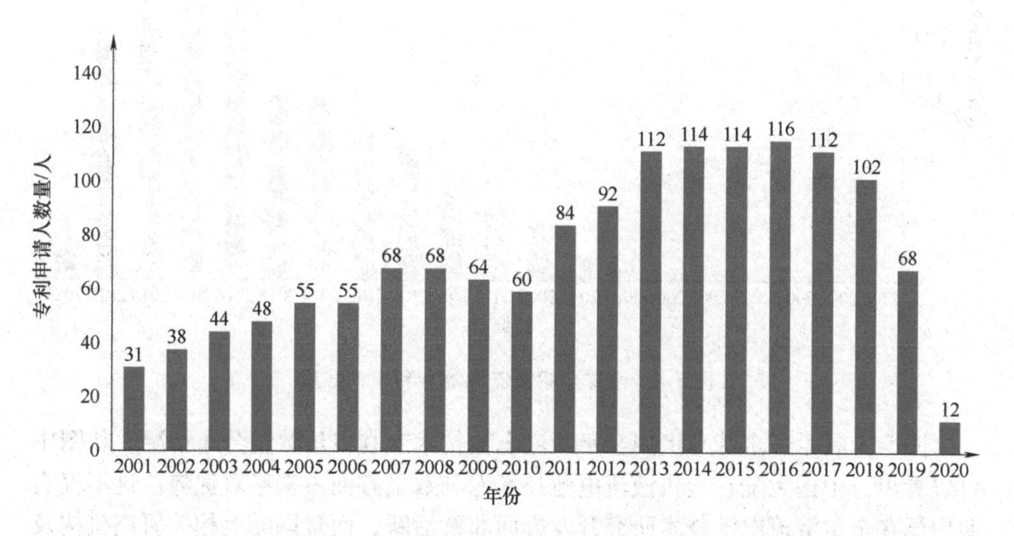

图5-3　全球液流电池专利申请人数量

究其原因，一方面，在当时以大规模储能为特征的液流电池在技术上并不成熟，企业研发成本较高，资金投入意愿较低；另一方面，当时可再生能源发电技术还不成熟，价格较高，在电力系统电源中的占比较低，电力系统的安全稳定运行及消纳的压力较低，电力系统对大规模储能技术的需求也不旺盛，最终影响企业的投入，企业投入意愿相对较低。因此，在2000～2010年中，仅有少量的申请人参与液流电池技术研发。而在最近10年中，随着国内外液流电池，尤其是全钒液流电池示范项目的开展，液流电池技术的特性和优势有了更高程度的展现，而且新能源发电接入的占比也越来越高，通过配套大规模储能技术来促进电力系统消纳新能源发电和改善电力系统安全稳定运行的需求越来越受到广泛重视，这就促使更多的研究开发机构以及产业界进驻了液流电池领域，开始关注液流电池技术发展及产业化，大大推进了液流电池的技术进步，也促使专利数量呈现明显增长态势。

图 5-4 展示了近 20 年来全钒液流电池技术在全球范围内申请专利数量的年度变化情况。同液流电池技术专利申请情况基本类似，2001～2008 年，每年专利数量均低于 30 项，且增长态势非常缓慢。自 2009 年开始，全钒液流电池专利数量呈现明显的持续增长趋势，因为专利公开的滞后性，近两年有所下降。

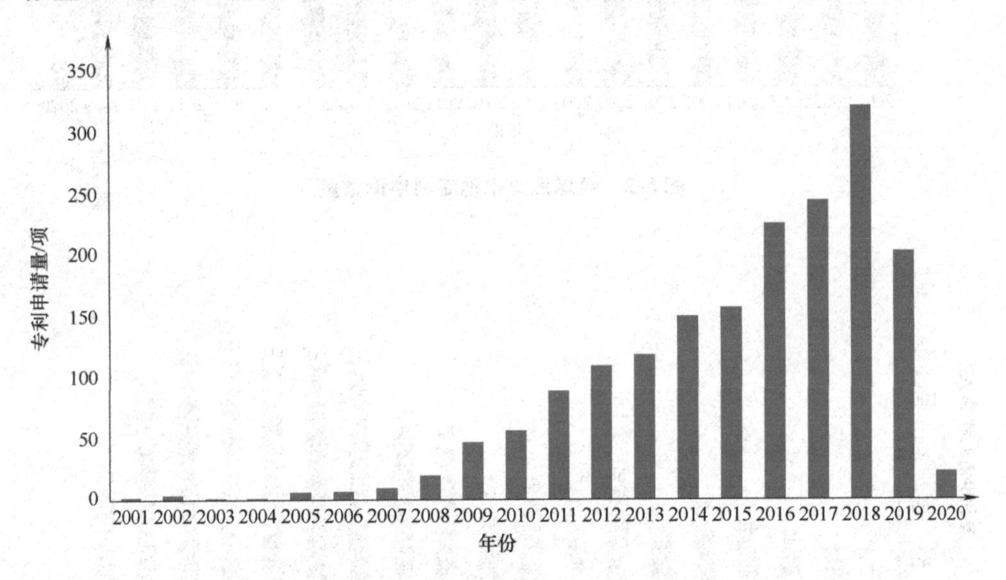

图 5-4　全球全钒液流电池专利申请数量

图 5-5 展示了全球范围内全钒液流电池技术专利申请数量分布情况。从图中可以看出，中国大陆在全钒液流电池技术专利数量方面占据绝对优势。这不仅表明中国在全钒液流电池技术研究开发方面非常活跃，而且国际上相关研究机构及企业也非常看好中国市场，在专利方面也大力布局中国。另外，也体现出我国非常重视知识产权的保护，具备良好的知识产权保护整体环境。

如图 5-6 所示，在我国申请的液流电池专利类型分布中，发明申请与发明授权的专利共有 4754 项，占液流电池专利申请总量的 85%；实用新型专利共有 826 项，占液流电池专利申请总量的 14.8%。这表明液流电池在技术上保持着持续升级、创新发展态势，未来技术提升的空间很大。如图 5-7 所示，在我国液流电池申请人类型分布中，企业占据达到 50% 的高比例，进一步说明全钒液流电

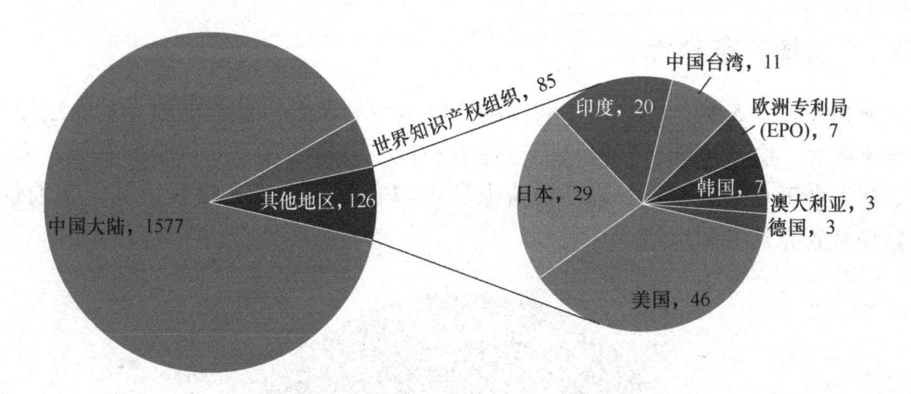

图 5-5　全球全钒液流电池技术专利数量分布

池技术产业化前景获得更多企业的认可，促使更多企业涉足全钒液流电池技术领域。

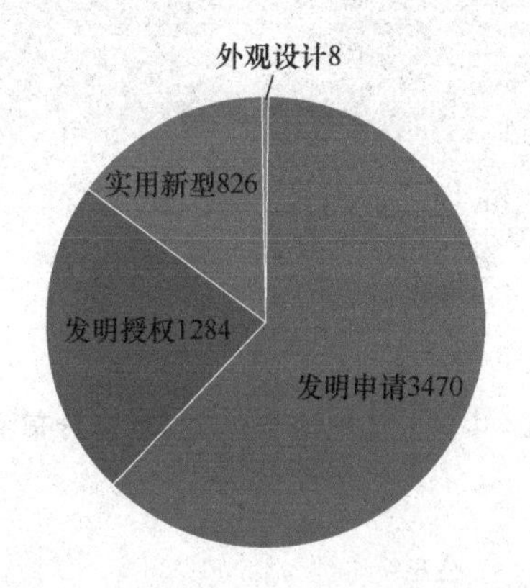

图5-6　中国液流电池专利类型分布

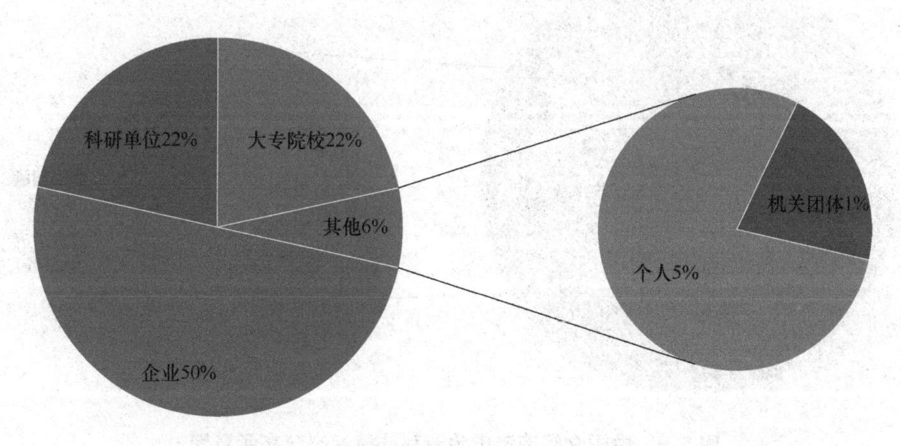

图 5-7　中国液流电池专利申请人类型分布

5.2.2 法律状态分析

图 5-8 和图 5-9 分别给出了我国液流电池专利及全钒液流电池专利的法律状态分布情况。由图可知，我国液流电池专利授权数量超过了实审中的数量，大部分专利仍处于有效的状态。表明液流电池中国专利的申请人很看重其未来前景，不会轻易放弃其专利申请。

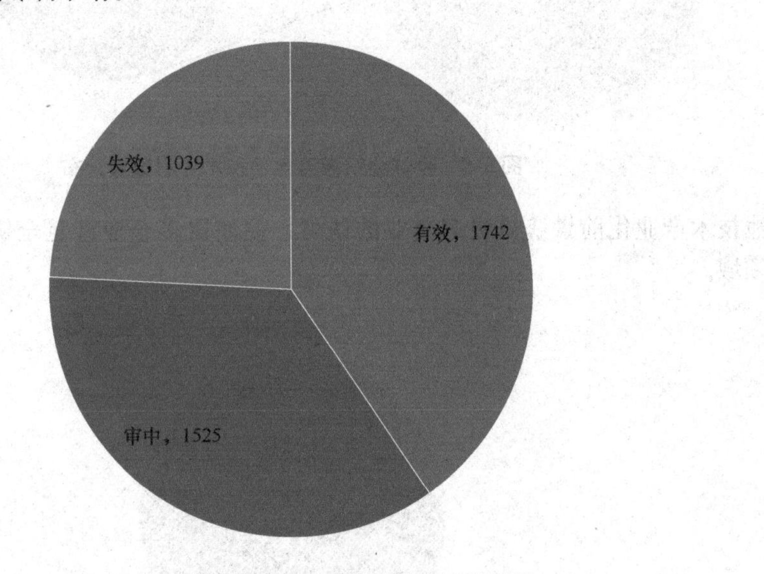

图 5-8　中国液流电池专利法律状态分布示意图

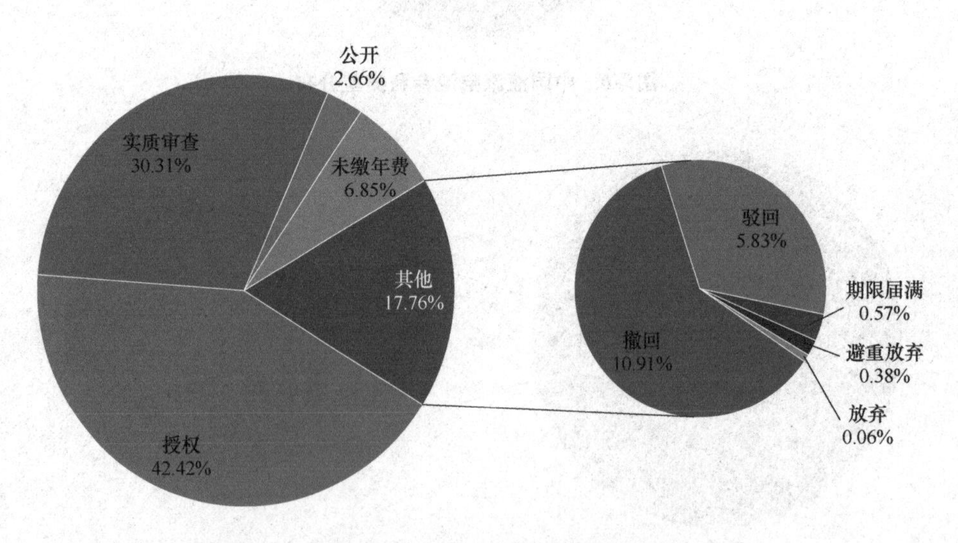

图 5-9　中国全钒液流电池专利法律状态分布示意图

5.2.3 重要专利人分析

综合液流电池产业全球竞争者的专利申请量，同时结合竞争者的行业影响力等因素，筛选出全球液流电池产业的20个主要竞争者，如图5-10所示。

从图中可以看出，日本住友电工在全球液流电池行业的专利申请量位居所有竞争者的第一位，这表明住友电工在液流电池领域深耕多年，有深厚的技术积累。住友电工早在20世纪90年代开始全钒液流电池技术研发，具有领先的系统集成和工程应用技术。

在液流电池产业全球竞争者中，中科院大连化学物理研究所与大连融科储能技术发展有限公司团队也具有非常突出的竞争力。中科院大连化学物理研究所从2000年开始从事液流电池技术的研究。2008年，大连融科储能技术发展有限公司由大连博融控股集团和中国科学院大连化学物理研究所共同组建，是具备全钒液流电池全产业链技术开发和生产能力的企业。多年来，大连融科储能立足自主创新，通过产学研紧密合作，在全钒液流电池的核心领域和关键技术上实现了重大突破，在电解液、离子传导膜、双电极板、高性能电堆、成套装备系统等方面形成了完整的自主知识产权，在全钒液流电池技术领域居于领先地位。

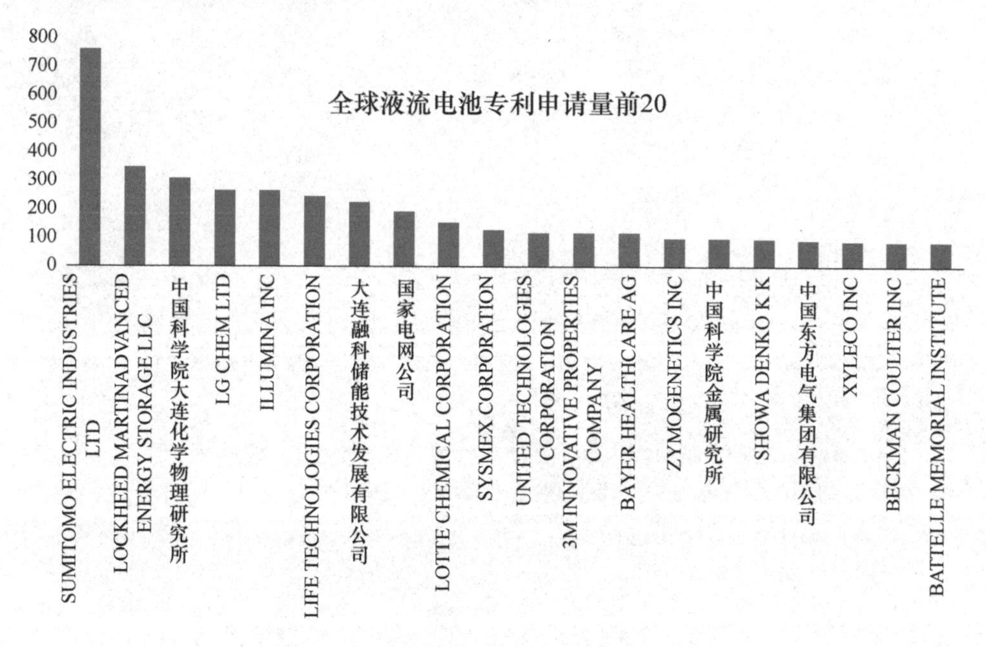

图5-10 全球液流电池专利重要申请人分布

5.2.4 小结及建议

通过专利申请情况分析来看，近十年以来，全球范围内更多的研究机构和企业涉足液流电池技术领域，专利申请量大幅增长，极大地促进了液流电池技术进步。同时也说明，全钒液流电池技术的特性和优势愈发得到认可和重视。

中国液流电池的发展现状同国外发达地区相比处于旗鼓相当的位置，且已经基本构建了具有自主知识产权的液流电池技术体系，技术发展及应用状况处于世界领先地位。

全钒液流电池技术在我国有较大的发展空间，面对强大的市场竞争，建议在专利保护、维持、布局等方面做好工作，做好液流电池技术知识产权战略分析，继续加大研发力度，在核心技术上取得更多的知识产权，增强我国在液流电池技术领域的竞争力。

参考文献

[1] 田超贺，陈晨. 液流电池国际标准化现状分析研究 [J]. 电器工业，2018 (4)：47-49.

第6章

6

全钒液流电池储能技术的应用

6.1 储能技术发展与应用的宏观背景

近年来，随着可再生能源发电技术进步、产业革新和全球各国应对气候变化、绿色低碳的发展政策的执行，可再生能源处于超高速发展期。全球范围内，可再生能源发电已经逐渐成长为重要的、甚至在局部地区已成为主要的发电来源。

根据国际可再生能源署（IRENA）的数据[1]，自2009年至2018年末，全球可再生能源装机容量由1140GW增长到2360 GW；可再生能源新增发电能力占全球新增发电能力总量的比例，由2009年的39%，提升至2019年的62%。2019年，全球可再生能源发电已经占到了全部电力供应总量的26%。预期2030年前后，这一占比将增加至57%左右，届时可再生能源将成为全球绝对主力的电力来源。

我国正处于可再生能源的井喷阶段，拥有巨量的装机规模和超高的发展速度。截至2019年底，我国可再生能源发电装机达到7.94亿kW、同比增长9%，装机总量约占全部电力装机的39.5%，当年可再生能源发电量达2.04万亿kWh，占全部发电量的27.9%。其中，风电装机规模达到了2.1亿kW，总发电量达4000亿kWh，占全部发电量的5.5%；太阳能光伏装机规模超过了2.04亿kW，总发电量2243亿kWh[2]。

目前，风电、光伏产业已经建立了庞大而健全的产业体系，在技术进步和规模扩张的引领下，风电与光伏的发电成本正在快速降低，已经进入可与传统电源技术正面竞争的“平价”时代。在国内外能源转型、绿色发展的大方向下，风电、光伏的装机规模仍将继续提高，成为名副其实的主要电力来源。

风、光等可再生能源，先天具有随机、波动、间歇和难以精确预测、不可控的特点，风电和光伏的功率输出，也都不可避免地呈现出了这些特点。同时，作为电源，大多数地域的风、光发电规律还明显与用电负荷相背离：用电高峰时段，往往是风、光等发电量较低的时间，而用电低谷又多与风电、光伏电力大发的时间重合。

大规模的风电、光伏并网，已经给全球各地电力系统的功率平衡、频率控制、潮流分布、无功调节、安全稳定以及电能质量等方面带来了越来越大的不利影响，而随着风电、光伏规模的继续扩大，电力系统的安全、稳定、经济运行将面临越发严峻的挑战。

储能装置自身不产生电能，但通过其充放电的灵活运行方式、相对传统电源更为迅速的响应能力，能有效地调和电力系统发电、用电的不平衡，能有力地为电力系统的安全稳定运行保驾护航，同时可以有效提高电力系统清洁能源的接纳能力。储能技术的大规模应用，是风光等可再生能源发展和高效利用的不可或缺的保障。

此外，随着电子、通信技术的进一步发展，能源行业的智能化变革也在逐步拉开帷幕。智能、互联、高效的发展方向，也对电力系统的高效性、灵活性、多元化等，提出了更高的要求。大规模储能技术能够削减电力系统峰谷差，大幅提高电源、输变电设备的使用效率，为输配电、电力用户与电网的有机互动提供了技术条件，极大地丰富电力系统智能化的内涵，可以用于缓解电力系统面临的日益严重的安全、稳定、经济运行方面的挑战。

近年来，储能技术的快速发展，正是在上述可再生能源的快速发展和能源电力行业的智能高效变革的背景下发生的，并且储能技术仍将迅速发展并继续进行大规模应用，以适应这些趋势和需求。

6.2 全钒液流电池技术产业发展概况

在液流电池技术研究和项目应用的初期，以多硫化钠/溴和铁/铬电池体系为主，但这些体系的液流电池因其技术体系特性存在较难克服的缺陷，电池系统运行寿命及容量保持都很较难满足电力系统的需求，近年来相关应用鲜有报道。目前，在液流电池技术中，全钒液流电池技术的发展应用最为普及。

与其他类型的电化学储能技术相比，全钒液流电池储能技术路线经过长期的发展及示范应用，成熟度相对较高，在安全性、可靠性、耐久性等方面的优势已经得到普遍认可，正在由示范应用的阶段走向商业推广的初期。

全钒液流电池技术的研究、开发与应用起始于 20 世纪 80 年代。1984 年，澳大利亚新南威尔士大学（UNSW）在全球范围内率先开展了全钒液流电池技术的研究，并在 1988 年开发出 1kW 的全钒液流电池电堆[3]，成为全钒液流电池技术发展的标志性事件。UNSW 在全钒液流电池技术发展初期进行了大量的研发与实践，如 1993 年为泰国一个光伏系统示范配置了 2.2kW/12kWh 的全钒液流电池储能系统，1996 年研发了由全钒液流电池驱动的电动高尔夫球车等。

在全钒液流电池技术发展的初期，日本住友电工（SEI）和 Kashima-Kita 电力公司等企业机构也较早关注和进入全钒液流电池技术产业化领域。

SEI 自 20 世纪 80 年代后期开展全钒液流电池技术的研发，相继研制出数十千瓦至数百千瓦等级的电堆，开展了多个试验项目，是全钒液流电池技术从实验室转入实际应用的重要推动者之一。1997 年，SEI 公司开发出 450kW 的全钒液流电池系统，1999 年又进行了 1.5MW/3MWh 的全钒液流电池储能系统应用示范，运行模式以调峰为主，主要用于验证技术的可行性及产品性能。

日本 Kashima-Kita 电力公司通过与 UNSW 合作等方式，在全钒液流电池技术领域进行了大量探索。其中，1997 年，Kashima-Kita 电力公司在日本安装了一套 200kW/800kWh 全钒液流电池储能系统，用于平衡局部电网的负荷。

2000 年前，以 UNSW 和住友电工为代表的机构，实现了对全钒液流电池技术由机理研究、产品开发到试验示范的探索。在此基础上，自 2000 年后，全钒液流电池技术研究和应用进入了商业示范的初期，并延续至今。而这段时期，从行业发展和项目应用规模看，又明显呈现了几个阶段：

1）在 2000 年至 2006 年前后，全球形成了全钒液流电池技术应用与项目开发的第一次热潮。这一阶段，最重要的技术引领和项目推动者，分别是日本 SEI 公司和加拿大的 VRB 公司。这些企业的关注点在于通过示范或初步的商业化项目，进一步验证和提升产品性能，探索全钒液流电池储能系统的运行功能以及商业模式的开发和创建。

这一阶段，SEI 公司和 VRB 公司，实施了多个 kW 至 MW 级的项目，应用领域覆盖了电网调峰、改善风力发电并网特性、用户侧备用电源、并离网型微电网等。其中，SEI 在 2005 年实施的北海道 4MW/6MWh 风场储能项目，为同时期最大规模的应用实践[4,5]。

2）在经过第一次热潮后，因钒原料的价格暴涨，以及 2008 年后经济危机等宏观因素的影响，全钒液流电池技术的研究与应用进入到了一个低潮期。在 5 ~ 6 年的时间里，SEI、VRB 等全钒液流电池技术商业化的主要推动者们鲜有新的项目落地，而仅有个别新兴公司有少量的应用项目，如奥地利的 Cellstrom 公司于 2008 年开发 10kW/100kWh 的储能产品并进行了应用[6]。

3）随着全球太阳能、风能等可再生能源的规模迅速扩大，电力系统对储能的需求日益增长。由 2011 年至今，全钒液流电池技术的研发和应用进入到新的热潮[7]。随着全钒液流电池技术与自身经济性的日趋完善和成熟，行业标准逐步建立，产品性能以及产品的工程化、标准化水平逐步适应现代电力系统的市场需求，应用规模逐年上升，新增项目规模远超早期水平，单体项目的规模也逐渐从 MW 级迈向十 MW、百 MW 级，如图 6-1 所示。

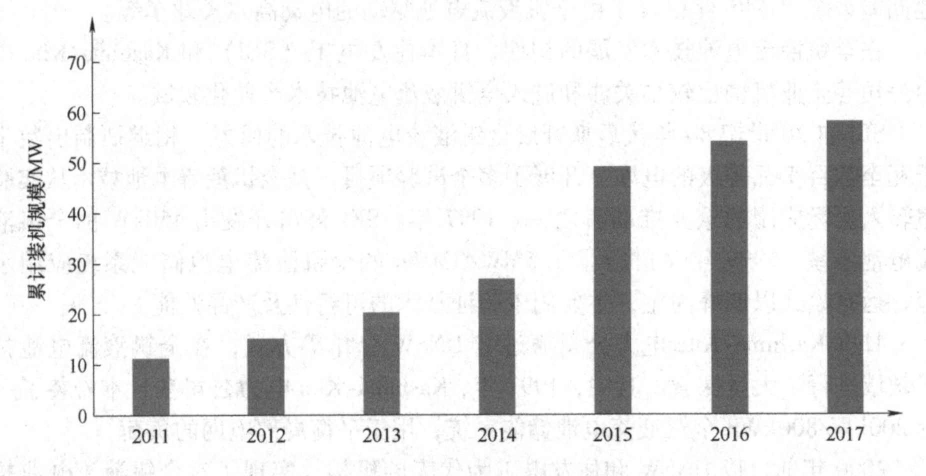

图 6-1　近年全钒液流电池装机情况

截至 2019 年末，全球已投运全钒液流储能电池装机规模超过 60MW，占全部液流电池储能项目装机规模的 75% 以上。全球范围内，在建和规划的全钒液流储能项目规模超过 400MW。全钒液流电池成为液流电池技术领域里当之无愧的技术发展最为成熟、应用最为成功的技术路线。从地理分布来看，中、日、美是目前全钒液流电池技术研发与应用相对最为活跃的国家[8,9]。

目前，全球范围内全钒液流电池技术商业应用的推动者，主要有日本住友电工、大连融科储能、北京普能世纪、美国 UET、加拿大 Cellcube、英国 RedT、美国 Avalon 等公司。其中日本住友电工和大连融科储能在技术研发、产业化水平和应用规模上居于领先地位。两个公司的投运项目规模，已经占据已报道的全钒液流电池储能系统投运规模的 65% 以上。

日本住友电工在全钒液流电池技术产业化及示范应用方面布局最早、投入最为持久，在专利数量、投运业绩、运行时长及项目经验方面积累最为充分，截至 2018 年，住友电工投运项目累计达到 27MW。

大连融科储能通过与中科院大连化学物理研究所十余年的“产学研”深度合作与发展，掌握了电池关键材料、产品开发、系统集成的技术，实现了全产业链的布局，已成长为行业中一个新的引领者。大连融科投运项目累计达到 13MW，在建项目规模近 240MW，其正在实施的大连 200MW/800MWh 液流储能调峰电站国家级示范项目，是目前在建的全球最大规模的全钒液流电池储能电站。大连融科还拥有全球首个年产能达 300MW 的高自动化水平的全钒液流电池工厂。

北京普能世纪公司于 2007 年前后开始液流电池相关技术研究，2009 年通过收购加拿大 VRB 公司，实现了技术整合，实施了数个 kW 至 MW 级储能项目。其在 2011 年建设了中国国内首个大型全钒液流电池系统——国家电网风光储输示范工程 2MW/4MWh 全钒液流电池储能项目。近年来，其电池产品在用户侧微电网等领域有一些应用实例，如 2018 年，普能公司在湖北枣阳为 3MWp 的光伏发电系统配置了 3MW/12MWh 储能系统。

美国 UET 公司的全钒液流电池技术来源于美国太平洋西北国家实验室（PNNL），PNNL 在混酸（盐酸与硫酸混合）电解液的研发与应用方面有大量原创技术与专利。UET 公司在北美和欧洲分别实施了多个 MW 级储能项目，在全钒液流电池用于电网侧、为电力系统提供辅助服务场景的技术可行性与商业模式进行了大量探索与验证。如 UET 公司具有代表性的 Avsita 1MW/3.2MWh 储能项目和 SNOPUD 2MW/8MWh 储能项目，都是建立在输配电侧，为电网提供调频、调峰、调压等辅助服务，并提高分布式电源就地消纳的作用。

Cellcube 公司全钒液流电池技术的研发和应用，依托于对奥地利 Gildemeister 公司整合而形成的子公司 Enerox 来开展。在整合为 Enerox 前，Gildemeister 早年就对前文提及的奥地利 Cellstrom 进行过收购，在全钒液流电池领域也有多年的探索，在市场上较早开发了模块化全钒液流电池设备。目前，Cellcube 的电池产品覆盖数十 kW 至数百 kW，业绩涉及光储结合、用户侧并离网型微电网、电网调频调压辅助服务等。

英国 RedT 公司自 2015 年之后陆续开发出数十 kW 至百 kW 级的集装箱式全钒液流电池产品。目前，其电池产品主要的应用领域在于电力用户侧的微网场景中，与分布式光伏发电装置结合，发挥提高光伏电量的本地利用率、为用户节约电费的功能。RedT 公司还首次在液流电池产品中融合了锂离子电池，在澳大利亚建立了混合储能的产品并验证了其效果。

美国 Avalon 公司曾为北美等地的太阳能发电厂商提供液流电池系统。其开发的 10kW/40kWh 小型电池产品，已在中国、美国，以分布式布置和接入的方式为光伏发电系统构建了 2 个 MWh 级电池系统。目前，RedT 与 Avalon 已于 2020 年 3 月正式合并，成立 Invinitiy Enengy Systems 公司，以充分发挥两家公司的实力、规模和市场地位，参与全球储能市场竞争。

上海电气集团自 2012 年来开展全钒液流电池的技术研究和产品开发，目前有 50kW 电堆和数百 kW 至 MW 级的电池产品，正在积极推进国内外市场开拓和项目实践。2019 年 11 月，其发布了 MW 级全钒液流储能产品，如图 6-2 所示，当年正式成立了专业化的液流电池公司，致力于产品开发和专业化的市场推广。

除上述企业外，目前，在全钒液流电池行业内活跃着的力量，还有美国VIONX 公司、湖南德沃普公司、武汉南瑞电气有限公司、乐山晟嘉电气股份有限公司、承

图 6-2 上海电气 MW 级全钒液流电池产品外观

德新新钒钛储能科技有限公司、韩国 H2 公司、印度 Delectrik 公司、美国 StorEn Technologies 公司等。

6.3 全钒液流电池储能技术应用领域与典型案例

在电力系统的发、输、配、用的各个环节，全钒液流电池储能技术都已得到了初步验证与实践应用。

对大的互联电网而言，无论是发输配用的哪个环节接入的储能设备，其总体功能、宏观价值都是相似的，都在于从时间、空间上平衡电网的发电与用电，削减电网峰谷差，维护频率和电压稳定，提高设备利用率，提高电力系统的可靠性等。

而结合具体的接入位置、并网条件，在不同场景中的储能装置在具体的功能和模式上会有所差异。如可再生能源发电侧的储能系统，侧重于对可再生能源发电特性的改善、配合可再生能源发电机组响应电网的发电计划和参与电力系统调峰等辅助服务等；电网侧的储能，主要关注输配电设备使用效率的提升、电网调峰调频等辅助服务功能的实现等；用户侧的储能系统，多侧重于与分布式电源结合、与用户电价规则结合的运行模式，在用电经济性、供电可靠性、电能质量改善等与用户切身利益密切相关的方面发挥功能。

按照以上不同的应用场景对已投运的全钒液流电池应用项目分类，可再生能源发电侧是现阶段全钒液流电池的主流应用场景，已部署投运的电池规模在全钒液流电池全部装机规模中占比超 60%；而为电力用户侧（含并离网用户）建立的储能系统规模逾 25%；其余 15% 左右用于电网侧应用领域。

本节将针对以上场景，就国内外具有代表性的应用案例进行介绍。

6.3.1　可再生能源发电侧应用案例

在发电侧，全钒液流电池能够与可再生能源发电机组结合，改善其并网特性，缓解限电、增加电站的发电量，与风电机组、光伏系统结合打造具备一定主动调频、调峰能力的易于被电力系统调控的电源。

6.3.1.1　日本札幌风电场 4MW/6MWh 项目

早在 20 世纪末，相关的研究机构就已开展了全钒液流电池与可再生能源发电设备结合的试验项目，但基本都是小规模电池设备与小型的光伏发电系统或单台风机结合的试验。在全钒液流电池行业内，首个与可再生能源发电场结合的规模化应用案例是 2005 年由日本住友电工在日本新能源产业技术综合开发机构（NEDO）支持下，与电源开发 J-power 公司合作，在日本北海道札幌风电场安装的 4MW/6MWh 全钒液流电池储能试验示范项目[10]。

札幌风电场（见图 6-3），共安装了 19 台风机，装机功率共 30.8MW。在本试验项目中，4MW/6MWh 储能系统的功能定位，主要为平滑风电场并网功率波动和参与调频。

a) 实景图

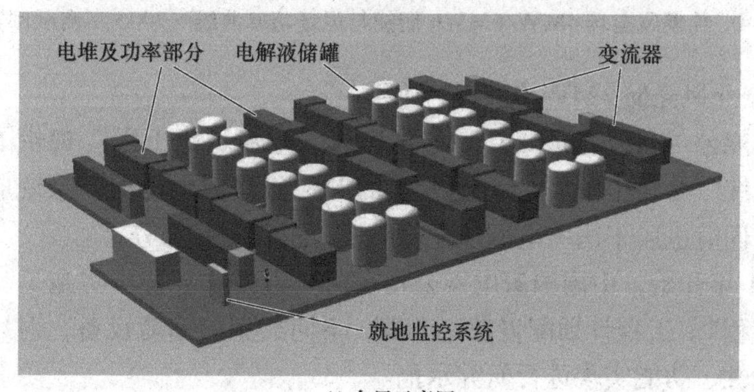

b) 布局示意图

图 6-3　札幌风电场 4MW/6MWh 储能系统布局与外观图

c) 储能站功率单元柜与储能介质储罐

图 6-3　札幌风电场 4MW/6MWh 储能系统布局与外观图（续）

该试验项目自 2005 年开始投入运行，至 2008 年结束，由 SEI、J-power 在内的多家日本企业联合开展了全钒液流电池储能系统在风电场中应用的可行性与功能的试验研究。据项目相关报道，在此 3 年内，项目配置的全钒液流电池系统每天都能够执行数百次充放电，很好地实现了对风场输出功率的平滑，如图 6-4 所示。在项目试验期内，全钒液流电池共完成了超过 20 万次的充放电。

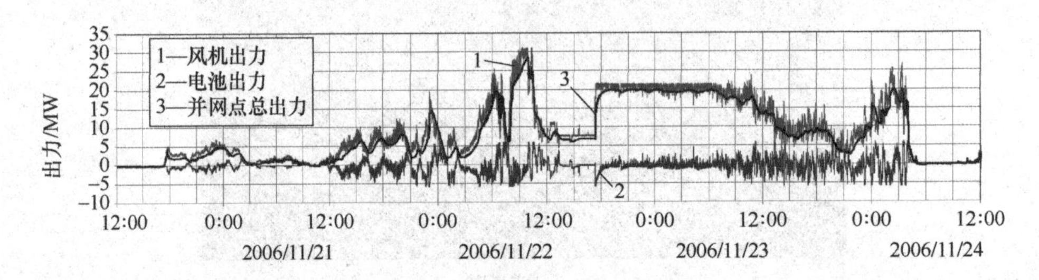

图 6-4　札幌风电场 4MW/6MWh 储能与风场功率曲线（2006 实测示例）[11]

6.3.1.2　张北风光储 2MW/8MWh 项目

北京普能公司在河北张北县为“国家风光储输示范工程”提供了全钒液流电池储能系统[12]，是国内最早开始建设的 MW 级液流电池储能系统应用示范项目，该项目同时也属于国家电网风光储输示范工程的一部分。

自 2011 年开始，中国国家电网公司在河北省张北县分步实施了“国家风光储输示范工程”。工程计划配置数十 MW、不同类型的储能设备，对风光储相结合的技术特性、功能实现进行研究示范。

在该项目的第一阶段，中国电力科学研究院组织建立了国家能源大型风电并网系统研发（实验）中心，对风电大规模并网、多种电化学储能及其控制系统等相关问题进行综合性试验研究。该研发中心使用 30 台风机构成的 78MW 风场和 640kWp 光伏发电系统，来研究与验证储能系统的性能和功能。2011 年 12 月，普能公司为此项目提供了一套 500kW/1MWh 的全钒液流储能系统（见图 6-5），最高短时输出功率可达 750kW。

图 6-5　国家能源大型风电并网系统研发中心 500kW/1MWh 储能系统

第二阶段，普能公司为“国家风光储输示范工程”继续提供 2MW/8MWh 的全钒液流电池储能系统（见图 6-6）。储能系统功能定位包括调控风能、太阳能和其他可再生能源的出力、电站的频率调节和电压支持，以及实现可再生能源电站与电网的交互式管理。据普能公司披露，该 2MW/8MWh 的全钒液流电池储能系统于 2016 年初完成了 240h 满功率在线运行和相关测试验收。

图 6-6　国家风光储输示范工程全钒液流电池储能室外观

6.3.1.3 辽宁法库5MW/10MWh风储项目

2012年底，大连融科公司为辽宁省沈阳法库县的卧牛石风电场提供了一套5MW/10MWh全钒液流电池储能系统[13]（见图6-7和图6-8）。

图6-7 卧牛石风电场5MW/10MWh储能站全景

图6-8 卧牛石风电场5MW/10MWh储能系统设备外观

卧牛石风电场安装有33台1.5MW的风力发电机组，总装机容量为49.5MW，5MW/10MWh全钒液流电池储能系统安装于风电场35kV升压站内，并网电压等级为35kV[14,15]。储能系统主要设备布置于室内，建筑面积约2200m²，配备有通风和温度控制系统。

该系统额定功率为5MW，具备120%的长期过载运行能力和150%短时间过载能力。过载能力使得储能系统对风场的并网点电压和频率的暂态稳定具备更强的支撑能力。

5MW/10MWh全钒液流电池储能系统，通过与风电场能量管理系统及辽宁省电力调控中心的通信，实现了风储联合或接受电力系统调峰、调频指令的运行模式。根据大连融科和项目运营单位国电龙源公司共同进行的功能测试，该储能系统主要达成的功能具体有：

1）平滑风电场的功率波动。如图6-9所示，通过监测风电场并网点的功率变化，经控制系统的滤波处理并下发输出指令后，风电场并网点最大功率波动变化限值发生了明显降低，证明储能系统能够很好地平抑风电场总体出力波动，见表6-1。

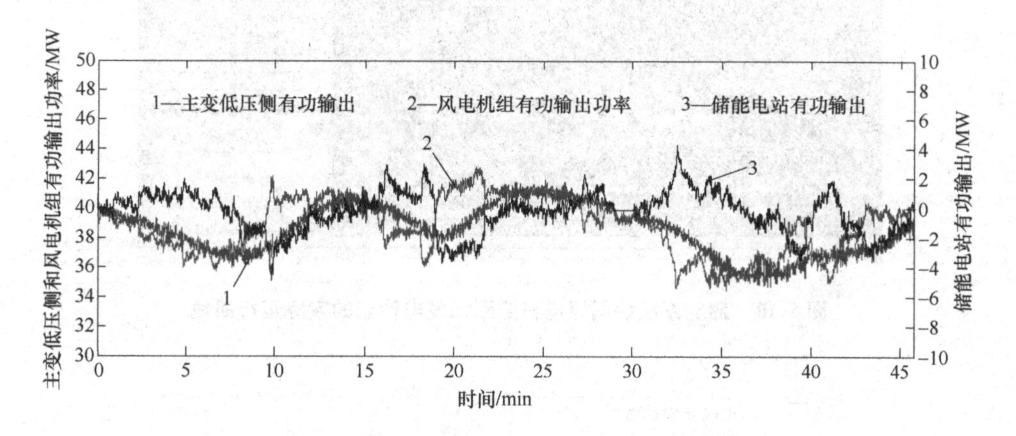

图6-9　储能系统参与平滑风电机组功率波动的实际运行曲线

表6-1　储能系统投产前后风电场有功功率变化最大限值

风电场装机容量（50MW）	风电机组10min有功功率变化最大限值/MW	风电机组1min有功功率变化最大限值/MW
标准规定限值	16.67	5.00
平滑前	6.81	5.60
通过储能系统平滑后	5.53	2.56

2）提高风电场跟踪计划发电能力。风功率的波动、随机性和预测偏差，使得风电场对发电计划和预测曲线的跟踪能力较差。通过储能系统的充放电调控，可在储能容量可及的范围内，保障风电场更好地跟踪发电计划，提高风电场输出功率的可控性，如图6-10所示。

3）回收弃风电量，提高风电发电量。在发电供过于求的时段，风电机组存在被限电、弃风的情况。储能系统能够在这些时段，与风电场自动发电控制系统配合，通过充电回收弃风电能，在非限电时段放电，从而提高风能资源利用效率（见图6-11）。

4）接受电网调度，参与电网调频、调峰。储能电站实现了与辽宁省电力公司调度中心之间的遥信、遥测、遥调、遥控功能。辽宁省电网调度中心可以根据

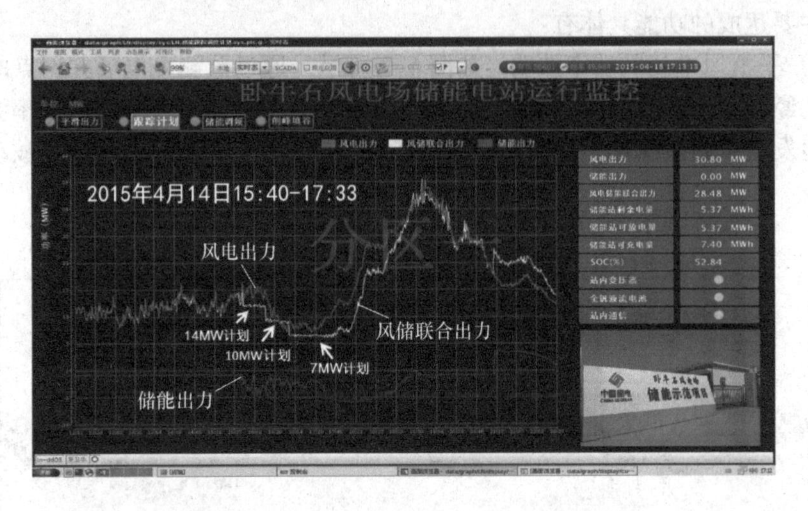

图 6-10　储能系统协同风电机组跟踪发电计划的实际运行曲线

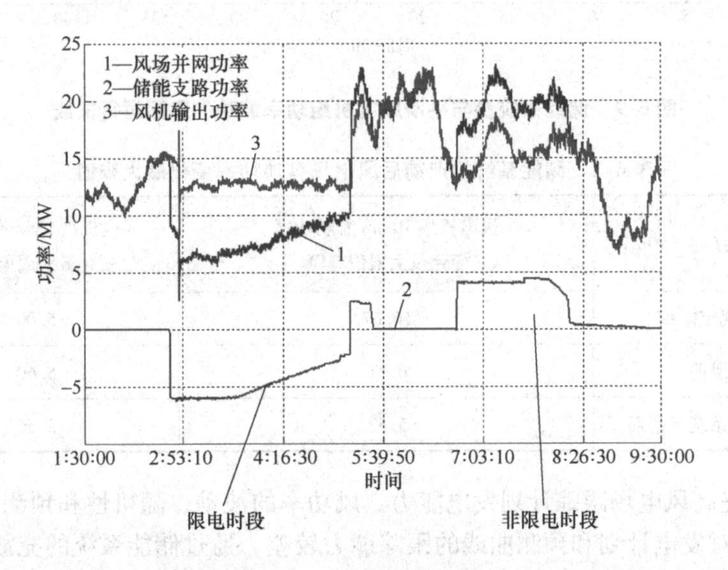

图 6-11　储能系统执行弃风储电功能时的实时运行曲线

电网运行需求，对储能电站系统进行实时调度，参与电网调频、调峰，平衡负荷，如图 6-12 所示。

截至 2020 年，该 5MW/10MWh 储能系统已累计稳定运行逾 7 年，是全球 MW 级全钒液流电池系统运行时间最长的项目。大连融科在定期维护中，通过对电解液容量进行恢复，保证了多年运行的储能系统依然保持设计和投运之初的放电容量。储能系统多年的实际运行效率，直流侧保持在 65% 以上。实际运行中，

a) 参与调频

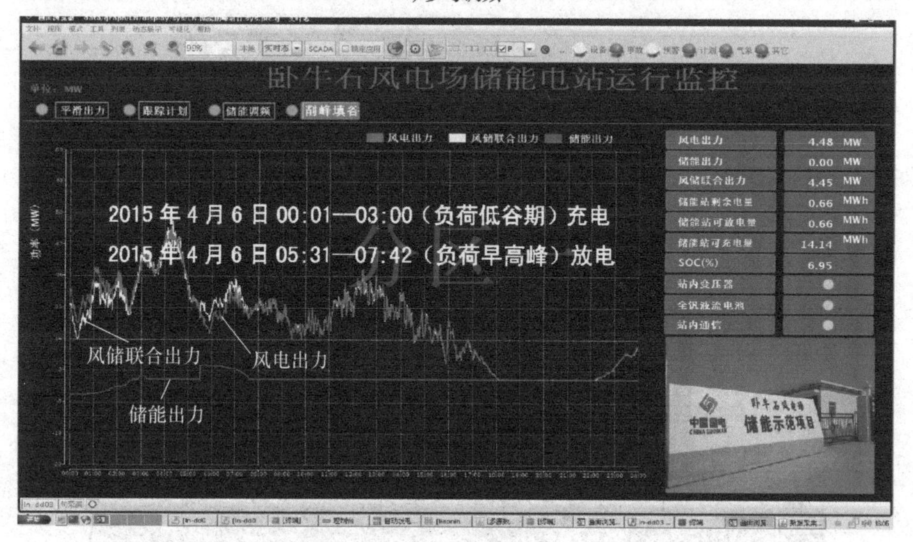

b) 参与调峰

图 6-12　储能系统接受调度参与调频调峰的响应情况

电池系统在 SOC 0～100% 的区间内充放电，电池系统容量得以充分利用，全钒液流电池可深度放电的优势也得以充分展现。

该项目为业界积累了大量的运行数据与工程经验，充分证明了全钒液流电池技术及产品在大规模储能应用方面的安全性、可靠性、耐久性等优势。项目的开展对于全钒液流电池储能技术发展起到了重要的推动作用。

6.3.1.4 日本北海道15MW/60MWh风储项目

截至2020年，全球已投运规模最大的全钒液流电池储能项目是日本住友电工在北海道安平町南早来变电站安装的15MW/60MWh的全钒液流电池系统。该项目是住友电工与北海道电力共同实施，于2013年启动工程设计，2014年5月开始现场施工，2015年12月开始投入运行。

日本北海道地区风、光等可再生能源丰富，可再生能源电站分布广泛。当地的苫东安平光伏电站，光伏组件的安装规模达到了111MWp，光伏电站并网额定功率为79MW，与上述储能系统接入同一个变电站。15MW/60MWh储能系统（见图6-13）最主要的设计功能是实现平滑可再生能源电站的出力波动，参与系统调频，通过储能调峰增加可再生能源的消纳等。

该套储能系统额定功率为15MW，具备2倍过载的能力，即电池系统短时间内可支持30MW功率进行充放电。高过载能力，丰富了储能系统的调度运行模式，强化了其对风、光处理波动的平滑和对局部电网频率调节的功能。

a) 储能系统双层布局示意图

b) 一层电解液储罐与变流器实景图

图6-13 日本北海道15MW/60MWh储能系统

c) 二层冷却设备与电堆及其预制结构实景图

d) 储能系统建筑外观图

图6-13 日本北海道15MW/60MWh储能系统（续）

储能系统总占地约5000m²，采用双层布局：电解液储罐和变流器（PCS）布置在室内第一层，如图6-13a所示；液流电池的功率部分（电堆及管路等）及热管理装置布置在室内第二层，如图6-13b所示；其他的变压器、高压开关设备等布置在室外[16]。

15MW/60MWh储能系统自2015年12月投运后，住友电工和北海道电力共同进行了为期3年的示范功能测试，对电池系统自身的运行性能、可维护性、容量衰减与设备寿命等进行了充分评估。在3年间，电池容量和效率均保持了设计和投运之初的水平，未发生显著衰减，如图6-14所示。

以电池系统接收到上级控制系统下发的充放电指令，到实际动作并执行相应指令的时间间隔，定义为储能系统的响应时间。该系统对某一套同一变流器下接入的单元系统实测的响应时间为不大于70ms，如图6-15所示。

除了关注电池自身的性能，在项目设计阶段开始，项目实施单位就以验证全钒液流电池系统对可再生能源发电出力变化的调节性能为目标，进行了大量的控制技术的开发。该项目的控制技术，目前已经实现了以下策略：

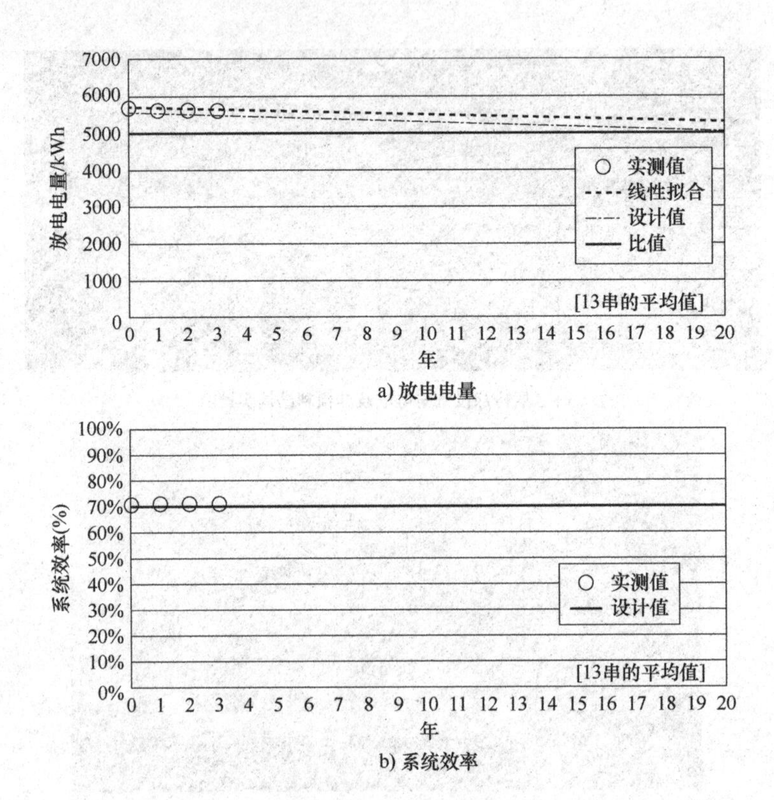

a) 放电电量

b) 系统效率

图 6-14 15MW/60MWh 系统容量衰减与充放电效率实测值[17]

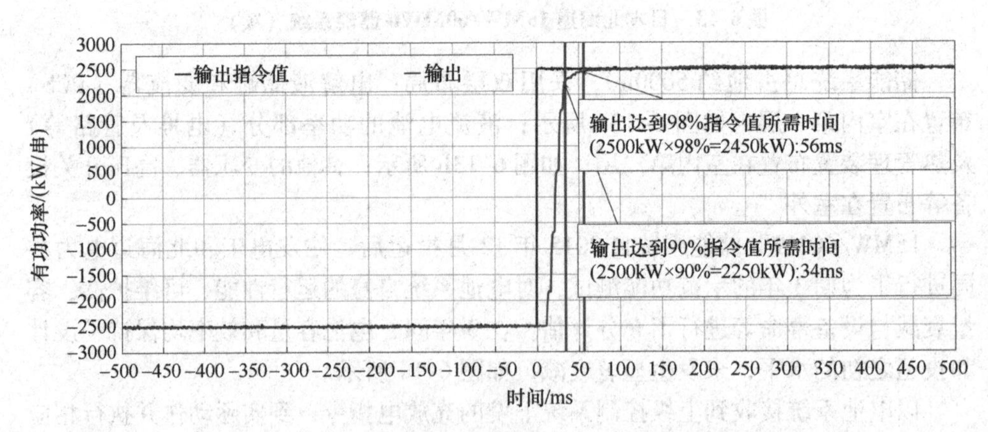

图 6-15 响应时间实测曲线[18]

1）平抑光伏发电和风力发电的秒级出力波动的“短周期”控制策略；

2）基于小时级光伏发电、风力发电的出力预测和电网负荷预测，通过储能系统充放电以实现“长周期”电力供需平衡的控制策略；

3）以上两功能的协同实现与避免可再生能源限电的“经济最优”控制策略。

储能系统在以上策略的协调控制下，很好地实现了“短周期”调频、“长周期”调峰的功能（见图6-16、图6-17）。

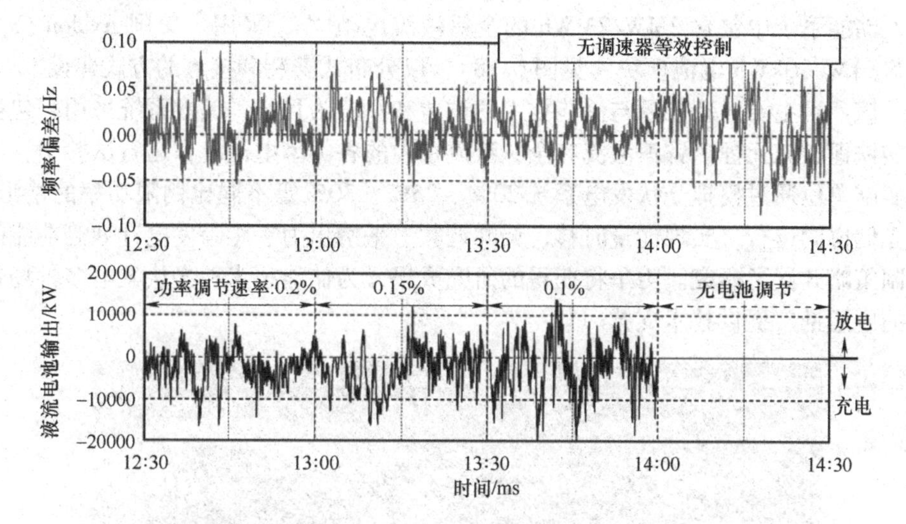

图6-16 储能系统的运行对并网区域电网频率的影响[17]

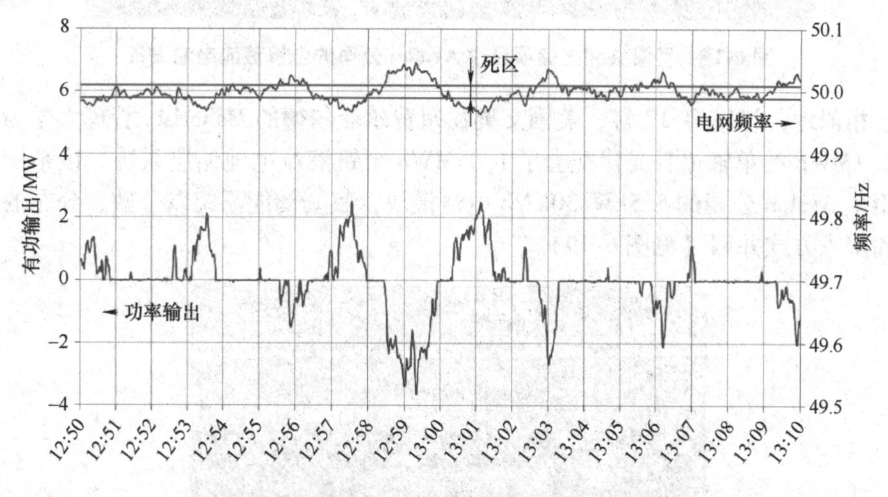

图6-17 调频模式下，频率变化系统出力示例[11],[18]

通过实测数据分析，该15MW/60MWh储能系统，每年可避免3.08GWh的弃风、弃光，对促进可再生能源的消纳和电网的稳定、高效运行有显著效果。

6.3.1.5 青海共和光储项目

黄河水电上游开发有限公司在中国海拔 2900m 的青海省共和县，建立了光储实证基地示范项目。该项目包含 20MWp 光伏发电系统和 16MWh 电化学储能设备，于 2018 年 6 月建成并网。

储能系统中包含 2MW/2MWh 的全钒液流电池[19]，采用了美国 Avalon 公司的 5.5kW/30kWh 电池模块（见图 6-18），以分布式安装和接入的方式建设。

该项目主要以新能源与储能技术的试验和示范为目的，储能系统采用了包括磷酸铁锂、三元锂、锌溴液流和全钒液流在内的各类型电池。在运行试验中，项目实施单位通过模拟光伏发电系统 20%、25%、30% 等不同比例限功率的情形，对光储协同运行，实现能量时移、调峰调频、平滑出力、跟踪发电计划等功能的控制策略开展了研究。力争将获得的研究成果，为储能技术在光伏发电多种场景中的应用推广提供技术支撑。

图 6-18 青海共和光储项目中 Avalon 公司的全钒液流电池设备

相似地，2018 年 12 月，美国艾奥瓦州费尔菲尔德的 Maharishi 管理大学为装机 1.1MWp 的单轴追日光伏配套了 1.05MWh 全钒液流电池储能系统。该系统也采用了 Avalon 公司的 5.5kW/30kWh 电池模块，整套储能系统以分散、分布的安装和接入方式并网（见图 6-19）。

图 6-19 Avalon 公司艾奥瓦州的光储项目[19]

6.3.2　电网侧输配电环节应用案例

在电网侧场景中，全钒液流电池或与变电站结合或独立接入电网，在输配电环节为电网提供调峰、调频、调压等辅助服务，增强电网运行的安全性和灵活性，提高原有输变电设备的利用率。

6.3.2.1　美国犹他州储能项目

2005 年，作为全钒液流电池技术的商业验证项目，加拿大 VRB 公司在美国犹他州的 Castle Valley 建设了一套 250kW/2MWh 的全钒电池储能系统，如图 6-20所示。这是目前可回溯到的北美地区第一座大型商业化全钒液流电池储能系统。该系统采用了室内安装的产品形式，电堆、循环管路和储罐等都安装在室内的预制结构上。该储能系统的主要功能是为当地偏远地区的输配网供电提供调峰，对发电和用电进行平衡[20]。

图 6-20　VRB 公司在美国犹他州建立的储能系统外观

该项目较早地验证了全钒液流电池甚至电化学储能技术在电力系统调峰等辅助服务方面的可行性。

6.3.2.2　Avista 与 SnoPUD 储能项目

2015 年，UET 公司与美国 Avista 公用事业公司，在华盛顿州的 Pullman 共同实施了 1MW/3.2MWh 的储能项目，如图 6-21 所示。该项目采用了 UET 公司一体化集装箱形式的全钒液流电池产品，于 2015 年 6 月并网运行。该储能系统中，全钒液流电池的电堆、管路、电解液和控制设备全部集成在 20 尺的标准集装箱内，多个集装箱串联后接入储能变流器，经隔离变压器接入并网点。

项目中全钒液流电池系统由 Avista 公共事业公司进行管理调度，主要用于移峰填谷、频率调节、电压调节以及黑启动。

图 6-21　Avista 电力公司全钒液流电池项目

2017 年，UET 公司又在华盛顿州的 Everett，为斯诺霍米什郡公共电网（SnoPUD）建立了一套 2.2MW/8MWh 全钒液流储能电池系统（见图 6-22）。该储能系统采用了与 Avista 相同的集装箱电池系统，主要功能为参与电网调峰、调压，并参与提升分布式可再生能源的就地消纳。

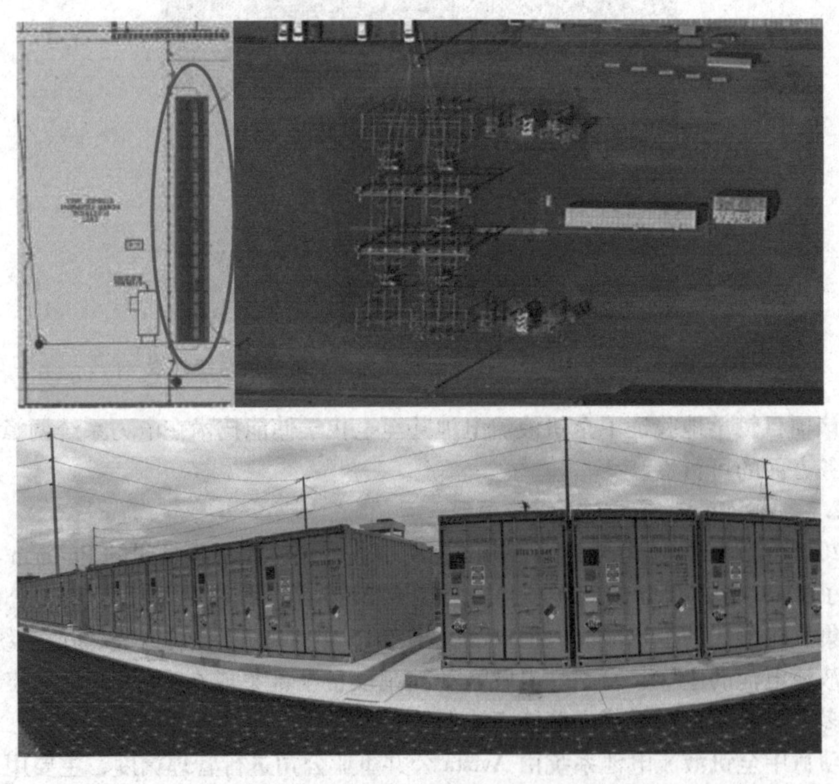

图 6-22　SnoPUD 储能项目俯视图与设备外观

6.3.2.3　Tussenhausen 和 Sardinia 配电网储能项目

Cellcube 于 2015 年为德国 Tussenhausen 的配网改造示范项目提供了 200kW/400kWh 的储能系统（见图 6-23）。该系统用于配网侧，用于局部电网的调频和调压，解决同一配网内光伏发电系统出力增大时的电压越限和频率波动问题，增加光伏发电量在配网内的就地消纳。

该示范项目证实了全钒液流电池在解决含分布式电源的配电网容量和稳定问题的可行性。基于本项目的研究结论，也证实了通过大规模储能解决配网增容升级问题，比传统的输变电增容措施更加经济可行[21]。

图 6-23　Tussenhausen 项目中的储能设备

2016 年，Cellcube 为意大利国家电力公司 Terna 提供了 1 套 400kW/1.2MWh 的全钒液流电池储能系统（见图 6-24），布置在意大利第二大岛 Sardinia 上。主要功能是参与当地调频市场、电力现货市场，同时为电网提供电压和频率支撑，以提高稳定性的作用。

图 6-24　Sardinia 项目中的储能设备

6.3.2.4 加利福尼亚州 SDG&E 变电站 2MW/8MWh

2017 年，NEDO 联合住友电工为美国加利福尼亚州建立了一套 2MW/8MWh 全钒液流电池储能系统，如图 6-25 所示。该项目中，主要通过储能系统的充放电运行，参与电网的调峰（白天过剩的光伏发电量转移至用电高峰，参与早晚高峰的响应）以及调频和调压，改善电能质量，储能系统可通过参与电力市场交易获利[17]。

图 6-25 加州 SDG&E 变电站 2MW/8MWh 储能系统外观

项目的实施过程分为了 3 个阶段。第一阶段始于 2017 年 3 月，NEDO、住友电工与美国加州的 SDG&E 合作，在当地一所变电站安装 2MW/8MWh 全钒液流电池，并在 SDG&E 的调控下，结合全钒液流电池的特点，发挥调峰、调频的功能，并在这些运行模式下完成储能系统自身的性能和安全性检验。第二阶段，储能系统接入当地电力市场，参与电量和辅助服务交易，按照当地电力市场交易情况和当地系统运营商 CAISO 的调控要求来运行[22]。第三阶段，将结合前两个阶段的特点，输配网的实际需求和参与电力市场的综合价值，优化运行模式。目前，该项目已处于第三阶段。

据住友电工的报道，该储能系统在 2018 年第一阶段的测试中，日常实际运行中的 SOC 能够在 0 ~ 100% 区间变化，实现了储能电池全部设计容量的有效利用；项目运行首年内放电容量几乎无衰减。当计入通信延迟等因素后，储能系统的实测响应时间为 114ms[23] 左右。

该项目验证了全钒液流电池技术在调峰、调频等场景中的适用性及其在寿命、容量保持率等方面的技术优势，探索了全钒液流电池在电力辅助服务和电力交易市场交易中的适应性。

6.3.2.5 大连 200MW 调峰电站项目（在建）

在辽宁省大连市正在建设的、设计规模为 200MW/800MWh 的大连储能调峰电站项目，是目前在建的全球最大规模的全钒液流电池电化学储能电站。该项目采用由大连融科公司提供的全钒液流电池储能设备[13,24]。

该储能系统作为调峰电站独立建设和并网，电站建成后接入大连市 220kV

电网。电站投运后，将直接接受省级电力调控中心的管理，主要完成以下设计功能：①储能站在日常将主要参与电网调峰[25]，通过发挥电池储能系统充放电灵活运行的能力，对电网移峰填谷，与并网的可再生能源电站协同作用，改善电源结构；②储能站作为紧急备用电源，在电力系统故障时为大连市的重要负荷提供支持；③利用电池储能系统的自启动能力，储能站可作为大连电网的黑启动辅助电源，提升电网的可靠性和应急能力；④按照电网运行需求，参与电力系统调频、调压等辅助服务。

6.3.3　用户侧应用案例

与分布式发电技术、微电网技术结合，面向居民、工商业等用户的应用，是储能技术商业化市场中十分活跃的环节。全钒液流电池在用户侧场景中的应用实例，已经证实了其可有效发挥如下功能：在并网用户侧，全钒液流电池可发挥促进分布式电源发电量的就地消纳，提高用电可靠性，根据购电电价执行不同策略从而节省电费支出，提供备用电源等功能；在离网用户侧，全钒液流电池能够与可再生能源结合，构建离网型微电网，替代柴油发电机组等传统供电方式，降低用电成本。相关应用实例介绍如下。

6.3.3.1　日本住友电工横滨、东京微电网储能项目

2012年，日本住友电工在其位于横滨的工厂内，建设了一套1MW/5MWh的全钒液流电池系统，配合100kWp聚光太阳能发电装置和燃气发电机组，构建了智能微电网（见图6-26）。该项目也是日本“智能城市”项目的试点工程[6]。

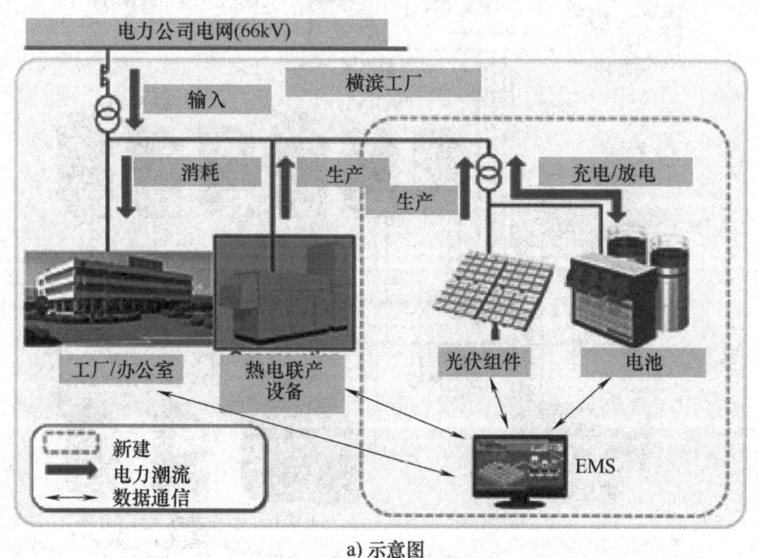

a) 示意图

图6-26　横滨工厂微电网项目示意图及现场布置外观

b) 现场布置外观

图 6-26　横滨工厂微电网项目示意图及现场布置外观（续）

该项目于 2012 年 7 月开始运行。在微电网控制系统的调控下，储能电池通过充放电运行，实现了工厂用电负荷的削峰填谷，基于工厂实际的购售电价为工厂节约了用电成本，平滑了光伏出力的波动，改善了太阳能系统供电稳定性，获得了直观的经济收益。

2015 年初，住友电工在日本东京 Obayashi 大林公司建立了 500kW/3MWh 全钒液流电池储能系统，与光伏、燃气发电机组及本地负荷，构建了智能微电网（见图 6-27）。该微电网具备并网、离网两种运行模式。在并网模式下，储能系

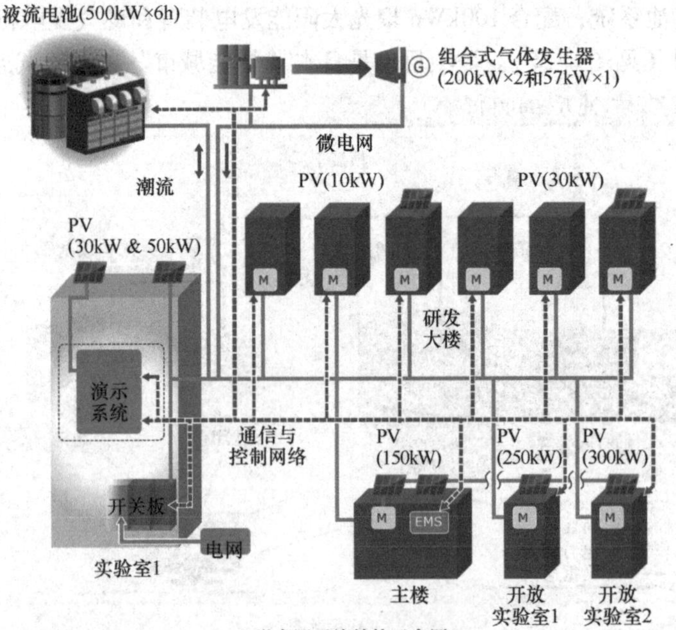

液流电池(500kW×6h)
组合式气体发生器
(200kW×2和57kW×1)
微电网
潮流
PV(10kW)
PV(30kW)
PV
(30kW & 50kW)
研发
大楼
演示
系统
通信与
控制网络
PV
(150kW)
PV
(250kW)
PV
(300kW)
开关板
EMS
电网
实验室1
主楼
开放
实验室1
开放
实验室2

a) 微电网系统结构示意图

图 6-27　东京 Obayashi 公司微电网系统结构示意图及储能系统设备外观

b) 储能系统设备外观

图6-27 东京 Obayashi 公司微电网系统结构示意图及储能系统设备外观（续）

统主要实现移峰填谷和增加光伏电能就地消纳的作用；在离网模式下，储能系统用于支持微电网的频率和电压稳定[11]。该项目中，住友电工还试验了需求侧响应的控制策略[18]，实现了用户侧储能参与电网需求响应指令和主动调峰的功能。

6.3.3.2 大连融科装备制造基地工厂微电网储能项目

2016年末，大连融科在其位于大连的装备制造工厂，投运了一套风光储充智能微电网（见图6-28）。该微电网配置有1.5MWp的屋顶光伏、30kW风力发电机组和750kW/3MWh全钒液流电池储能系统等，并且自主开发了智能微电网能量管理控制系统。

据大连融科报道，通过有效调度微电网内的储能系统，实现了平滑光伏、风电输出和对光伏及风电的能量时移，提高了光伏、风电就地消纳比例；通过谷电峰用，实现与外部电网的有效互动，参与需求侧调节；减小了所在工厂的最大容量需求，提高了工厂变配电设备的利用率与可靠性，延缓了变电所设备增容的需求；实现离网与并网运行的无缝切换，有效提高了重要负荷的供电可靠性。

在相似的使用场景下，大连融科已有多套运行中的储能设备。如2011年在北京金风科技园建立的200kW/800kWh的储能系统[26,27]，2016年在北京延庆建立的300kW/1200kWh的储能系统[13]，2018年为河南鹤壁建立的250kW/1MWh系统以及2019年在南京建立的210kW/840kWh微电网储能系统等。这些储能设备都与分布式可再生能源发电系统相结合，在并网型微电网中，发挥电量时移、移峰填谷、提高负荷供电可靠性等功能。

a) 微电网设备布局俯瞰图

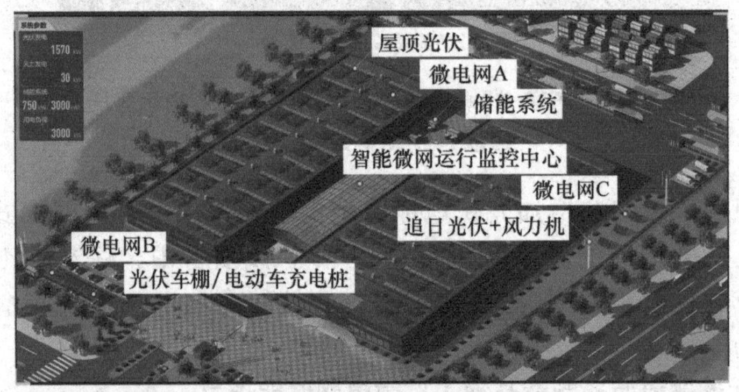

b) 微电网系统总体架构示意图

c) 全钒液流电池储能设备

图 6-28　大连融科装备制造基地智能微电网

6.3.3.3　普能公司湖北光储微电网项目

2018 年，北京普能公司在湖北枣阳建立了一套 3MW/12MWh 储能系统（见图 6-29），与 3MWp 的光伏发电系统配合，为所在的工业园区构建了并网型微电网。

该储能系统主要的运行模式，是根据园区外购电的峰谷价格，通过谷电峰用，节约高峰时段的电费支出。电池系统还可参与储存光伏系统的富余发电量，提高光伏电量的就地消纳。据普能公司报道，本项目还将有后续扩建工程，储能系统的最终规模或达到 10MW/40MWh。

图 6-29　湖北枣阳光储微电网中 3MW/12MWh 储能设备

6.3.3.4　RedT 英、澳并网微电网储能项目

2019 年，RedT 公司为英国 Dorset 工业园建立了一套 300kWh 的全钒液流电池系统（见图 6-30），配合 250kWp 的光伏，在光伏发电超出负荷时存储光伏电量，并把光伏电量转移到夜间高峰使用，实现了光伏电量的最大化本地利用，节省了外部购电费用。目前，该项目储能系统参与电网辅助服务（见图 6-31）。

图 6-30　Dorset 工业园配置的储能设备

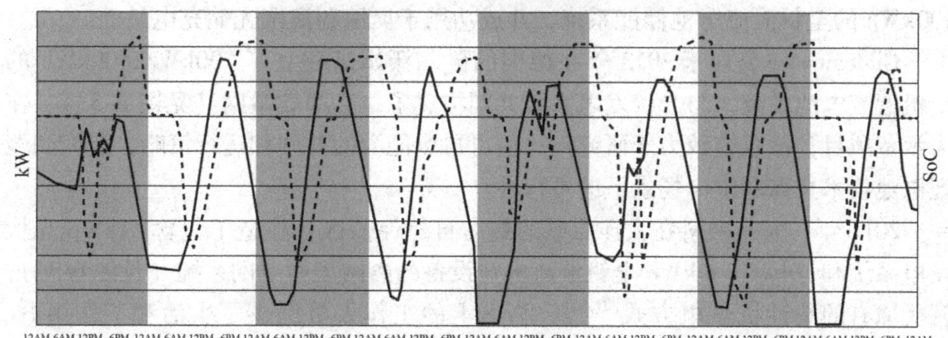

图 6-31　Dorset 工业园储能系统循环数据（2019 年 5 月[28]）

2018 年 12 月，RedT 公司在澳达利亚墨尔本的莫纳什大学的生物医学教学大楼建立的 1MWh 全钒液流电池和锂离子电池混合储能系统投入使用[29]（见图 6-32）。该混合储能系统包含 900kWh 的全钒液流电池和 120kWh 的倍率为 1C 的锂离子电池。该系统与用户 1MWp 的光伏系统配合，实现教学大楼用电的零外购、零排放。该系统综合了液流电池适宜深度放电、循环寿命长的优势与锂离子电池的倍率优势，为混合储能的商业化应用和产品级的推广做出了验证。

图 6-32　RedT 为莫纳什大学配置的混合储能系统外观

6.3.3.5　离网型微电网项目

全钒液流电池在离网用户端的应用已经被证实、示范，并进入商业化推广中。全钒液流电池能够与光伏、风电等设备结合，参与构建离网型微电网，取代柴油机等传统电源，为用户提供质优、价廉、可靠的用电。

早在 2003 年，VRB 公司就在澳大利亚国王岛风电场安装了 200kW/800kWh 的全钒液流电池储能系统，在离网微电网中与风力发电机组配合，为岛上居民提供可靠清洁的电源[30]。

Gildemeister 公司的前身，奥地利的 Cellstrom 公司于 2008 年开发出 10kW/100kWh 的全钒液流电池储能系统，并成功用于奥地利离网光储充电站上。

Gildemeister 公司于 2013 年在德国的佩尔沃姆岛建立了 200kW/1600kWh 的全钒液流电池系统，与光伏发电系统共同构建了一套海岛微网（见图 6-33）。作为示范项目，该系统致力于研究高比例可再生能源的并网和运行策略，研究和验证电池技术在离网供电场景下的可行性。

2011 年，大连融科在大连旅顺的蛇岛自然保护区，建造了包含 21kWp 光伏发电系统和 10kW/200kWh 全钒液流电池设备的离网型微电网系统（见图 6-34），替代原有的柴油机供电方式[31,32]，为岛上的工作人员提供了生活和工作用电。2014 年，大连融科在青海省共和县的光储智能微网建立了一套 125kW/1MWh 的全钒液流电池储能系统。在该储能系统的支持下，微电网实现了为项目所在地无市电区域的离网供电。

图 6-33　德国佩尔沃姆岛全钒液流电池系统现场图

a)

b)

图 6-34　大连蛇岛微电网系统及 10kW/200kWh 全钒液流电池设备

2016 年，Gildemeister 公司在澳大利亚西澳地区靠近 Busselton 的一个农场安装了 10kW/100kWh 的全钒液流储能电池（见图 6-35），该电池与 15kW 太阳能发电系统配套，实现了该农场的清洁供电[33]。该农场位于电网末端，断网事故频发，且电网只能提供单相交流电。农场通过光储系统实现电力自给，获得了三相交流电，增加了新的生产设备，在节约电费的同时提高了用电可靠性。

图 6-35　澳大利亚 Busselton 农场中的储能设备

2017 年，英国 RedT 公司为非洲电力通信企业在博茨瓦纳等地区的 14 个无市电供应的通信基站，分别提供了 14 套全钒液流电池。如图 6-36 所示，每套电池容量为 40kWh，配合 1 个 11kWp 的光伏发电系统，为单个离网的通信基站提供工作电源。该项目中的全钒液流电池实际是替代了原退役的铅酸电池或锂电池。凭借全钒液流电池的耐久性和长寿命的特点，用户有望在保证基站用电的前提下，避免原铅酸电池或锂电池的频繁更换。

RedT 公司于 2018 年为南非偏远地区的 Thaba 酒店建立了一套 15kW/75kWh 全钒液流电池，配合 100kWp 光伏发电装置，为该酒店建立了光储微电网，如图 6-37所示。Thaba 酒店虽然有电网连接，但因地理位置相对偏远，线路可靠性差，断电频发。在光储系统建立前，酒店主要依靠柴油发电机来实现稳定供电。光储微电网建成后，酒店节约了柴油发电的经济成本，也避免了噪声和废气对旅客的影响。

图6-36　非洲博茨瓦纳离网通信基站光储设备

图 6-37　RedT 南非 Thaba 酒店光储项目

6.3.4　全钒液流电池技术应用的最新特点

从近年来全钒液流电池实际应用项目看，电池的产品化特质日趋完善，模块化、标准化程度逐步提高，液流电池系统内的电堆、循环泵、管路、储罐及电解液、电池管理装置等大都可以通过集装箱、预制舱等形式进行工厂化生产集成，出厂后的运输与现场的安装得到了简化，工程实施越发便捷，更加契合市场用户的实际需求。

得益于全钒液流电池安全、耐久、易于扩容和大型化的特点，面向大型可再生能源电站或发电基地，和面向电网侧输配电环节配置的储能系统，其项目规模趋于大型化。未来，数十至数百 MW 及以上等级的大型全钒液流电池储能系统，有望在高可再生能源占比的互联电网的电源侧和电网侧扮演重要的角色。

用户侧的全钒液流电池储能项目，多与分布式光伏、风电机组等结合，在并离网条件下发挥可靠供电、移峰填谷、电能质量调节等作用。项目单体规模相对较小，但需求数量众多，商业模式灵活，市场容量可观。受技术原理的限制，全钒液流电池在能量密度和灵活性方面，与锂离子电池等竞争性技术相比难有优势，但业内厂商扬长避短、聚焦细分市场而推出了特点鲜明的全钒液流电池产品和应用方案，正在与其他储能技术形成竞争和互补，也已取得了较好的商业应用效果。全钒液流电池技术在用户侧丰富的应用场景中也将继续发展和进化。

6.4 总结与展望

经过数十年的研究与发展，全钒液流电池技术已基本成熟，处于商业化开拓初期。国内外产品技术基本处于同一水平，而国内厂家在工程应用上的突破，已经在引领着全球液流电池产业的发展。

但需要看到的是，全钒液流电池技术应用和市场推广仍面临着巨大的挑战和不确定性，其中，最主要的困难依然是现阶段电池系统的成本、性能同市场的需求和期望存在一定差距。全钒液流电池行业将长期奔跑在提升产品性价比的道路上，仍需大力推进电池关键材料研究与开发、电堆设计与制造、系统集成技术[34]等方面的提升，在电池功率密度、能量密度、循环效率和可靠性方面寻求新的突破。

未来，随着可再生能源装机规模的继续扩大，可再生能源在全球各地电源结构中的比例进一步提升，以及智能电网的应用与电动汽车的发展，电力储能的应用需求将不断强化，市场前景将越发广阔。全钒液流电池以其独特的技术特性，在大规模（数十 MW ~ 数百 MW 等级）固定式储能场合有很强的推广前景[35]，在分布、分散式的应用场合也有很好的延伸潜力。

我国的电力系统已建成全球覆盖范围最广、供电规模最大、用户人数最多的“超级”互联电网。随着国内电力市场化改革的深入、可再生能源产业的发展、特高压输电规模的扩大以及智能电网的升级，我国电力系统将为大规模储能技术提供更加广阔的应用平台和更加丰富的商业机会。随着国内储能产业链的逐渐完善和性价比的逐步提升，全钒液流电池技术在中国的发展、进步和应用推广，将继续引领全球的发展风向。

参考文献

[1] IRENA. 10 years：progress to action [R/OL]. [2020-7-23]. https://irena.org/-/media/Files/IRENA/Agency/Publication/2020/Jan/IRENA_10_years_2020. pdf.

[2] 中电新闻网. 能源局发布 2019 年可再生能源并网运行情况 [EB/OL]. http://www.cec.org.cn/yaowenkuaidi/2020-03-07/199083.html.

[3] 张华民，张宇，刘宗浩，等. 液流储能电池技术研究进展 [J]. 化学进展，2009，21 (11)：2333-2340.

[4] 张华民，周汉涛，赵平，等. 储能技术的研究开发现状及展望 [J]. 能源工程，2005 (03)：1-7.

[5] 张华民. 高效大规模化学储能技术研究开发现状及展望 [J]. 电源技术，2007，31 (8)：587-591.

[6] 张华民，王晓丽. 全钒液流电池技术最新研究进展 [J]. 储能科学与技术，2013，2 (03)：281-288.

[7] 王晓丽，张宇，李颖，等. 全钒液流电池技术与产业发展状况 [J]. 储能科学与技术，2015，4 (05)：458-466.

[8] 瞿海妮，马廷灿，戴炜轶，等. 液流电池技术国际专利态势分析 [J]. 储能科学与技术，2016，5 (06)：926-934.

[9] 杜杨玲. 液流电池技术专利分析 [J]. 装备机械，2019 (04)：22-29.

[10] MARIA S. History and recent progress in redox flow battery development and implementation [R]. Sydney，NSW，AUSTRALIA：University of New South Wales.

[11] 柴田俊和. レドックスフロー電池システムの開発と実証 [R]. 住友電気工業株式会社，2016.

[12] 黄晓艳. 普能：商用储能解决方案的提供者——访普能公司 CEO 江宗宪 [J]. 高科技与产业化，2011 (06)：62-65.

[13] 张华民，张宇，李先锋，等. 全钒液流电池储能技术的研发及产业化 [J]. 高科技与产业化，2018 (04)：59-63.

[14] 刘宗浩，张华民，高素军，等. 风场配套用全球最大全钒液流电池储能系统 [J]. 储能科学与技术，2014，3 (01)：71-77.

[15] 张华民，李先锋，刘素琴，等. 大规模高效液流电池储能技术的基础研究 [J]. 科技资讯，2016，14 (04)：170-171.

[16] 南早来変電所大型蓄電システム実証事業 [R]. 北海道電力株式会社，住友電気工業株式会社，2019.

[17] SHIGEMATSU T. Recent development trends of redox flow batteries [R]. 2019.

[18] KEIJI YANO S H T K，FUJIKAWA K Y A K. Development and demonstration of redox flow

battery system [J]. SEI technical review, 2017 (84): 22-28.

[19] CORPORATION A B. Avalon battery GALLERY [EB/OL]. https://www.avalonbattery.com/gallery/.

[20] 张华民，赵平，周汉涛，等. 钒氧化还原液流储能电池 [J]. 能源技术，2005 (01): 23-26.

[21] MARTÍN M R. Large scale battery systems in distribution grids [R]. SINTEF, 2018.

[22] SUMITOMO ELECTRIC INDUSTRIES L. Initiating redox flow batteries into the U.S. Wholesale power market [EB/OL]. https://global-sei.com/company/press/2018/12/prs102.html.

[23] OOKA T. Utility scale vanadium redox flow battery for multiple-use: nedo smart community showcase 2018 [C]. 2018.

[24] 谢聪鑫，郑琼，李先锋，等. 液流电池技术的最新进展 [J]. 储能科学与技术，2017, 6 (05): 1050-1057.

[25] 于庆男，张磊，杜毅，等. 全钒液流电池在电力系统中的应用前景分析 [J]. 吉林电力，2016, 44 (05): 24-26.

[26] 张华民. 大规模液流电池储能技术的现状及展望 [J]. 功能材料信息，2012, 9 (04): 7-13.

[27] 张华民. 储能与液流电池技术 [J]. 储能科学与技术，2012, 1 (01): 58-63.

[28] REDT. First flow machine qualifies for GB frequency response market - redT energy | Industrial energy storage solutions [EB/OL]. https://redtenergy.com/flow_battery_first-_frequency_response_uk/.

[29] REDT. redT integrates distributed renewables in Melbourne, Australia [EB/OL]. https://redtenergy.com/story/australia_largest_btm_energy_storage/.

[30] 杨霖霖，廖文俊，苏青，等. 全钒液流电池技术发展现状 [J]. 储能科学与技术，2013, 2 (02): 140-145.

[31] 张宇，张华民. 电力系统储能及全钒液流电池的应用进展 [J]. 新能源进展，2013, 1 (01): 106-113.

[32] 张华民，王晓丽. 全钒液流电池储能进展与应用 [J]. 高科技与产业化，2016 (04): 63-67.

[33] VSUNENERGY. The CellCube FB10-100 was installed at an agricultural property south of Busselton in 2016. [EB/OL]. https://vsunenergy.com.au/case-studies/busselton-western-australia/.

[34] 刘英军，刘畅，王伟，等. 储能发展现状与趋势分析 [J]. 中外能源，2017, 22 (04): 80-88.

[35] 李琼慧，王彩霞，张静，等. 适用于电网的先进大容量储能技术发展路线图 [J]. 储能科学与技术，2017, 6 (01): 141-146.

第7章

液流电池技术发展展望

7

推进能源生产和消费转型，构建清洁低碳、安全高效的能源体系，实现能源清洁低碳转型是全球能源发展的必然趋势。以风电、光伏为代表的可再生能源因其清洁、无污染，在世界范围内受到高度重视。世界各国出台了一系列激励风电、光伏等可再生能源发展的政策和措施，极大地促进了其产业发展。近年来，风电、光伏发电性价比获得显著提升，度电成本大幅下降，已经达到、甚至低于传统火力发电度电成本，竞争力显著增强，其在电力系统中的装机占比、发电量占比以及电能终端消费中的占比均有大幅提升。以风电、光伏为代表的可再生能源正处于由辅助能源向主要能源的转换过程之中。在某些国家和区域，风电、光伏等可再生能源已经占据主导地位。

但不同于传统的火力发电和水力发电，以风电、光伏为代表的新能源发电出力具有随机性、间歇性和波动性的特点。随着新能源发电的大规模接入，其在总发电出力中占比越来越高，发电出力的随机性、间歇性和波动性给电网安全、稳定、经济运行带来越来越多的不利影响，电力系统运行面临电网运行安全、新能源消纳和电力系统能效改善等一系列问题，也给电力系统发展规划带来新的挑战。

储能技术可以在电力系统中增加电能存储环节，使得需要电力实时平衡的“刚性”电力系统变得具有一定程度的“柔性”。通过对大规模储能系统的充放电调度，可有效平抑大规模新能源发电接入电网带来的波动性，有效促进电力系统运行中发电电源和负荷的平衡，提高电网运行的安全性、经济性和灵活性。储能技术不仅是参与系统调峰，提高可再生能源大规模消纳水平的重要技术手段，同时也是分布式能源系统、智能电网的重要技术组成，在未来电力系统建设中具有举足轻重的地位。储能技术的应用和产业化对现代能源的生产、输送、分配和利用产生深远影响并带动相关产业发展，对社会经济的可持续发展具有重大战略意义。

电化学储能技术相比传统抽水蓄能、压缩空气等物理储能技术，具有选址灵活、建设周期短、环境影响小等特点，是促进电力系统安全、稳定、经济、高效运行不可或缺的手段。液流电池储能技术，尤其是全钒液流电池储能技术，因其具有安全、长寿命、绿色环保等明显优势，被广泛认为较为适宜应用于电力系统发电和输配电等大规模储能领域，作为电力系统基础设施，可为电力系统同时提供灵活、高效的电力和电量调节能力。

经过数十年的研究与探索，液流电池技术体系不断发展和完善。特别是铁铬液流电池体系、全钒液流电池体系、锌溴液流电池体系等，在国内外受到广泛重视而取得了更加明显的进步，在储能技术示范应用、商业化及产业化方面也取得不同程度的进展。

在所有已经研究开发的液流电池技术中，全钒液流电池技术体系是相对最为成熟、商业化应用和产业化程度最高的。其安全性、长寿命、绿色环保的特性已经在国内外得到实际验证。目前，全钒液流电池技术发展已处于商业化初期，在国内外电力系统发、输、配、用等各个环节均实现了示范和商业化应用，投运项目规模也达到数十MW级，百MW级规模的全钒液流电池储能电站项目也正在建设之中。

但需要清醒认识的是，全钒液流电池技术应用和市场推广仍面临着巨大的挑战和不确定性。一方面是目前全钒液流电池储能系统性价比同市场的需求和期望存在一定差距，另一方面是针对全钒液流电池技术特性的应用及运行模式还需要进一步探索、实践和丰富。针对上述问题和需求，全钒液流电池技术需要在以下几个方面给予重点关注：

1）继续大力推进电池关键材料研究与开发，进一步提高电池关键材料性能、降低成本，为电池储能系统成本下降奠定物质基础。

2）加大高能量密度、宽温度窗口适应性储能介质的研发，提高电池系统的能量密度，改善运行可靠性。

3）强化电堆设计，进一步提高电堆工作电流密度，以利用更少的材料，实现更高的电堆功率输出，有效降低电堆成本。

4）面向市场，结合用户需求，在产品开发和系统集成方面实现进一步优化和突破，使得全钒液流电池产品能够更好地满足不同用户需求。

5）丰富和完善电池系统管理策略，降低系统辅助功耗，提升系统能量转换效率，提高系统运行稳定与可靠性。

在上述工作的基础上，加大集成创新、应用创新和实践，努力提高全钒液流电池储能系统的性价比，为电力系统大规模储能应用时代的来临做好充分准备。

除了全钒液流电池技术之外，液流电池技术新体系的开发在世界范围内也受到广泛的高度重视。液流电池新体系主要面向两个方向：一是非水型有机液流电池新体系；二是水型液流电池新体系。研究与开发非水型有机液流电池新体系的主要目的是提升液流电池运行的电压窗口，在一定程度上提升液流电池的功率密度。研究水型液流电池技术新体系的主要目的是提升液流电池能量密度和降低成本。然而，从目前新型液流电池体系的研究开发现状来看，较低的工作电流密度和较差的充放电循环性能是非水型有机液流电池面临的最大难题；较低的能量密度和依然较高的成本问题也是新型水型液流电池需要克服的。总体而言，液流电池新体系技术均还处于技术发展的初级阶段，技术成熟度距离商业化应用还很遥远，仍然面临着很多艰巨的挑战，还需要在机理研究、关键材料开发方面做扎扎实实的工作，在基础创新方面做出突破，主要包括对电解质进行更加系统的电化学及物理化学性质的研究，寻找新的电化学活性物质，或者对其进行合适的分子改性，开发出高导电性电解质和高浓度活性物质，切实提高新型液流电池技术体系的功率密度、能量密度和循环性能等。随着上述问题及挑战的解决，液流电池新体系在大规模储能方面才能展现出更好的应用前景。